MATLAB 程序设计及数学实验与建模

主　　编　史加荣

副主编　郑秀云

参　　编　王玉英　雍龙泉

U0379025

西安电子科技大学出版社

内 容 简 介

本书注重算法设计，强化数学思维，将 MATLAB 程序设计与数学实验、数学建模相互融合，通过大量例题、习题、实验和建模案例来锻炼和提升程序设计能力。

全书共 22 章，分基础篇和应用篇两个部分。基础篇(第 1 章～第 10 章)介绍了 MATLAB 基础，包括向量与矩阵、逻辑与关系运算、程序设计基础、散点图与曲线绘制、网格曲线与曲面绘制、符号积分与数值积分、穷举法程序设计、字符串输出的程序设计、图像/视频的读写与处理、文件的读写与数据处理等；应用篇(第 11 章～第 22 章)介绍了 MATLAB 在数学实验和数学建模中的应用，内容包括万年历的设计、万花筒曲线与折叠桌的设计、随机模拟方法、分形、混沌、最短路与最小生成树、ISOMAP 算法及应用、k 均值聚类、高斯混合模型及 EM 算法、最近邻分类器及其在图像识别中的应用、人工神经网络和元胞自动机等。

本书可作为高等院校本科生、研究生 MATLAB 程序设计和数学实验等相关课程的教材，也可作为数学建模及竞赛的辅助教材，还可供科研人员和工程技术人员参考。

图书在版编目(CIP)数据

MATLAB 程序设计及数学实验与建模 / 史加荣主编. —西安：西安电子科技大学出版社，2019.11(2020. 8 重印)
ISBN 978 - 7 - 5606 - 5466 - 9

Ⅰ. ① M… Ⅱ. ① 史… Ⅲ. ①Matlab 软件－应用－数学模型－研究
Ⅳ. ① O141.4-39

中国版本图书馆 CIP 数据核字(2019)第 210832 号

策划编辑 陈 婷
责任编辑 唐小玉
出版发行 西安电子科技大学出版社(西安市太白南路 2 号)
电 话 (029)88242885 88201467 邮 编 710071
网 址 www.xduph.com 电子邮箱 xdupfxb001@163.com
经 销 新华书店
印刷单位 咸阳华盛印务有限责任公司
版 次 2019 年 11 月第 1 版 2020 年 8 月第 2 次印刷
开 本 787 毫米×1092 毫米 1/16 印张 15.5
字 数 365 千字
印 数 1001～2000 册
定 价 39.00 元
ISBN 978 - 7 - 5606 - 5466 - 9/O

XDUP 5768001 - 2

前 言
QIANYAN

MATLAB 是大学理工专业和工程技术领域常用的一种数学软件。介绍 MATLAB 软件入门的教材众多，本书以提高编程能力和培养数学思维为目标，精心组织各个章节，悉心挑选例题、习题、数学实验和数学建模案例，以提高学生的编程能力，激发学生学习数学的兴趣，培养学生应用数学知识解决实际问题的创新意识和创造能力。

本书不是 MATLAB 命令大全，所出现的命令大多与例题、实验、建模案例相关，而很多其他常用且重要的命令很少提及。此外，本书强调编程思维，有些 MATLAB 内置函数或工具箱中的命令被作为例题重新编写，如向量元素的大小排序、素数的判断、傅里叶变换、k 均值聚类和主成分分析等。本书具有如下特点：

（1）以解决实际问题为导向，强化编程思维的训练。本书强调实用性，精心挑选和编写了大量的编程实例、实验素材和建模案例。对于复杂的问题，本书均给出了详细的理论分析与推导。

（2）设计了一些新颖的例题、习题和实验。根据编者多年的教学与科研经验，编写了一些有趣的例子，如九九乘法表的设计、万年历的设计、万花筒曲线的设计和分酒实验等。读者可修改所提供的程序，以满足自己的需要。

（3）部分素材来自于全国大学生数学建模竞赛赛题、中国研究生数学建模竞赛赛题和其他数学建模竞赛赛题。对欲参加数学建模竞赛或提高解决实际问题能力的学生而言，这些素材是大有裨益的。

（4）强化数值计算能力。虽然 MATLAB 在符号运算方面也具有强大的功能，但这些运算仅能解决一些特殊的问题，不具有普适性。本书强调使用数值方法解决实际问题，如数值积分、函数极值的数值求解、非线性方程组的数值解和微分方程组的数值解等。

全书共 22 章，第 1～10 章为基础篇，第 11～22 章为应用篇。第 1～10 章遵循了知识点的逻辑关系和先易后难的原则，其中第 1、2 章简要介绍了 MATLAB 的基础命令与运算，第 3、6、7、8 章引入了程序设计基础及简单实例，第 4、5 章介绍了图形的绘制，第 9、10 章探讨了图像、文件与数据的读写。第 11～22 章中，第 11、16 章给出了程序设计的应用，第 12、14、15、22 章介绍了几类特殊问题的图形图像绘制，第 13、22 章引入了随机模拟案例，第 17~21 章探讨了 MAT-LAB 在数据分析、处理与可视化中的应用。

在教学设计中，建议理论课时与上机课时相同。若理论课时为 24，建议讲授前 10 章，其中第 1~9 章各 2 课时，第 10 章 4 课时，习题课 2 课时。若理论课时大于 24，则可以在第 11~22 章中挑选部分章节讲授，建议第 11 章 2 课时，第 12、14、15、17、19、20、21 章各 3 课时，其他章各 4 课时；第 16~21 章在数学理论和程序设计方面均有一定难度，可作为选学内容；其他章节的部分内容具有一定的难度，可根据实际情况酌情选择。对于部分难度较大的习题，本书提供了参考答案。

本书由史加荣担任主编，郑秀云担任副主编，史加荣、郑秀云、王玉英和雍龙泉执笔编写。其中史加荣撰写第 1 至第 10 章，郑秀云撰写第 11 至第 17 章，王玉英撰写第 18、19、21 章，雍龙泉撰写第 20、22 章及部分习题参考答案。史加荣和郑秀云负责全书质量把关。

本书编写过程中参阅了许多专家和学者的论文和论著，也参阅了网络上的一些 MATLAB 程序和资源，限于篇幅，恕没有一一指出，衷心地感谢所有相关作者！

我们努力让本书成为具有实用价值且具有创新性的教材，成为激发读者热爱 MATLAB 编程、热爱数学、热爱数学建模的教材。由于编者知识水平有限，加之知识更新速度较快，书中疏漏之处在所难免，恳请各位专家及读者批评指正。

编著者
2019 年 5 月

目录
MULU

基 础 篇

应　用　篇

基 础 篇

第1章 向量与矩阵

在 MATLAB 软件中,数据的基本单位是矩阵。本章主要介绍与向量和矩阵有关的基本命令、四则运算与函数运算。

1.1 向量基本命令

在 MATLAB 中要得到一个 4 维行向量 $(1, 2, 3, 5)$,可按如下方式进行赋值:

    x=[1, 2, 3, 5];

相邻元素之间用逗号或空格隔开,末尾的分号表示不显示赋值结果,得到的变量 x 为 4 维行向量。

注意:在进行向量赋值时,必须使用一对中括号,而 x=(1, 2, 3, 5)是错误的命令。

在提取向量 x 的第 i 个元素时,可以使用命令 y=x(i),此处 i 的取值范围为 1~n 的整数,其中 n 为向量的维数。当提取 x 的多个元素时,可使用类似的命令,如 y=x([4, 4, 2, 3])表示分别提取 x 的第 4、4、2、3 个元素来组成新的 4 维行向量,即 y=[5, 5, 2, 3]。

若要得到一个列向量 $(1, 2, 3, 5)^{\mathrm{T}}$,赋值方式为

    x=[1; 2; 3; 5];

不同行之间要用分号隔开。当然也可以使用转置命令,即 x=[1, 2, 3, 5]′。

注意:在进行赋值时,标点符号须在英文状态下输入;变量名称是英文字母、数字和下划线的任意组合,但第一个字符必须为英文字母。例如,x_1=[1; 2; 3; 5]和 X1_=[1; 2; 3; 5]都是正确的赋值方式,对应的变量分别为 x_1 和 X1_;而 1x 和 _x 都是错误的变量名称。

对于由等差数列组成的行向量,有两种快速的赋值方式,第一种为

    x=a: d: b;

其中 a 为向量的第一个元素,公差为 d(非零)。当 d 取值为 1 时,可简写为 x=a: b;当 d 大于 0 时,x 的最后一个元素不超过 b;当 d 小于 0 时,x 的最后一个元素不小于 b。例如,若 x=1: 2: 6,则 x=[1, 3, 5];若 x=3: −1: −1,则 x=[3, 2, 1, 0, −1];若 x=5.2: −1.5: 1.1,则 x=[5.2, 3.7, 2.2];若 x=1: 4,则 x=[1, 2, 3, 4]。

第二种由等差数列组成 n 维行向量的命令为

    x=linspace(a, b, n);

其中 a 为向量 x 的第一个元素,b 为最后一个元素,公差为 $(b-a)/(n-1)$,且允许 $a \geqslant b$。当 n 缺失时,默认 n=100。例如,若 x=linspace(0, 3, 4),则 x=[0, 1, 2, 3];若 x=linspace(0, −3, 4),则 x=[0, −1, −2, −3]。当 $a \neq b$ 时,linspace(a, b, n)等价于 a: (b−a)/(n−1): b;当 a=b 时,linspace(a, b, n)会产生元素全为 a 的 n 维行向量。

例 1.1 按如下方式生成 5 个向量:

```
x=1：4；
y=2：0.3：3；
z=3：−2：−5；
u=linspace(0，1)；
v=linspace(10，1，200)；
```

并指出它们的结果。

解 变量 x、y 和 z 的结果如下:

x=[1，2，3，4]，y=[2，2.3，2.6，2.9]，z=[3，1，−1，−3，−5]；

u 为由等差数列构成的 100 维行向量,其第一个元素为 0,最后一个元素为 1,公差为 1/99;

v 为由等差数列构成的 200 维行向量,其第一个元素为 10,最后一个元素为 1,公差为 −9/199。

例 1.2 已知向量 $x=(1，3，5，7，9)$,将其元素按逆序重新排列。

解 x 为 5 维行向量,分别提取它的第 5、4、3、2、1 个元素,求解程序如下:

```
x=[1，3，5，7，9]；
y=x(5：−1：1)；
```

输出向量 y=[9，7，5，3，1]。

对于行向量或列向量 x,常用的 MATLAB 命令如表 1.1 所示。

表 1.1 常用的向量命令

命 令	使 用 说 明
n=length(x)	求向量 x 的维数(或长度)
xt=transpose(x)	求向量 x 的转置,可简单表示为 xt=x′
[m1，p1]=max(x)	求向量 x 的最大值 m1 及对应的位置 p1
[m2，p2]=min(x)	求向量 x 的最小值 m2 及对应的位置 p2
y=sum(x)	求向量 x 的所有元素之和
y=mean(x)	求向量 x 的所有元素的平均值,等价于 y=sum(x)/length(x)
y=norm(x，p)	求向量 x 的 l_p 范数
y=std(x)	求向量 x 的标准差,等价于 norm(x−mean(x))/sqrt(length(x)−1)
y=abs(x)	求向量 x 每个元素的绝对值(实数)或模(复数)
[y，p]=sort(x)	对向量 x 的所有分量(或元素)从小到大排序,y 是排序后的向量,p 为相应的位置组成的向量

对向量 x 的所有分量从大到小排序时,对应的命令为[y，p]=sort(x，′descend′)。对于 n 维向量 $x=(x_1，x_2，\cdots，x_n)$,其 l_p 范数的定义为

$$\| x \|_p = \left(\sum_{i=1}^{n} | x_i |^p \right)^{1/p} \quad 0 < p < +\infty$$

规定 $\| x \|_\infty = \max_i | x_i |$。命令 y=norm(x，p)表示求向量 x 的 l_p 范数,若 p 值缺失,则默认

p＝2。计算向量 x 的无穷大范数的命令为 y＝norm(x, inf)。

例 1.3 已知 x＝(1, 3, 5, 7, 9, 4, 6)，求：

(1) x 的维数；

(2) x 的最大值及所在的位置；

(3) x 的均值和标准差；

(4) x 的 l_1 范数；

(5) 对 x 的所有元素从大到小进行排序。

解 x＝[1, 3, 5, 7, 9, 4, 6]；

(1) n＝length(x)；

(2) [m1, p1]＝max(x)；

(3) y1＝mean(x)；s1＝std(x)；

(4) y2＝norm(x, 1)；

(5) [y3, p3]＝sort(x, 'descend')；

输出 x 的维数 n＝7；最大值为 m1＝9，对应的位置 p1＝5；均值 y1＝5，标准差 s1＝2.6458；l_1 范数为 y2＝35；按大小排序后的向量 y3＝[9, 7, 6, 5, 4, 3, 1]，y3 的各元素在 x 中的位置为 p3＝[5, 4, 7, 3, 6, 2, 1]。

例 1.4 计算三维空间中两个点(1, 2, 3)和(4, 5, 6)之间的欧氏距离与街区距离(l_1 范数)。

解 两个点之间的距离等价于它们构成向量之差的范数，命令如下：

    x＝[1, 2, 3]；
    y＝[4, 5, 6]；
    d1＝norm(x－y)；
    d2＝norm(x－y, 1)；

输出的 d1＝5.1962，d2＝9。

1.2 矩阵基本命令

标量和向量都是矩阵的特例。对于矩阵

$$X＝\begin{pmatrix} 1 & 2 & 3 & 5 \\ 4 & 5 & 7 & 8 \end{pmatrix}$$

可按如下方式赋值：

    X＝[1, 2, 3, 5; 4, 5, 7, 8]；

得到 2×4 维的矩阵 X，中括号里面的分号表示某行的结束。

注意：对矩阵赋值时，矩阵每行的元素个数必须相同。

对于矩阵 X，提取第 i 行第 j 列元素的命令为 X(i, j)，提取第 i 行元素的命令为 X(i, :)，提取第 j 列元素的命令为 X(:, j)，提取第(i1, i2, …, is)行、第(j1, j2, …, jt)列组成的 s×t 维子矩阵的命令为 X([i1, i2, …, is], [j1, j2, …, jt])。当 X 的下标没有指明行或列时，按列提取 X 的分量。例如，对于 2×4 维矩阵 X，X(2)等价于 X(2, 1)，X(5)等价于 X(1, 3)。不能删除矩阵的某个元素，而只能删除某些行或列。例如，删除 X 的第 2 行的命令为 X(2，:)＝[]；删除 X 的第 1 列、第 3 列的命令为 X(:，[1，3])＝[]。

　　在向量基本命令中提到的许多命令，在矩阵中仍然适用。命令 length(X) 返回矩阵 X 的行数与列数的最大值，X′表示矩阵 X 的转置。max、min、sum、mean、std 和 sort 等命令是对矩阵逐列进行运算的。例如，max(X) 为由矩阵 X 各列的最大值组成的行向量，sum(X) 对矩阵 X 的各列分别求和。若对 X 的各行求和，则可以使用 sum(X′)；若对 X 的所有元素求和，则可使用命令 sum(sum(X)) 或 sum(X(:))，这里 X(:) 表示将矩阵 X 逐列排列成一个更长的列向量。命令 abs(X) 返回与 X 同型的矩阵，即对 X 的每个元素取绝对值（实数）或模（复数）。

　　其他常用的矩阵计算命令如表 1.2 所示。

表 1.2　常用的矩阵计算命令

命　　令	使 用 说 明
[m，n]＝size(X)	求矩阵 X 的大小，其中 m 是行数，n 是列数
d＝det(X)	求方阵 X 的行列式
r＝rank(X)	求矩阵 X 的秩
T＝trace(X)	求矩阵 X 的迹，即矩阵的主对角线元素之和
d＝diag(X)	当 X 为矩阵时，d 为 X 的主对角线元素组成的列向量；当 X 为向量时，d 为对角方阵，其对角线元素为向量 X 的分量
Y＝reshape(X，m，n)	将矩阵 X 按列排列成 m×n 维矩阵 Y，要求 X 的元素个数为 m×n
XT＝inv(X)	求可逆方阵 X 的逆矩阵
XT＝pinv(X)	求 m×n 维矩阵 X 的伪逆矩阵（若存在的话），XT 的维数为 n×m
n＝norm(X，p)	求矩阵 X 的 l_p 范数，默认 p＝2
n＝norm(X，′fro′)	求矩阵 X 的 Frobenius 范数，即将 X 所有元素的平方和开根号
[U，S]＝eig(X)	求方阵 X 的特征分解，其中 S 为对角方阵，其对角线元素为 X 的特征值；U 为特征向量构成的矩阵，其第 i 列是第 i 个特征值对应的（单位）特征向量
[U，S，V]＝svd(X)	求矩阵 X 的奇异值分解，即 X＝USV′，其中 S 为对角矩阵，其对角线元素（非负，按降序排列）为 X 的奇异值；U 和 V 分别为正交方阵，它们的第 i 列分别为 X 的第 i 个奇异值对应的左、右奇异向量

　　对于给定的 $m\times n$ 维矩阵 A，其 l_p 范数是由向量的 l_p 范数诱导的，定义如下：

$$\|A\|_p=\max\{\|Ax\|_p,\ \text{s.t.}\ \|x\|_p=1\}\quad 0<p\leqslant\infty$$

易知

$$\|A\|_1=\max_j\sum_{i=1}^m|a_{ij}|,\quad \|A\|_2=\sigma_1,\quad \|A\|_\infty=\max_i\sum_{j=1}^n|a_{ij}|$$

其中 σ_1 是 A 的最大奇异值。求 A 的无穷大范数的命令为 norm(A，inf)，A 的 Frobenius 范数等价于 norm(A(:))。

在 MATLAB 中，可以直接生成一些常见的特殊矩阵，如表 1.3 所示。

表 1.3　特殊矩阵命令

命　　令	使 用 说 明
A＝zeros(m, n)	m×n 维零矩阵
A＝ones(m, n)	m×n 维全 1 矩阵
A＝inf(m, n)	m×n 维全无穷大矩阵
A＝nan(m, n)	m×n 维不定值矩阵
A＝rand(m, n)	m×n 维随机矩阵，其元素服从(0，1)区间上的均匀分布
A＝randn(m, n)	m×n 维随机矩阵，其元素服从均值为 0、标准差为 1 的正态分布
A＝eye(m, n)	m×n 维单位矩阵
A＝pascal(m)	m 阶帕斯卡矩阵(杨辉三角矩阵)
A＝vander(x)	向量 x 组成的范德蒙德矩阵
A＝magic(m)	m 阶魔方矩阵，即矩阵的各行、各列、对角线元素之和相等

在上述特殊矩阵的生成命令中，除了 pascal、vander 和 magic 外，其余命令只有一个输入变量时将生成方阵，即默认 n＝m，如 zeros(m)表示 m×m 维零矩阵。MATLAB 中向量 $\boldsymbol{x}=(x_1, x_2, \cdots, x_n)^{\mathrm{T}}$ 对应的范德蒙德矩阵为

$$\begin{pmatrix} x_1^{n-1} & \cdots & x_1^2 & x_1 & 1 \\ x_2^{n-1} & \cdots & x_2^2 & x_2 & 1 \\ x_3^{n-1} & \cdots & x_3^2 & x_3 & 1 \\ \vdots & & \vdots & \vdots & \vdots \\ x_n^{n-1} & \cdots & x_n^2 & x_n & 1 \end{pmatrix}$$

例 1.5　已知矩阵

$$\boldsymbol{A}=\begin{bmatrix} 1.1 & -3.2 & 3.4 & 0.6 \\ 0.6 & 1.1 & -0.6 & 3.1 \\ 1.3 & 0.6 & 5.5 & 0.0 \end{bmatrix}$$

求：

(1) $\boldsymbol{A}$ 的行数和列数；

(2) $\boldsymbol{A}$ 的第 2 行第 3 列元素；

(3) $\boldsymbol{A}$ 的第 3 列元素组成的列向量；

(4) $\boldsymbol{A}$ 的第 1、3 行第 2、3、4 列构成的子矩阵；

(5) 将矩阵 $\boldsymbol{A}$ 重新按照第 4、3、2、1 列的顺序排列；

(6) 将矩阵 $\boldsymbol{A}$ 按列重新排列成列向量 $\boldsymbol{a}$。

解　A＝[1.1, −3.2, 3.4, 0.6; 0.6, 1.1, −0.6, 3.1; 1.3, 0.6, 5.5, 0.0];

(1) [m, n]＝size(A);

(2) x＝A(2, 3);

(3) y＝A(:,3);

(4) z＝A([1,3],[2:4]);

(5) B＝A(:,[4:-1:1]);

(6) a＝A(:);

或者

　　　　a＝reshape(A,m*n,1);

例 1.6 已知 A 为 5 阶帕斯卡矩阵,分别求 A 的第 5 个元素、第(2,2)元素、前 2 行前 2 列对应的子矩阵,并删除 A 的第 5 行。

解　A＝pascal(5);

　　　　a1＝A(5);

　　　　a2＝A(2,2);

　　　　a3＝A(1:2,1:2);

　　　　A(end,:)＝[];

在上述命令中,A(end,:)等价于 A(5,:),它表示矩阵 A 的最后一行。

例 1.7 已知 A 为 3 阶魔方矩阵,分别求 A 的行列式、秩、特征值、迹、逆、Frobenius 范数和对角线元素组成的向量。

解　A＝magic(3);

　　　　d1＝det(A);

　　　　r＝rank(A);

　　　　e＝eig(A);

　　　　t＝trace(A);

　　　　AI＝inv(A);

　　　　n＝norm(A,′fro′);

　　　　d2＝diag(A);

例 1.8 产生 $3×4$ 维的单位矩阵、全零矩阵、服从标准正态分布的随机矩阵、服从 (0,1)区间均匀分布的随机矩阵。

解　A＝eye(3,4);

　　　　B＝zeros(3,4);

　　　　C＝randn(3,4);

　　　　D＝rand(3,4);

例 1.9 分别随机产生 $10×5$ 维的服从均值为 1、方差为 2 的正态分布的矩阵 A,服从 $(-5,5)$ 区间上均匀分布的矩阵 B。

解　若随机变量 $X\sim N(0,1)$,则 $Y＝a+bX\sim N(a,b^2)$;若 $X\sim U(0,1)$,则 $Y＝a+bX\sim U(a,a+b)$。于是生成矩阵 A 和 B 的命令如下:

　　　　A＝randn(10,5)*2^0.5+1;

　　　　B＝rand(10,5)*10-5;

1.3　矩阵四则运算与矩阵函数计算

在 MATLAB 中,矩阵之间的运算通常涉及加法(＋)、减法(－)、乘法(＊)、除法

（\或/，对应矩阵的逆或伪逆）、幂（^）和逆（inv），且幂运算的级别高于乘除法。

当计算矩阵 A 和 B 的加法或减法时，需要满足下列两个条件之一：

（1）当 A 与 B 为同型矩阵时，将它们的对应元素相加或相减；

（2）当 A、B 有一个为标量，设 B 为标量时，计算时可将 B 视为矩阵 B * ones(size(A))。

在计算矩阵 A 与 B 的乘法（数与矩阵的乘法除外）时，A 的列数须等于 B 的行数。对于方阵 A 和实数 p，定义幂运算 A^p。当 A 可逆时，p 的值才可以取 0 或负数。此外，可逆方阵 A 的逆可以表示为 A^(−1) 或 inv(A)。

对于两个标量，除法分右除（/）和左除（\）两种。例如，2/3 等价于 2×3^{-1}，而 2\3 等价于 $2^{-1} \times 3$。对于两个矩阵 A 和 B，A/B（以 B 存在伪逆为前提）表示 $AB^{\dagger}$，此处 $B^{\dagger}$ 表示矩阵 B 的 Moore-Penrose 伪逆，它满足 $BB^{\dagger}B=B$ 和 $B^{\dagger}BB^{\dagger}=B^{\dagger}$。当 B 为可逆方阵时，$B^{\dagger}=B^{-1}$。类似地，A\B（以 A 存在伪逆为前提）表示 $A^{\dagger}B$。此外，A/B 等价于 A * pinv(B)，A\B 等价于 pinv(A) * B，其中 pinv 为求矩阵伪逆的命令。在矩阵乘法运算中，建议使用\（或/）代替 inv 或 pinv，例如计算 AB^{-1} 时可使用命令 A/B。

MATLAB 支持点积（Hadamard 积）、点商（Hadamard 商）和点幂运算。对于两个同型矩阵 $\boldsymbol{A}=(a_{ij})_{m \times n}$ 与 $\boldsymbol{B}=(b_{ij})_{m \times n}$，点积 C=A. * B 表示 A 与 B 的对应元素之积构成的矩阵，即 $c_{ij}=a_{ij}b_{ij}$。类似地，点商 A./B 表示 A 与 B 的对应元素之商构成的矩阵（B 中的元素在分母上），点商 A.\B 表示 B 与 A 的对应元素之商构成的矩阵（A 中的元素在分母上）。A.^p 表示 A 的每个元素的 p 次方构成的矩阵，而 p.^A 则表示以 p 为底、以 a_{ij} 为指数的元素构成的矩阵。

除了矩阵四则运算之外，MATLAB 还提供了丰富的内置（build-in）数学函数，这些函数支持标量、向量与矩阵运算。常用的数学函数如表 1.4 所示。

表 1.4　常用的数学函数

数学函数	MATLAB 命令	数学函数	MATLAB 命令
$\sqrt{x}$	sqrt(x)	$\lvert x \rvert$	abs(x)
$\sin x$	sin(x)	$\cos x$	cos(x)
$\tan x$	tan(x)	$\arcsin x$	asin(x)
$\arccos x$	acos(x)	$\arctan x$	atan(x)
e^x	exp(x)	$\ln x$	log(x)
$\log_2 x$	log2(x)	$\log_{10} x$	log10(x)
$\mathrm{sign} x$	sign(x)	x 关于 y 取余	mod(x, y) 或 rem(x, y)
对 x 四舍五入取整	round(x)	对 x 朝正无穷大取整	ceil(x)
对 x 朝负无穷大取整	floor(x)	对 x 朝 0 取整	fix(x)

当 x 为矩阵时，上述函数返回与 x 同型的另一个矩阵。以 $\boldsymbol{X}=(x_{ij})_{m \times n}$ 为例，若 $\boldsymbol{Y}=\sin(\boldsymbol{X})$，则有 $y_{ij}=\sin x_{ij}$。

例 1.10　已知

$$A = \begin{pmatrix} 1 & 2 & 3 \\ 4 & 5 & 6 \end{pmatrix}, \quad B = \begin{pmatrix} 1 & 2 \\ 3 & 4 \\ 5 & 6 \end{pmatrix}$$

C 为 3 阶魔方矩阵，D 为 3 阶帕斯卡矩阵，分别求：

(1) A^T，$2+A$，$C-D$；

(2) $2A$，AB，BA，CD，$C.*D$，$C.\backslash D$，$C./D$，$CA^†$；

(3) C^2，C^{-3}，$C^{-1}D$，CD^{-1}，$A.\hat{}2$，$2.\hat{}A$，$C.\hat{}D$。

解　A=[1, 2, 3; 4, 5, 6];

　　　B=[1, 2; 3, 4; 5, 6];

　　　C=magic(3);

　　　D=pascal(3);

(1)　X1=A′;

　　　X2=2+A;

　　　X3=C−D;

(2)　Y1=2*A;　　Y2=A*B;

　　　Y3=B*A;　　Y4=C*D;

　　　Y5=C.*D;　　Y6=C.\D;

　　　Y7=C./D;　　Y8=C/A;

(3)　Z1=C^2;　　Z2=C^(−3);

　　　Z3=C\D;　　Z4=C/D;

　　　Z5=A.^2;　　Z6=2.^A;

　　　Z7=C.^D;

例 1.11　求解线性方程组：

$$\begin{cases} 32x_1 + 13x_2 + 45x_3 + 67x_4 = 1 \\ 23x_1 + 79x_2 + 85x_3 + 12x_4 = 2 \\ 43x_1 + 23x_2 + 54x_3 + 65x_4 = 3 \\ 98x_1 + 34x_2 + 71x_3 + 35x_4 = 4 \end{cases}$$

解　先将线性方程组写成矩阵向量乘积形式 $Ax=b$。当 A 为可逆方阵时，线性方程组的解为 $x=A^{-1}b$。判断矩阵 A 是否可逆的 MATLAB 命令为

　　　A=[32, 13, 45, 67;　23, 79, 85, 12;　　43, 23, 54, 65;　　98, 34, 71, 35];

　　　a=det(A);

得到 $a=1.0285 \times 10^6 \neq 0$，故矩阵 A 可逆。使用下列命令进一步求解线性方程组：

　　　b=[1; 2; 3; 4];

　　　x=A\b;

输出的 $x=[0.1809; 0.5182; -0.5333; 0.1862]$。

例 1.12 求解线性方程组：

$$\begin{cases} x_1 + x_2 + x_3 = 1 \\ x_1 + x_2 + x_3 = 1.1 \\ x_1 + 2x_2 + 3x_3 = 2 \\ x_1 + 3x_2 + 6x_3 = 4 \end{cases}$$

解 易知上述线性方程组无解。此类问题仅需求解线性方程组的最小二乘解，即求解无约束最优化问题：$\min_x \| Ax - b \|_2^2$。当矩阵 A 列满秩时，最小二乘解为 $\tilde{x} = A^{\dagger} b$，其中 A 的伪逆 $A^{\dagger} = (A^T A)^{-1} A^T$。

先求矩阵 A 的秩，程序为：

```
A=[1, 1, 1; 1, 1, 1; 1, 2, 3; 1, 3, 6];
r=rank(A);
```

得 r=3，故矩阵 A 列满秩，即存在伪逆。

再求最小二乘解，程序为：

```
b=[1; 1.1; 2; 4];
x=A\b;
```

得最小二乘解 x=[1.15; −1.15; 1.05]。

例 1.13 已知 A 为 3 阶魔方矩阵，对其每个元素求以 2 为底的对数。

解 程序如下：

```
A=magic(3);
B=log2(A);
```

例 1.14 已知函数 $f(x) = \dfrac{\sin x}{x}$，$x \in [1, 10]$。求该函数的最小值。

解 先将连续函数 $f(x)$ 的定义区间等间隔离散化为 $1 = x_1 < x_2 < \cdots < x_n = 10$，再分别计算 $f(x_1), f(x_2), \cdots, f(x_n)$ 的值。当 n 比较大时，$\min_i f(x_i)$ 近似等于 $f(x)$ 的最小值。MATLAB 求解程序如下：

```
n=100;
x=linspace(1, 10, n);      %将自变量 x 的取值区间离散化
y=sin(x)./x;               %计算离散化的 y 向量
[v, p]=min(y);             %y 的最小值为 v，它在 y 中的位置为 p
disp(['The optimal solution：x=', num2str(x(p)), ', y=', num2str(v)]);
         %disp 的变量为 4 个字符串的横向拼接
         % x(p)是与最小值 v 对应的自变量的值
```

输出结果为

```
The optimal solution：x=4.4545, y=−0.21707
```

即函数 $f(x)$ 的最小值为 −0.21707，对应的 x 值为 4.4545。

在上述语句中，百分号 "%" 表示注释符号，"disp" 为显示变量取值的命令，"num2str" 命令用于将数值型转化为字符串型，而字符串需要用一对单引号括起来（''）。

例 1.15 赤纬角是地球赤道平面与太阳和地球中心连线之间的夹角。一年内第 n 天的赤纬角 δ 的计算公式为

$$\delta = 23.45° \sin\left(360° \times \frac{284 + n}{365}\right), \quad n = 1, 2, \cdots, 365$$

其中正弦函数 sin 的变量单位为度(°)，$n=1$ 表示 1 月 1 日，$n=365$ 表示 12 月 31 日，不考虑闰年。写出计算一年内赤纬角的程序。

解 在 MATLAB 中，三角函数的变量单位为弧度，因此在计算时需要将度数转成弧度，即 1°对应的弧度为 $\pi/180$。求解赤纬角的 MATLAB 命令为

```
d=1：365；
delta=23.45 * sin(360 * (284+d) * pi/180/365)；    %pi 为 MATLAB 自带的变量名，即
    圆周率
```

例 1.16 某地一年内第 n 天的白天时长(日落与日出时间之差，单位为 h)的计算公式为

$$N=\frac{2}{15}\arccos(-\tan\phi\tan\delta)$$

其中 δ 为赤纬角，ϕ 为该地的纬度。取 $\phi=35°$，计算一年内(不考虑闰年)所有白天的时长。

解 在上述计算公式中，函数 arccos 的数值单位为度(°)。因此，计算时要考虑度数到弧度的转化。MATLAB 求解程序如下：

```
d=1：365；
delta=23.45 * sin(360 * (284+d) * pi/180/365) * pi/180；%转成弧度
phi=35 * pi/180；                                       %转成弧度
N=(2/15) * acos(−tan(phi) * tan(delta)) * 180/pi；       %转成度数
disp([min(N)，max(N)])；                                  %输出白天时长的最小值与最大值
```

可得白天时长的最小值为 9.6424 小时，最大值为 14.3576 小时。

1.4　字符型向量与矩阵

在 MATLAB 中，一般不需要对变量的类型进行事先声明。数值型变量往往为双精度型(double)，而字符型(char)变量也经常使用。一维字符串是一个行向量或列向量，二维字符串为一个矩阵。在对字符型变量进行赋值时，必须用两个单引号括起来，如 s='abcd e'，字符串变量 s 的长度为 6，此处的空格也占位置。可以按照数值型向量的形式来提取 s 中的一个或多个字符，如 s(2)返回字符'b'，s(2：2：6)返回字符串'bde'。s 的转置 s'是 6×1 的字符串列向量，命令 size 和 length 对于字符串变量仍然有效。

对于两个一维字符串，可以对其进行合并。例如：

```
s1='MAT'；s2='LAB'；
s=[s1，s2]；sv=[s1'；s2']；
```

则 s 为 1×6 的字符串行向量，sv 是 s 的转置。若要删除 s 的第 3、6 个字符，则执行命令 s([3，6])=[]；若将 s 中的第一个字符修改为 m，则执行命令 s(1)='m'；若将 s 中的第二个字符改为空格(不是删除)，则执行命令 s(2)=blanks(1)或 s(2)=' '。

二维字符串的赋值与矩阵类似，但各行字符的个数必须相等，否则赋值是错误的。例如：

```
S1=['MATLAB'；'shuxue']；
S2=['MATLAB'；'&shuxue']；
```

其中 S2 是错误的赋值，因为它的第一行有 6 个字符，而第二行有 7 个字符。变量 S1 为 2×6

的字符型矩阵。提取 S1 的第二行第三列元素的命令为 S1(2，3)，得到字符"u"；删掉 S1 的第四列的命令为 S1(:，4)=[]。

例 1.17　已知一维字符串'MATLAB& shuxueshiyan'，求：

(1) 它共有多少个字符？

(2) 它的第 10 个字符是什么？

(3) 将此字符串按逆序排列。

解　A='MATLAB& shuxueshiyan'；

(1) n=length(A)；

(2) a=A(10)；

(3) B=A(n：-1：1)；

例 1.18　已知二维字符串 A=['Math'；'Expe']，求：

(1) A 共有多少行、多少列？

(2) 第 2 列字符串是什么？

解　A=['Math'；'Expe']；

(1) [m，n]=size(A)；　%m 为行数，n 为列数

(2) b=A(:，2)；

对于双精度数值型的变量，可以将其转化为字符型变量，相应的 MATLAB 命令为 num2str；反之，由数字组成的字符串（可以含有空格、逗号）也可以转化为数值型变量，命令为 str2num。

例 1.19　对于下列四组语句：

(1) a1=123，b1=num2str(a1)；

(2) a2='4567'，b2=str2num(a2)；

(3) a3=[1，5，10]，b3=num2str(a3)；

(4) a4='1 2 30'，b4=str2num(a4)；

写出 b1，b2，b3，b4 的结果。

解　(1) b1 为字符串'123'；

(2) b2 为数值 4567；

(3) b3 是长度为 9 的字符串'1　　5　　10'，共含有 5 个空格；

(4) b4 为行向量[1，2，30]。

此外，可以用 double 命令求字符串的每个字符对应的 ASCII 码；反之，也可以用 char 命令将 ASCII 码转为字符。

例 1.20　已知 s1='AZaz'；n1=double(s1)；n2=60：10：100；s2=char(n2)；求 n1 和 s2 的输出结果及变量类型。

解　n1=[65，90，97，122]为数值型，即四个英文字母 A、Z、a、z 对应的 ASCII 码分别为 65、90、97、122；s2 为字符串'<FPZd'。

例 1.21　已知 a=1：5，A=magic(3)，将它们分别转化为字符串。

解　a=1：5；A=magic(3)；

sa=num2str(a)；

SA=num2str(A)；

输出的 sa 为 1×13 的字符串(a 的不同元素之间用空格隔开),SA 为 3×7 的二维字符串。

例 1.22 已知 s=′abcdef′,如何将这些小写字母转成大写字母?

解 小写英文字母或大写英文字母的 ASCII 码是间隔为 1 的单调递增数列。MATLAB 转化程序为:

$$s=′abcdef′;$$

$$s2=char(double(s)+double('A')-double('a'));$$

当然也可以通过命令 upper(s) 来实现(lower 命令可实现将大写英文字母改为小写字母)。

练 习 题

1. 已知矩阵

$$A=\begin{bmatrix} 1.1 & 0 & -2.1 & -3.5 & 6 \\ 0 & -3 & -5.6 & 2.8 & 4.3 \\ 2.1 & 0.3 & 0.1 & -0.4 & 1.3 \\ -1.4 & 5.1 & 0 & 1.1 & -3 \end{bmatrix}$$

求下列语句的输出结果:

(1) A(3,:);　　　　　　　　　(2) A(:,3);

(2) A(1:2:3,[3,3,4,5,3]);　(4) A(:);

(5) A([4:-1:1],:);　　　　　(6) A(:,[1,3,5])=[]。

2. 已知 a=randn(1,3),B=rand(3,5),C=magic(3),D=randn(3)。

(1) 求 a 的最大值、最小值、和、均值、标准差、l_1 范数,并将 a 的元素从小到大进行排序;

(2) 求矩阵 B 的行数、列数、伪逆;

(3) 求 C 的秩、行列式、逆、平方、迹、特征值、特征向量、Frobenius 范数;

(4) C^2 与 C.^2、2.^C 有什么区别;

(5) 求 C 的所有元素的最大值、最小值和平均值;

(6) 计算 C+10、2*C、C−D;

(7) 计算 a*B、C*B、C\D、C/D、C.*D、D.^C、C./D。

3. 求解矩阵方程:

$$A\begin{bmatrix} 1 & 1 & 1 \\ 0 & 1 & 1 \\ 0 & 0 & 1 \end{bmatrix}=\begin{pmatrix} 1 & -2 & 1 \\ 0 & 1 & -1 \end{pmatrix}$$

4. 分别产生 3×3 和 15×8 的单位矩阵、全 1 矩阵、全 0 矩阵、全无穷大矩阵、服从 (0,2) 区间上均匀分布的随机矩阵、服从标准正态分布的随机矩阵。

5. 纬度为 ϕ 的某地在一年内第 n 天的天文总辐射(大气层上方垂直于光线传播方向的每平方米单位时间内接收到的太阳能量,单位为 J)为

$$H_0=\frac{24\times3600G_{SC}}{\pi}\left(1+0.033\cos\frac{360n}{365}\right)\left(\cos\phi\cos\delta\sin w_s+\frac{\pi w_s}{180}\sin\phi\sin\delta\right),\ n=1,2,\cdots,365$$

其中太阳常数 $G_{SC}=1367$ W/m²;δ 为赤纬角;$w_s=\arccos(-\tan\phi\tan\delta)$ 为日落时角。取

$\phi=35°$，不考虑闰年，求：

（1）一年内每天的天文总辐射；

（2）第 17、47、75、105、135、162、198、228、258、288、318、344 天的天文总辐射可以分别用来近似表示第 1、2、…、12 月的月平均天文辐射，据此计算各月的平均天文辐射。

（注：本题中的角度单位均为度。）

6. 已知字符串 s1=′abcd1234′，s2=[′abcd′；′1234′]，数值型向量 s3=1：10，求：

（1）s1 的长度；

（2）s2 的行数和列数；

（3）将 s1 按逆序排列；

（4）对调 s2 的第一行与第二行；

（5）求 s2 对应的 ASCII 码矩阵；

（6）提取 s2 的第二行，并转化为数值型变量；

（7）将 s3 转化为字符串型变量，并求该字符串的长度。

第2章 逻辑与关系运算

在 MATLAB 中，逻辑与关系运算是两类重要的操作，其中逻辑运算主要包括与、或、非，关系运算主要是比较两个变量之间的大小关系。本章主要介绍逻辑与关系运算以及它们的应用。

2.1 逻辑与关系运算简介

MATLAB 提供了几乎和 C 语言一样多的逻辑与关系运算。常用的逻辑与关系运算符号如表 2.1 所示。

表 2.1　常用的逻辑与关系运算符号

符号	说明	符号	说明
&	逻辑与(and)	==	等于
>	大于	~	逻辑非(not)
<=	小于等于	<	小于
|	逻辑或(or)	~=	不等于
>=	大于等于		

逻辑与关系运算返回 0—1 逻辑型(logical)的标量、向量或矩阵，逻辑 1 表示真(true)，逻辑 0 表示假(false)。

例 2.1　已知 $a=2$，$b=0$，对 a 和 b 分别进行逻辑与关系运算。

解　clear；%清除变量空间中所有变量

　　　　a=2；b=0；

　　　　c1=a&b；　c2=a|b；　　c3=~b；

　　　　c4=a>b；　c5=a>=b；　c6=a<b；

　　　　c7=a<=b；　c8=a==b；　c9=a~=b；

则输出 c1=0；c2=1；c3=1；c4=1；c5=1；c6=0；c7=0；c8=0；c9=1。

变量 c1 到 c9 的类型都是逻辑型，且逻辑与关系运算级别高于赋值，如 c8=a==b 应理解为 c8=(a==b)。

例 2.2　已知 $\boldsymbol{A}=\begin{pmatrix} 1 & 1 & 0 \\ 2 & 0 & 1 \\ 1 & 3 & 0 \end{pmatrix}$，$\boldsymbol{B}=\begin{pmatrix} 3 & 1 & 1 \\ 0 & 0 & 0 \\ 5 & 0 & 0 \end{pmatrix}$，对它们进行逻辑与关系运算。

解　A=[1,1,0;2,0,1;1,3,0]；

　　　　B=[3,1,1;0 0 0;5,0,0]；

$$C1=A\&B; \quad C2=A|B; \quad C3=\sim A;$$
$$C4=A>B; \quad C5=A>=B; \quad C6=A<B;$$
$$C7=A<=B; \quad C8=A==B; \quad C9=A\sim=B;$$

则有

C1=[1, 1, 0; 0, 0, 0; 1, 0, 0];

C2=[1, 1, 1; 1, 0, 1; 1, 1, 0];

C3=[0, 0, 1; 0, 1, 0; 0, 0, 1];

C4=[0, 0, 0; 1, 0, 1; 0, 1, 0];

C5=[0, 1, 0; 1, 1, 1; 0, 1, 1];

C6=[1, 0, 1; 0, 0, 0; 1, 0, 0];

C7=[1, 1, 1; 0, 1, 0; 1, 0, 1];

C8=[0, 1, 0; 0, 1, 0; 0, 0, 1];

C9=[1, 0, 1; 1, 0, 1; 1, 1, 0];

上述 9 个矩阵的类型也是逻辑型的。逻辑型与双精度型可以通过 double 或 logical 命令相互转化。若将矩阵 A 转成逻辑型的，使用的命令为 AL＝logical(A)，返回的矩阵为 [1, 1, 0; 1, 0, 1; 1, 1, 0]；若将 C6 转成双精度型的，使用的命令为 C6d＝double(C6)。两个同型的逻辑型矩阵相加减时，得到的矩阵是双精度型的。例如，令 C10＝C1＋C9，则返回的 C10＝[2, 1, 1; 1, 0, 1; 2, 1, 0]。

逻辑型的矩阵也可以与双精度型的数进行数乘运算，得到的矩阵是双精度型的矩阵。

注意：两个逻辑型的矩阵不能进行矩阵的乘法运算（标量乘积除外）。当双精度型矩阵 **A** 与一个标量 k 进行逻辑、关系运算时，先将 **A** 的每个元素分别与 k 进行逻辑或关系运算，最终返回与 **A** 同型的逻辑型矩阵。

例 2.3　已知 $A=\begin{bmatrix} 1 & 1 & 0 \\ 2 & 0 & 1 \\ 1 & 3 & 0 \end{bmatrix}$，分别计算 $A==1$、$A \leqslant 2$、$A \geqslant 2$ 且 $A \leqslant 3$、$A \geqslant 3$ 或 $A \leqslant 1$。

解　A=[1, 1, 0; 2, 0, 1; 1, 3, 0];

D1=A==1;

D2=A<=2;

D3=A>=2&A<=3;

D4=A>=3|A<=1;

输出

D1=[1, 1, 0; 0, 0, 1; 1, 0, 0];

D2=[1, 1, 0; 1, 1, 0; 1, 0, 1];

D3=[0, 0, 0; 1, 0, 0; 0, 1, 0];

D4=[1, 1, 1; 0, 1, 1; 1, 1, 1];

对于 x>a 且 x<b，正确的表示方法为 x>a&x<b，而 a<x<b 是错误的。a<x<b 应该理解为 (a<x)<b，其中 a<x 为 0－1 逻辑值。四则运算、幂运算、逻辑运算和关系运算在 MATLAB 程序中的级别不同，优先级顺序如表 2.2 所示。

表 2.2　MATLAB 中运算的优先级顺序

1	转置与幂运算	′　＾　.′　.＾
2	逻辑非	～
3	乘除	＊　.＊　/　./　\　.\
4	加减	＋　－
5	关系与冒号	＜　＞　＜＝　＞＝　～＝　:
6	逻辑与	&
7	逻辑或	｜

若 $a=2$，$b=0$，则 $\sim b*a$ 返回 2，即 $\sim b*a$ 等价于 $(\sim b)*a$。令 $x=1:5-1$，则返回 $x=[1,2,3,4]$，即 $x=1:5-1$ 等价于 $x=1:(5-1)$。在例 2.3 中，$D3=A>=2\&A<=3$ 应该理解为 $D3=((A>=2)\&(A<=3))$。

MATLAB 提供了一些 is 类的函数，返回的也是 0-1 逻辑型标量、向量或矩阵，如 isempty（空）、isnan（不定值）、isletter（英文字母）、isprime（素数）、isinf（无穷大）、isspace（空格）等。命令 any 可以用来判断某个向量的元素是否含有非 0 元素，当含有非 0 元素时，返回逻辑值 1，否则返回逻辑值 0；命令 all 可以用来判断某个向量的元素是否全部非 0，当全部非 0 时，返回逻辑值 1，否则返回逻辑值 0。例如，$a=[1,2,3]$、any(a) 和 all(a) 均返回 1；$a=[1,0,3]$、any(a) 返回 1，all(a) 返回 0；$a=[0,0,0]$、any(a) 和 all(a) 均返回 0。对于一般形式的 $m\times n$ 维矩阵 A，any 和 all 命令均对 A 的各列逐一进行逻辑判断，最终返回一个 n 维行向量。

2.2　逻辑与关系运算举例

对于双精度型矩阵 A，可以根据与之同型的逻辑型矩阵 B 来提取满足某些条件的元素。例如：A(B) 返回所有 $b_{ij}=1$ 对应的 a_{ij} 组成的列向量（逐列排列）。

注意：B 不能为双精度型 0-1 矩阵。

对于双精度型或逻辑型矩阵 A，可以使用 find 命令来查找其非 0 元素值及所在的行列指标，使用格式为 $[I,J,K]=find(A)$，其中 I 和 J 分别为行、列指标，K 为 I、J 相对应的非 0 元素值；而格式 $L=find(A)$ 返回 A 的非 0 元素值对应的指标值（a_{11} 的指标值为 1，a_{21} 的指标值为 2，$\cdots$，a_{mn} 的指标值为 mn）。

例 2.4　按照标准正态分布随机生成 3×6 维矩阵 A，找出 A 中所有非负元素对应的位置，并将所有的非负元素赋值给向量 a。

解　randn('seed', 0);　%将参数'seed'设置为 0，也可以设置为其他整数
　　　A=randn(3, 6);
　　　[I, J, K]=find(A>=0);
　　　a=A(A>=0);
则
　　　$I=[1,2,3,1,3,1,2,3,1,1,3]'$;

J=[1, 1, 1, 2, 2, 3, 3, 3, 4, 5, 5]';

a=[1.1650, 0.6268, 0.0751, 0.3516, 1.6961, 0.0591, 1.7971, 0.2641, 0.8717, 1.2460, 0.5774]';

由 I、J 和 a 知，A(1, 1)=1.1650，A(2, 1)=0.6268，…，A(3, 5)=0.5774。

例 2.5　对于 5 阶魔方矩阵

$$A=\begin{bmatrix} 17 & 24 & 1 & 8 & 15 \\ 23 & 5 & 7 & 14 & 16 \\ 4 & 6 & 13 & 20 & 22 \\ 10 & 12 & 19 & 21 & 3 \\ 11 & 18 & 25 & 2 & 9 \end{bmatrix}$$

求：

(1) A 的所有素数；

(2) 素数所在的位置；

(3) 将所有素数替换成 100。

解　可以使用 isprime 命令来判断正整数是否为素数，命令如下：

A=magic(5);

(1) B=A(isprime(A));

(2) [I, J]=find(isprime(A));

(3) A(isprime(A))=100;

则 B 为 9 维列向量，其分量分别为 17，23，11，5，7，13，19，2，3。所有素数所在的行指标（逐列）组成列向量 I=[1, 2, 5, 2, 2, 3, 4, 5, 4]'，列指标（逐列）组成列向量 J=[1, 1, 1, 2, 3, 3, 3, 4, 5]'。

例 2.6　按照标准正态分布随机生成 100×100 维矩阵 A，求：

(1) 介于－0.5 到 0.5 的元素总个数；

(2) 大于 0.9 或小于－0.8 的元素总个数；

(3) 找出元素的绝对值大于 0.9 的位置，并将其值替换为 9。

解　A=randn(100);

(1) s1=sum(sum(A>－0.5&A<0.5));

上述求和命令也可以替换为

s1=sum(A(:)>－0.5&A(:)<0.5);

或者 s1=sum(abs(A(:))<0.5);

(2) s2=sum(A(:)>0.9|A(:)<－0.8);

(3) [I, J]=find(abs(A)>0.9);

A(abs(A)>0.9)=9;

例 2.7　已知矩阵

$$A=\begin{bmatrix} 2012 & 2 & 3 \\ 2013 & 2 & 2 \\ 2015 & 3 & 4 \\ 2012 & 5 & 6 \\ 2012 & 3 & 5 \end{bmatrix}$$

求：

(1) 第 1 列元素为 2012 的所有行构成的子矩阵；

(2) 第 1 列元素为 2012 且第 2 列元素大于 2 的所有行构成的子矩阵。

解 A＝[2012, 2, 3；2013, 2, 2；2015, 3, 4；2012, 5, 6；2012, 3, 5]；

(1) B＝A(A(:, 1)＝＝2012,:)；

(2) C＝A(A(:, 1)＝＝2012&A(:,2)>2,:)；

得到的矩阵 **B** 和 **C** 分别为

$$B=\begin{bmatrix} 2012 & 2 & 3 \\ 2012 & 5 & 6 \\ 2012 & 3 & 5 \end{bmatrix}, C=\begin{pmatrix} 2012 & 5 & 6 \\ 2012 & 3 & 5 \end{pmatrix}$$

例 2.8 已知矩阵

$$A=\begin{bmatrix} 1 & 0 & 12 \\ 0 & 0 & 0 \\ 2 & 0 & 1 \end{bmatrix}$$

分别删除 **A** 中元素全为 0 的行、全为 0 的列。要求：不直接删除第二行、第二列，使用 MATLAB 命令找出整行为 0 的行、整列为 0 的列。

解 命令 any 可用来判别矩阵的某一列是否全为 0。MATLAB 命令如下：

A＝[1, 0, 12；0, 0, 0；2, 0, 1]；

A(:, ～any(A))＝[]；　% any(A)返回[1, 0, 1]，～any(A)返回[0, 1, 0]，删除第 2 列

A(～any(A'),:)＝[]；　%any(A')判断 A 的各行是否全为 0，删除第 2 行

输出 A＝[1, 12；2, 1]。

例 2.9 已知矩阵

$$A=\begin{bmatrix} 1 & 1 & \infty \\ 2 & 2 & 2 \\ 3 & \infty & 3 \end{bmatrix}$$

使用 MATLAB 命令找出 **A** 中含有无穷大元素的行并将其删除。

解 程序如下：

A＝[1, 1, inf；2, 2, 2；3, inf, 3]；

b＝find(any(isinf(A')))；　　% isinf(A')返回 A 的转置的元素是否为无穷大

A(b,:)＝[]；

得到的向量 b 为[1, 3]，A 为[2, 2, 2]。

例 2.10 已知 d＝'2000ooooo0000'，分别求 d 中"0"和"o"出现的频率。

解 d＝'2000ooooo0000'；

n＝length(d)；　　　　%字符串 d 的长度

f1＝sum(d＝＝'0')/n；　% d＝＝'0'返回 n 维 0－1 向量，"0"出现的频率

f2＝sum(d＝＝'o')/n；　%"o"出现的频率

例 2.11 在数列 1，2，…，2018 中，数字"8"一种出现了多少次？

解 x＝1：2018；

y＝num2str(x)；　　%将向量 1：2018 转成一维字符串

n＝sum(y＝＝'8')；

在字符串向量 y 中，除了数字之外，还增补了一些空格。删除 y 中所有空格的命令为

y(isspace(y))＝[]。

<h1 style="text-align:center">练 习 题</h1>

1. 已知 $A=\begin{bmatrix} 0 & 5 & 0 \\ 3 & 4 & 7 \\ 1 & 6 & 8 \end{bmatrix}$，$B=\begin{bmatrix} 0 & 1 & 6 \\ 3 & 5 & 7 \\ 4 & 9 & 2 \end{bmatrix}$，分别写出下列语句得到的赋值结果：

(1) C1＝～A；

(2) C2＝A&B；

(3) C3＝A|B；

(4) C4＝A>＝B；

(5) C5＝A<B。

2. 利用 rand 函数产生服从(0，1)区间均匀分布的 10×10 的随机矩阵 A，并求：

(1) 大于等于 0.8 的元素个数；

(2) 大于等于 0.5 且小于等于 0.8 的元素个数；

(3) 大于等于 0.5 或小于等于 0.3 的元素个数；

(4) 小于 0.9 的元素所在的位置；

(5) 将大于 0.8 的元素替换成 100。

3. 利用 randn 函数产生服从标准正态分布的 10×15 的随机矩阵 A，并求：

(1) 大于 0.8 或小于－0.8 的元素个数；

(2) 将取值为负的元素重新赋值为 10；

(3) 找出 A 中大于 1 的元素所在的位置，并将这些元素重新排列成列向量 b。

4. 已知 A＝[1，3；5，7]；B＝[1，2；3，4]；C＝[1，1；1，0]，判断下列语句

D1＝A(B)；D2＝A(C)；

是否正确，并指明原因。

5. 已知 12 行 3 列的数据表如下所示：

Row 1	2441	11 151	1090	Row 7	3492	9822	42 730
Row 2	3158	10 597	3850	Row 8	2378	11 750	540
Row 3	3737	9737	29 820	Row 9	3053	11 705	200
Row 4	3238	11 167	910	Row 10	2658	10 172	11 910
Row 5	4195	10 107	9410	Row 11	3740	12 268	460
Row 6	3827	10 978	10 580	Row 12	4193	11 775	8440

将上述数据表示为 12×3 的矩阵，求：

(1) 第 3 列元素大于 500 的所有行构成的子矩阵；

(2) 第 3 列元素大于 500 且第 1 列元素小于 3500 的所有行构成的子矩阵；

(3) 删除第 1 列元素大于 4000 的所有的行。

6. 已知 $A = \begin{bmatrix} 1 & 2 & 3 & 4 \\ \text{inf} & \text{inf} & \text{inf} & \text{inf} \\ \text{inf} & 2 & 3 & 4 \\ 1 & 2 & \text{nan} & \text{nan} \end{bmatrix}$ ，求：

(1) A 中哪些位置的元素为 inf；

(2) A 中哪些行含有 inf；

(3) 将 A 中的 nan 替换成 −1；

(4) 将 A 中元素全为 inf 的行删除。

7. 在 1～2020 的所有偶数中，数字"2"一共出现了多少次？若将所有偶数连起来构成字符串(不含空格)，其长度是多少？

8. 已知 d='MAT LAB PRO GRAM 2020'，求：

(1) d 中一共有多少个字符；

(2) d 中字母"A"和"B"共出现了多少次？

(3) 字母"A"出现的频率；

(4) d 中分别含有英文字母和空格多少个？

(5) 语句 d>'B'表示什么意思？

(6) 删除 d 中的所有空格，并将其赋值给字符串 s；

(7) 将 s 中的大写字母改为小写。

第 3 章 程序设计基础

在 MATLAB 程序设计中，通常要考虑输入与输出命令、条件语句和循环语句。本章简要介绍 input 命令、fprintf 命令、if 判断语句、for 循环语句和 while 循环语句。

3.1 输入与输出命令

在执行程序过程中，用户有时希望可以灵活交互地输入参数，即根据屏幕上显示的提示信息，用户先在键盘上输入数据，再执行与之相关的语句。在 MATLAB 中，请求用户从键盘上输入信息的命令是 input，其常用的调用格式如下：

   x=input('请输入提示信息：');

运行上述命令后，用户可以在命令窗口输入标量、向量或矩阵。例如，在命令窗口输入 2，回车后变量 x=2（数值型）；在命令窗口输入[1，2，3，4]，回车后 x=[1，2，3，4]（4 维行向量）；在命令窗口输入[1，2，3；4，5，6]，则 x=[1，2，3；4，5，6]（2×3 维矩阵）。

注意：上述命令得到的数值变量 x 均为双精度型（double）。

例 3.1 在命令窗口中给变量 x 赋值，x=1 对应"linear method"，x=2 对应"bilinear method"，x=3 对应"other method"。

解 在命令窗口或函数文件中执行下列语句：

   x=input('methods\n1 --- linear\n2 --- bilinear\n3−others\n');

则在命令窗口显示

   methods

   1 - - - linear

   2 - - - bilinear

   3−others

用户根据上述提示在命令窗口输入 1、2 或 3，输入的值被赋给变量 x。在例 3.1 中，"\n"表示换行。

若要求用户输入字符或字符串，则须在 input 命令中添加输入变量"s"，即

   ·x=input('请输入提示信息：'，'s')；

执行上面语句后，用户可以在命令窗口输入任意一维字符串，如输入 MATLAB & 数学实验，则回车后上述字符串被赋值给 x。

注意：在输入字符串时，不需要用单引号括起来。

例 3.2 求 $ax^2+bx+c=0$ 的根，其中参数 a、b、c 由用户输入，且 $a\neq0$。这里不讨论方程是否有实根，只要求输出两个根。

解 根据韦达定理，方程的两个根为 $x_{1,2}=\dfrac{-b\pm\sqrt{b^2-4ac}}{2a}$。使用字符串来显示两个根，程序如下：

```
a=input('请输入 a：');
b=input('请输入 b：');
c=input('请输入 c：');
d=b^2-4*a*c;
x=[(-b+d^0.5)/(2*a)，(-b-d^0.5)/(2*a)];
disp(['x1='，  num2str(x(1))，  '，  x2='，  num2str(x(2))]);
```

其中，最后一行的 disp 为命令窗口输出函数，num2str 是将数值型变量(double)转化为字符型变量(char)的函数。

在运行上述程序时，若 a、b、c 的输入值分别为 1、-2、2，则显示

　　　　x1=1+1i，　x2=1-1i

这里 i 是虚数单位，即 $i^2=-1$。若 a、b、c 的输入值分别为 1、-2、1，则显示

　　　　x1=1，　x2=1

若在命令窗口按照指定格式将变量 A1、A2、…、An 输出，可使用 fprintf 命令，其调用格式为：

　　　　fprintf(formatSpec，A1，…，An);

其中，字符串"formatSpec"为指定的格式。

例如，执行下面语句：

```
A1=[1，2];
A2=[3，4；5，6];
fprintf('the first is %4.2f and the second is %8.4f \n'，A1，A2);
```

则在命令窗口输出：

　　　　the first is 1.00 and the second is　2.0000
　　　　the first is 3.00 and the second is　5.0000
　　　　the first is 4.00 and the second is　6.0000

其中，"%4.2f"表示小数点后有 2 位，总字符数为 4(含小数点)。

若指定的总字符数大于实际的字符数(如上述程序中的"%8.4f")，则输出的字符前面用空格补齐；否则，将实际的字符输出。

此外，对于双精度型变量，设置输出显示格式的命令为 format。例如，对于圆周率 pi，不同输出格式的程序如下：

```
format short；disp(pi);      %默认值，对于小数，保留小数点后 4 位
format long；disp(pi);       %对于小数，保留小数点后 15 位
format bank；disp(pi);       %银行格式，保留小数点后 2 位
format rat；disp(pi);        %有理数格式
format short e；disp(pi);    %科学计数法，对于小数，保留小数点后 4 位
format long e；disp(pi);     %科学计数法，对于小数，保留小数点后 15 位
```

输出结果分别为"3.1416"、"3.141592653589793"、"3.14"、"355/113"、"3.1416e+00"、"3.141592653589793e+00"，其中 3.1416e+00 表示 3.1416×10^0。

3.2　条 件 语 句

条件语句是由 if、elseif、else、end 等命令组成的语句，但必须含有 if 和 end。if 条件语

句常用的 3 种格式如下：

（1）if   expressions

　　statements

　　end

（2）if   expressions

　　 statements1

　　else

　　 statements2

　　end

（3）if   expressions1

　　statements1

　　elseif expressions2

　　statements2

　　elseif expressions3

　　statements3

　　　　…

　　else

　　statementsn

　　end

在上述格式中，expressions 通常为逻辑或关系运算，返回的结果为 0—1 逻辑值。一般要求 expressions 的运算结果是标量而非向量。对于格式 1，如果 expressions 非 0，则执行语句 statements；否则不执行 statements。对于格式 2，statements1 和 statements2 有且仅有一个（组）执行。在格式 3 中，先判断 expressions1 是否非 0，若非 0，则执行 statements1；否则，再判断 expressions2 是否非 0，向后依次类推。

注意：格式 3 中的 elseif 是一个整体，else 和 if 之间无空格。

例 3.3　根据用户从键盘输入的考试成绩 s（百分制），分别执行如下操作：

（1）当 $s \geqslant 60$ 时，输出"通过"，否则，显示"未通过"。

（2）当 $s \geqslant 90$ 时，输出"优"；当 $80 \leqslant s < 90$ 时，输出"良"；当 $70 \leqslant s < 80$ 时，输出"中"；当 $60 \leqslant s < 70$ 时，输出"及格"；当 $s < 60$ 时，输出"不及格"。

解　程序如下：

（1）s=input('请输入考试成绩（百分制）：')；%从键盘输入成绩

　　if s>=60

　　　disp('通过')；

　　else

　　　disp('未通过')；

　　end

（2）s=input('请输入考试成绩（百分制）：')；

　　if s>=90

　　　disp('优')；

　　elseif s>=80

　　　disp('良')；

```
    elseif s>=70
        disp('中');
    elseif s>=60
        disp('及格');
    else
        disp('不及格');
    end
```

在例 3.3 问题(2)的逻辑判断中，s>=80 可以替换成 s>=80&s<90；类似地，也可替换其他的逻辑判断。

例 3.4　已知二元函数

$$f(x, y)=\begin{cases} 0.5\exp(3.75x^2-1.5x-0.75y^2) & x+y\leqslant-1 \\ 0.7\exp(6x^2-y^2) & -1<x+y\leqslant1 \\ 0.6\exp(-0.75x^2+3.75y^2-1.5y) & x+y>1 \end{cases}$$

编写其函数文件，其中 exp(·)表示以自然常数 e 为底的指数函数。

解　在 MATLAB 界面点击新建文件(New Script)或者 Ctrl+N，在新建窗口中输入：

```
function f=fun34(x, y)
if x+y<=-1
    f=0.5*exp(3.75*x^2-1.5*x-0.75*y^2);
elseif x+y<=1
    f=0.7*exp(6*x^2-y^2);
else
    f=0.6*exp(-0.75*x^2+3.75*y^2-1.5*y);
end
```

函数文件以 function 开始，其输入变量为 x 和 y，输出变量为 f，函数名为 fun34。点击保存按钮，将上述函数文件保存在 MATLAB 的有效路径范围内，文件名称仍为 fun34，扩展名为 m。

注意：函数文件通常被其他主函数调用，一般不能直接运行该函数文件。函数名与变量名的命名规则一样，为英文字母、数字、下划线(_)的任意组合。但第一个字符必须为英文字母，变量名区分大小写。

若在命令窗口中输入 y=fun34(1,-2)，则返回 y=0.2362。当然，也可以使用逻辑运算来求例 3.4 的分段二元函数的值，具体如下：

```
x=1;y=-2;    %对 x 和 y 进行赋值
f=0.5*exp(3.75*x^2-1.5*x-0.75*y^2).*(x+y<=-1)+...
    0.7*exp(6*x^2-y^2).*(x+y>-1&x+y<=1)+...
    0.6*exp(-0.75*x^2+3.75*y^2-1.5*y).*(x+y>1);
```

其中"…"表示未完待续。

例 3.5　输入一字符，若为大写字母，输出对应的小写字母；若为小写字母，输出对应的大写字母；若为数字，输出其值；若为其他字符，直接输出。

解　对于相邻的小写英文字母、大写英文字母或 0～9 的整数，它们的 ASCII 码之差为 1。据此，编写如下程序：

```
c=input('请输入一个字符','s');
if c>='A'&c<='Z'
    disp(char(c+32));
elseif c>='a'&c<='z'
    disp(char(c-32));
elseif c>='0'&c<='9'
    disp(str2num(c));
else
    disp(c);
end
```

语句 $c>='A'$ 表示变量 c 对应字符的 ASCII 码与字母 A 的 ASCII 码进行大小比较,小写英文字母的 ASCII 码比对应的大写字母大 32。$c+32$(字符与 32 相加)返回一个整数,其值为变量 c 对应的 ASCII 码加上 32。

3.3 for 循环语句

对于指定重复次数的循环,可以采用 for 循环语句,使用格式如下:

```
for   x=x0
    statements
end
```

此处 x0 通常为向量(行向量或列向量)。在第一次循环时,先将向量 x0 的第一个分量赋值给 x,然后执行语句 statements;在第 i 次循环时,将向量 x0 的第 i 个元素赋值给 x。上述语句的总循环次数为 length(x0)。特殊地,当变量 x0 为矩阵时,第 i 次循环将 x0 的第 i 列赋值给 x,总循环次数为 size(x0,2)。

例 3.6 求 1～100 的所有整数之和。

解 记 $s_n=1+2+\cdots+n$,则有迭代公式 $s_n=s_{n-1}+n$,求和程序如下:

```
s=0;
for i=1:100
    s=s+i;
end
```

注意:在使用 for 循环时,必须用 end 结束;不能使用 i++表达式;一般无须使用语句 i=i+1。求解例 3.6 时,也可以不用 for 循环,而用命令 sum(1:100)。

例 3.7 计算级数 $\frac{1}{1^2}+\frac{1}{3^2}+\frac{1}{5^2}+\cdots+\frac{1}{99^2}$。

解 级数的通项为奇数平方的倒数,求和程序如下:

```
s=0;
for i=1:2:99
    s=s+1/i^2;
end
```

或者

```
s=0;
```

```
for i=1：50
    s＝s＋1/(2 * i－1)^2;
end
```

例 3.7 也可以不用循环体实现，使用如下程序：i＝1：2：99；s＝sum(1. /i.^2)。

例 3.8 有一分数序列 $\dfrac{2}{1}$，$\dfrac{3}{2}$，$\dfrac{5}{3}$，$\dfrac{8}{5}$，$\dfrac{13}{8}$，$\dfrac{21}{13}$，…，求该序列前 15 项之和。

解 此序列可表示为 $\dfrac{a_2}{a_1}$，$\dfrac{a_3}{a_2}$，$\dfrac{a_4}{a_3}$，$\dfrac{a_5}{a_4}$，…，其中 $a_n＝a_{n-1}＋a_{n-2}$。求解过程涉及 $a_1\sim a_{16}$，下面给出两种求解程序：

(1)
```
n=16;
a＝zeros(n, 1); a(1：2)＝[1, 2];        %初始化向量 a
s＝a(2)/a(1);                          %将第一个分式赋值给 s
for i=3：n
    a(i)＝a(i－1)＋a(i－2);
    s＝s＋a(i)/a(i－1);
end
```

(2)
```
n=16;
a＝zeros(n, 1); a(1：2)＝[1, 2];
for i=3：n
    a(i)＝a(i－1)＋a(i－2);
end
s＝sum(a(2：n). /a(1：n－1));
```

例 3.9 对于 5 阶魔方矩阵 A，将其第 i 列元素的 i 次方赋值给 B 的第 i 列，$i＝1，2，3，4，5$。

解 程序如下：
```
A＝magic(5); B＝zeros(size(A));
i=1;
for x=A
    B(：, i)＝x.^i;
    i=i+1;
end
```

例 3.10 对于一维信号向量 $\boldsymbol{x}＝(x_1，x_2，\cdots，x_N)^{\mathrm{T}}$，经 Fourier 变换得向量 $\boldsymbol{y}＝(y_1，y_2，\cdots，y_N)^{\mathrm{T}}$，其变换公式为

$$y_k = \sum_{j=1}^{N} x_j \exp\left(-\frac{2\pi\mathrm{i}}{N}(j-1)(k-1)\right) \quad k = 1, 2, \cdots, N$$

其中 i 为虚数单位。令 x＝ sort(randn(1024, 1))，编写对 x 作 Fourier 变换的程序。

解 下面给出两种编程方式：

(1)
```
clear;                %清除所有变量
N=1024;
x＝sort(randn(N, 1)); y＝zeros(size(x));
for k=1：N
    t=0;              %用于累加求和
```

```
       for j=1：N
              t=t+x(j)＊exp(−2＊pi＊i＊(j−1)＊(k−1)/N)；
       end
       y(k)=t；
end
```

（2）
```
clear；
N=1024；
x=sort(randn(N，1))；Y=zeros(size(x))；
for k=1：N
    y(k)=sum(x.＊exp(−2＊pi＊i＊(k−1)＊[(1：N)′−1]/N))；    ％向量运算效率高
end
```

第二种方式比第一种方式少一重 for 循环，即向量运算效率更高。

例 3.11 在 1～100 中按均匀分布随机生成 10 个整数，并对其从小到大进行排序。

解 本题可采用冒泡法进行排序，顺序从后到前，如图 3.1 所示。对相邻的两个数 x_{i-1} 和 x_i 进行比较，若 $x_{i-1} > x_i$，则交换它们的值；否则，不更改它们的值。

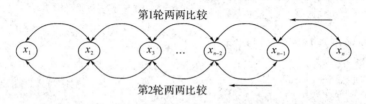

图 3.1 冒泡法排序示意图

按均匀分布随机产生整数的命令为 randi，程序如下：

```
n=10；
x=randi(100，n，1)；    ％随机生成 1～100 中的 n 个整数
for i=1：n−1           ％根据优先级，向量 1：n−1 应理解为 1：(n−1)，而不是[1：n]−1
  for j=n：−1：i+1
    if x(j−1)＞x(j)
       y=x(j)；x(j)=x(j−1)；x(j−1)=y；
    end
  end
end
```

在实际应用中，常使用 sort 函数来对向量（或矩阵）的各元素进行排序，即上述 for 循环程序可改写为 y=sort(x)。

例 3.12 若一个正整数等于它的各个真因子之和，则称该数为完数，如 6=1+2+3。求 2～500 之间的全部完数。

解 1 是所有大于 1 的正整数的真因子。对于某正整数 n，分别判断 $\dfrac{n}{1}$，$\dfrac{n}{2}$，$\dfrac{n}{3}$，$\cdots$，$\dfrac{n}{\lfloor n/2 \rfloor}$ 是否为整数。若为整数，则相应的分母为 n 的真因子，其中 $\lfloor n/2 \rfloor$ 表示对 $n/2$ 向负无穷大方向取整。程序如下：

```
for n=2：500
```

```
        factors=[];          %用于存储 n 的各个真因子
        for i=1：floor(n/2)   %求 n 的所有真因子
            if mod(n, i)==0
                factors=[factors, i];
            end
        end
        if n==sum(factors)   %判断 n 是否为完数；若 n 是完数，将 n 表示成所有真因子之和
            s=['完数', num2str(n), '='];
            for j=1：length(factors)
                s=[s, num2str(factors(j)), '+'];
            end
            s(end)=[];       %删除 s 中最后一个字符(加号)
            fprintf(s);      %输出 s
            fprintf('\n');   %换行
        end
    end
```

输出：

    完数 6=1+2+3
    完数 28=1+2+4+7+14
    完数 496=1+2+4+8+16+31+62+124+248

3.4 while 循环语句

当重复次数不能事先确定时，可以使用 while 循环语句。while 的使用格式如下：

    while expressions
        statements
    end

在运行上述语句时，先判断 expressions 是否非 0。如果非 0，则执行 statements；否则不执行。

例 3.13 求 n，使 $n!$ 最大但不超过 10^{20}。

解 s=1；n=1； % s 用于计算阶乘

    while s<1e20
        s=s * n;
        n=n+1;
    end
    n=n-2;
    s=s/(n+1);

在退出 while 循环时，s 的值刚好超过 10^{20}，满足要求的 n 比实际输出的 n 正好差 2，最终得到 n=21。可用连乘命令 prod(1：21)和 prod(1：22)进行验证。

例 3.14 计算 Fibonacci(斐波那契)数列中取值小于 100 的所有项。

解 Fibonacci 数列的迭代公式为 $a_n=a_{n-1}+a_{n-2}$，其中 $a_1=1$，$a_2=1$。下面给出两种求解程序：

（1）a(1)=1；a(2)=1；

　　while a(end)<100　　%判断 a 的最后一个元素是否小于 100

　　　　a=[a，a(end)+a(end−1)]；

　　end

　　a(end)=[]；

（2）a(1)=1；a(2)=1；n=2；

　　while a(n)<100

　　　　a(n+1)=a(n)+a(n−1)；

　　　　n=n+1；

　　end

　　a(end)=[]；

对于上述两种求解程序，当退出 while 循环时，向量 a 的最后一个元素不满足判别条件，故应删除。

例 3.15　从键盘上输入任意正整数，当输入 0 时结束。求所有输入的正整数的均值。

解　用变量 flag 来标记输入的数是否为正整数，程序如下：

```
clear；
flag=1；
s=[]；　　%用于存储所输入的正整数
while flag
    a=input('Please input a positive integer. 0 ends the loop：')；
    if a==0
        flag=0；
    else
        s=[s，a]；
    end
end
n=mean(s)；
```

例 3.16　编写函数文件，用于判断大于 2 的正整数是否为素数。

解　对于一个大于 2 的正整数 N，当 $\frac{N}{2}$，$\frac{N}{3}$，$\cdots$，$\frac{N}{\sqrt{N}}$ 均不是整数时，N 为素数；否则 N 不是素数。由此可知该程序循环次数不确定，但有上界，可建立如下函数文件：

```
function  issushu(N)
flag=1；i=2；
while  flag&i<=N^0.5
    if  rem(N，i)==0　%或 mod(N，i)==0
        flag=0；
    else
        i=i+1；
    end
end
if  flag　%或 flag==1
    disp([num2str(N)，'是素数'])；
```

```
    else
        disp([num2str(N), '不是素数']);
    end
```

将上述函数保存后，在命令窗口中执行 N＝11；issushu(N)，则输出 11 是素数。若输入 N＝15；issushu(N)，则输出 15 不是素数。

当然，while 循环和 for 循环的使用并不是对立的，用 for 循环的语句也可以用 while，反之亦然。

例 3.17 用 while 循环语句求解例 3.7。

解 s＝0；i＝1；
```
    while i<＝99
        s＝s＋1/i^2；
        i＝i＋2；
    end
```

例 3.18 用 for 循环语句求解例 3.16。

解 建立如下函数文件：
```
function  issushu2(N)
flag＝1；
for i＝2：N^0.5
        if  rem(N, i)＝＝0
            flag＝0；
            break；   %退出外层循环
        end
end
if flag
        disp([num2str(N), '是素数']);
else
        disp([num2str(N), '不是素数']);
end
```

在例 3.18 的 for 循环语句中，如果 rem(N, i)＝＝0 成立，则 break 命令会跳出其外层的 for 循环。

练 习 题

1. 编写下列二元函数的函数文件：

$$f(x, y)=\begin{cases} x+y & x\geqslant 0, y\geqslant 0 \\ x+y^2 & x\geqslant 0, y<0 \\ x^2+y & x<0, y\geqslant 0 \\ x^2+y^2 & x<0, y<0 \end{cases}$$

并计算 $f(1, 1)$, $f(1, -1)$, $f(-1, 1)$, $f(-1, -1)$。

2. 已知 10 阶方阵 $\boldsymbol{A}=(a_{ij})_{10\times 10}$，其中 $a_{ij}=1/(i+j)$，在 MATLAB 中生成此矩阵。

3. 计算 $1 - \dfrac{1}{2} + \dfrac{1}{3} - \dfrac{1}{4} + \cdots + \dfrac{1}{99} - \dfrac{1}{100}$。

4. 编写函数文件，计算正整数 N 的所有因子(包括 1 和 N)。

5. 如果正整数 a 的全部因子(包括 1 但不包括 a)之和等于 b，且正整数 b 的全部因子(包括 1 但不包括 b)之和等于 a，则将整数 a 和 b 称为亲密数。求 2000 以内的全部亲密数。

6. 对于数列 $\dfrac{1}{1^2}$，$\dfrac{1}{2^2}$，$\dfrac{1}{3^2}$，$\cdots$，求前 n 项和 S_n。要求：$\dfrac{\pi^2}{6} - S_n \leqslant 10^{-3}$ 且 n 最小。

7. 已知数列 $a_n = \sqrt{a_{n-1}a_{n-2}} + \sqrt{a_{n-3}}$ $(n > 3)$，且 $a_1 = 1$，$a_2 = 1$，$a_3 = 1$。

(1) 求 $a_4 \sim a_{100}$；

(2) 求取值满足小于 10 000 的所有 a_n。

8. 对于二维信号矩阵 $\boldsymbol{X} = (x_{mn})_{M \times N}$，经 2 维 Fourier 变换得矩阵 $\boldsymbol{Y} = (y_{uv})_{M \times N}$，其变换公式为

$$y_{uv} = \sum_{m=1}^{M} \sum_{n=1}^{N} x_{mn} \exp\left\{-2\pi i\left(\frac{(u-1)(m-1)}{M} + \frac{(v-1)(n-1)}{N}\right)\right\}$$

令 X = randn(128, 128)，编写对 X 作 2 维 Fourier 变换的程序。

9. 在 MATLAB 中，判断一个正整数是否是素数的命令是 isprime，其调用格式为

  f = isprime(n);

若 n 为素数，则返回 f = 1；否则返回 f = 0。孪生素数猜想猜测存在无穷多对孪生素数(孪生素数即相差 2 的素数，如 3 和 5，11 和 13，17 和 19)。试编程求出取值小于 1000 的所有孪生素数对。

10. 要求用户在键盘上任意输入一个正整数 n，若 n 为偶数，则除以 2；若是奇数，则乘以 3 加 1。反复重复此过程，直到得到的数是 1。编程求前述过程得到的所有整数。

11. 求 $\sqrt{2}$ 的有理近似值，使其误差小于 10^{-8}。提示：求 $\sqrt{2}$ 的近似值等价于求解方程 $x^2 = 2$，构造函数 $f(x) = x^2 - 2$，$x \in [1, 2]$，根据零点定理和二分法求解。

第4章 散点图与曲线绘制

我们经常要绘制二维平面或三维空间中的散点图与曲线。本章主要介绍散点图与曲线的绘制。

4.1 基于 scatter 命令的散点图绘制

1. 二维平面

给定平面上 n 个不同点的直角坐标 $\{(x_i, y_i)\}_{i=1}^n$，其两个坐标轴对应的分量分别用向量 $x=(x_1, x_2, \cdots, x_n)^T$ 和 $y=(y_1, y_2, \cdots, y_n)^T$ 表示。使用命令 scatter 绘制散点图，常用的 3 种格式如下：

scatter(x, y)，scatter(x, y, s)，scatter(x, y, s, c)

每个离散点默认用圆圈表示。在第二种格式中，"s"表示圆圈的大小，若 s 为标量，则所有圆圈大小相同；若 s 为 n 维向量，则其分量值越大，圆圈越大。在第三种格式中，"c"表示颜色，当 c 为 n 维向量时，其分量取值越大，对应圆圈的颜色越红，反之越蓝；当 c 为 1×3 维向量时，它的分量分别表示 R、G、B 的值，这里 RGB 分别表示 3 种颜色 red、green、blue。

例 4.1 seamount. mat 是 MATLAB 自带的某海山数据，其中向量 x 表示 294 个点的纬度（单位为°），y 向量表示经度（单位为°），z 是取值为负的深度向量（单位为 m）。绘出平面散点图（不考虑深度），圆圈颜色用深度向量 z 来表示。

解 "mat"为 MATLAB 特有的数据格式，可使用 load 命令将其加载到 MATLAB 的变量空间（Workspace）中。为了对比，可绘制圆圈大小不同的两个散点图，其中一个还考虑了实心圆点（"filled"）。绘图程序如下：

```
clear;
load seamount. mat;              %扩展名 mat 可以省略，即 load seamount
%seamount 包括 4 个变量 x、y、z、caption，其中 caption 为一维字符串
（1）scatter(x, y, 20, z);          %圆圈大小为 20
    xlabel('x');ylabel('y');
    title('(a) s＝20');
（2）scatter(x, y, 50, z, 'filled');  %圆圈大小为 50，且为实心圆圈
    xlabel('x');ylabel('y');
    title('(b) s＝50，实心圆');
```

其中命令 xlabel、ylabel 分别是对 x 轴、y 轴进行标注，title 是对标题进行标注。绘制的散点图如图 4.1 所示，其中图(a)的圆圈大小为 20，图(b)的圆圈（实心圆）大小为 50。

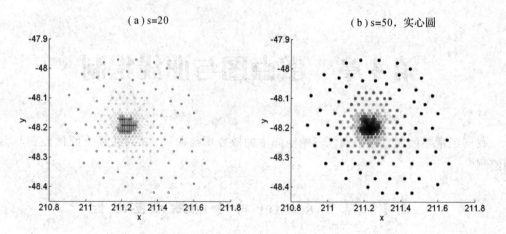

图 4.1　seamount 的平面散点图

2. 三维空间

在三维空间中，n 个点对应 3 个坐标轴的向量分别记为 x、y、z，则绘制散点图的命令为 scatter3，它的常用格式为：

scatter3(x, y, z), scatter3(x, y, z, s), scatter3(x, y, z, s, c)

其中 s 和 c 的意义与 scatter 中的意义相同。

例 4.2　绘制 seamount.mat 的三维空间的散点图。

解　load seamount;

scatter3(x, y, z, 50, z, 'filled');

xlabel('x');ylabel('y');zlabel('z');

其中 zlabel 是对 z 轴进行标注。散点图如图 4.2 所示。

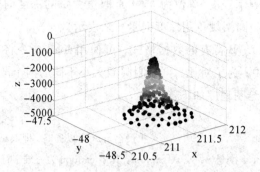

图 4.2　例 4.2 的三维散点图

例 4.3　将半径分别为 1、0.75、0.5，球心均在原点的球面离散化为 20×20 的网格点，并绘制出三维散点图，其中三类点的颜色值分别用 3、2、1 表示，圆圈大小分别为 40、30、20。

解　使用 sphere 命令生成球面上的离散点，并将各坐标轴对应的坐标矩阵向量化。程序如下：

N＝20;

[X, Y, Z] = sphere(N−1);

　　％该命令产生单位球面上的 N×N 的网格点(对球面坐标的角度等间隔离散化)

%矩阵 X，Y，Z 的维数均为 N×N，(Xij，Yij，Zij)对应球面上的一个点

x＝X(:);y＝Y(:);z＝Z(:);　　　　　%矩阵向量化

x＝[x; x * 0.75; x * 0.5];　　　　　%3 个球面上离散点的 x 坐标分量构成的列向量

y＝[y;y * 0.75;y * 0.5];

z＝[z;z * 0.75;z * 0.5];

s＝[ones(N^2, 1) * 40; ones(N^2, 1) * 30; ones(N^2, 1) * 20];

c＝[ones(N^2, 1) * 3; ones(N^2, 1) * 2; ones(N^2, 1)];

scatter3(x, y, z, s, c, 'filled') ;

xlabel('x');ylabel('y');zlabel('z');

散点图如图 4.3 所示。

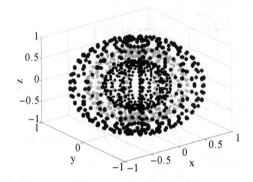

图 4.3　例 4.3 的三维散点图

scatter 和 scatter3 默认用圆圈表示点，当然也可以用三角形、正方形、菱形、五角星和六角星等封闭符号来表示，具体参见表 4.1 的第三、四列。若在 scatter 或 scatter3 中使用了“filled”，则不建议使用非封闭的加号、黑点、叉号和星号等符号。例如，对于例 4.2 中的seamount. mat 数据，若用菱形(diamond)表示离散点，可使用命令：

scatter3(x, y, z, 50, z, 'filled', 'Marker', 'd');

这里，“Marker”的意思是“符号”，其取值为“d”(菱形)。

4.2　基于 plot 命令的散点图绘制

函数 plot 也是常用的绘制散点图的一个命令，其调用格式如下：

plot(x, y, 'Color|Marker|LineStyle');

其中 x 和 y 为给定的 n 个点的坐标向量。在一对单引号内，可以使用颜色(Color)、符号(Marker)和线型(LineStyle)等信息，它们的取值参见表 4.1。plot 的第三个输入参数可以缺失，即取默认值(蓝色的实线相连)；第三个输入参数可以是颜色、符号和线型的任意组合，也不需要考虑三者的先后顺序。例如，'r＋－'表示符号为加号的实线相连，且颜色为红色；': g'表示绿色的点线相连，无符号。

注意：在绘制散点图时，通常不考虑线型。

类似地，三维空间中散点图的绘制命令为：

plot3(x, y, z, 'Color|Marker|LineStyle');

表 4.1 线型、颜色和符号表

颜色	符号	标记	符号	线型	符号
红色	r	加号	＋	实线	—
绿色	g	点	.	虚线	— —
蓝色	b	圆圈	o	点线	:
洋红色	m	叉号	x	点划线	—.
黑色	k	星号	*		
黄色	y	正方形	s		
青色	c	菱形	d		
白色	w	五角星	p		
		六角星	h		
		三角形	^, v, <, >		

例 4.4 分别使用 plot 和 plot3 命令绘制 seamount 的散点图，其中 plot 不考虑深度 z。

解 load seamount;

（1）plot(x, y, 'rs');   %二维散点图

  xlabel('x');ylabel('y');

  title('(a) 2 维散点图');

（2）plot3(x, y, z, 'bo');   %三维散点图

  xlabel('x');ylabel('y');zlabel('z');

  title('(b) 3 维散点图');

其中字符"r"表示红色(red)，"b"表示蓝色(blue)，"s"表示正方形(square)，"o"表示圆圈。
绘图结果见图 4.4。

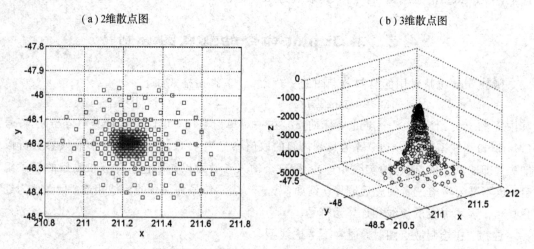

图 4.4 基于 plot 和 plot3 的 seamount 散点图

例 **4.5** 使用 plot3 命令，绘制例 4.3 的散点图，三类点的颜色分别为红、绿、蓝，符号分别为正方形、圆圈和三角形。

解 N=20；

```
[X, Y, Z] = sphere(N-1);
x=X(:);y=Y(:);z=Z(:); x=[x; x * 0.75; x * 0.5];
y=[y;y * 0.75;y * 0.5]; z=[z;z * 0.75;z * 0.5];
plot3(x(1:N^2), y(1:N^2), z(1:N^2), 'rs');        %半径为 1 的球面上的点
hold on;
plot3(x(N^2+1: 2 * N^2), y(N^2+1: 2 * N^2), z(N^2+1: 2 * N^2), 'go');
%半径为 0.75 的球面上的点
plot3(x(2 * N^2+1: 3 * N^2), y(2 * N^2+1: 3 * N^2), z(2 * N^2+1: 3 * N^2), 'bv');
%半径为 0.5 的球面上的点
xlabel('x');ylabel('y');zlabel('z');
```

其中 hold on 命令启动图形保持功能，即当前轴及图形保持而不被刷新；而 hold off 为关闭图形保持功能。输出图形如图 4.5 所示。

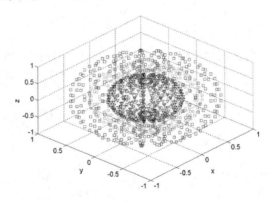

图 4.5 例 4.5 的散点图

4.3 平面曲线的绘制

对一元连续函数 $y=f(x)$，$x\in[a,b]$，用计算机绘制函数 $y=f(x)$ 的曲线时，需要先将定义区间 $[a,b]$ 离散化，得到 n 个分点 $a=x_1<x_2<\cdots<x_n=b$；再计算每个分点 x_i 对应的函数值 $y_i=f(x_i)$；最后，在平面上将 n 个点 (x_1, y_1)，(x_2, y_2)，$\cdots$，(x_n, y_n) 按照先后顺序用直线段相连。

用 MATLAB 绘图时，需要将 n 个点的横纵坐标分别表示成 n 维向量 **x** 和 **y**。MATLAB 绘制的曲线实际上为折线段，它无法绘制真正意义上的连续曲线。

绘制平面曲线的常用命令为 plot，使用格式如下：

```
plot(x, y, S);
```

其中：x 为 n 个点的 x 轴分量组成的向量；y 为 n 个点的 y 轴分量组成的向量；S 为字符串，用来表示颜色、线条类型和离散点的符号等信息。

注意：x 的维数与 y 的维数必须相同。

绘制 k 条曲线的命令为：

    plot(x1, y1, S1, x2, y2, S2, …, xk, yk, SK);

此处第一条曲线的变量 x1 与第二条曲线的变量 x2 的维数可以不同。

在绘制曲线时，一般将 f(x) 的定义区间 [a, b] 等间隔离散化，可以使用 MATLAB 的 linspace 命令。与 plot 辅助使用的命令有 xlabel(对 x 轴进行标注)、ylabel(对 y 轴进行标注)、title(对标题进行标注)和 legend(对多条曲线进行标注)等。在使用 xlabel、ylabel、title 时，可直接输入字符串，如 xlabel('Time')。对于 legend 命令，输入字符串变量的个数与曲线的条数相同，如绘制正弦和余弦两条曲线时，可用命令 legend('sin', 'cos')。

例 4.6 绘制曲线 $y = \sin x$, $x \in [0, 2\pi]$。在 x 轴上标注"x"，y 轴上标注"y"，标题为 "$y = \sin(x)$"，曲线的颜色为红色，点用圆圈表示，用实线段相连。

解 程序如下：

```
x = linspace(0, 2 * pi);
y = sin(x);
plot(x, y, 'ro−');
xlabel('x', 'FontSize', 20);
ylabel('y', 'FontSize', 20);
title('y＝sin(x)', 'FontSize', 20);
```

图形如图 4.6 所示。在上述程序中，将坐标轴和标题标注的字体大小(FontSize)均设置为 20。

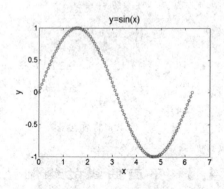

图 4.6 例 4.6 的曲线

例 4.7 分别绘制两条曲线：

$$y_1 = \cos x \quad x \in [0, 2\pi]$$
$$y_2 = e^{-x} \quad x \in [0, 2\pi]$$

它们分别由 30 和 20 个分点组成，颜色分别为红色和蓝色，离散点分别用圆圈和三角形表示，线型分别为实线和点线。在 x 轴上标注"x"，y 轴上标注"y"，两条曲线分别标注"cos"和"exp(−x)"。

解 程序如下：

```
x1 = linspace(0, 2 * pi, 30);
y1 = cos(x1);
x2 = linspace(0, 2 * pi, 20);
y2 = exp(−x2);
```

```
plot(x1, y1, 'ro-', x2, y2, 'b: v');
xlabel('x', 'FontSize', 20);
ylabel('y', 'FontSize', 20);
legend('cos', 'exp(-x)');
```

图形如图 4.7 所示。

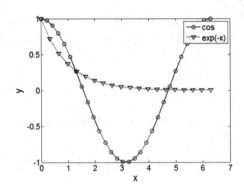

图 4.7　例 4.7 的曲线

例 4.8　绘制单位圆 $x^2 + y^2 = 1$。

解　单位圆曲线可以表示为 $y = \pm\sqrt{1-x^2}$，$x \in [0, 1]$，即由两个半圆曲线组成。若将 x 的取值区间等间隔离散化，则单位圆上的点分布不均匀。为此，先使用参数形式表示单位圆曲线：

$$\begin{cases} x = \cos\theta \\ y = \sin\theta \end{cases} \theta \in [0, 2\pi]$$

再将参数 θ 等间隔离散化。绘制曲线的程序如下：

```
theta = linspace(0, 2 * pi);
x = cos(theta);
y = sin(theta);
plot(x, y, 'r. -');
axis equal off;    %可以分开表示: axis equal; axis off;
```

最后一行表示在绘图时，令 x 与 y 轴的单位长度相等(equal)，且取消(off)坐标轴。图形如图 4.8 所示。

图 4.8　例 4.8 的曲线

4.4　平面极坐标曲线的绘制

极坐标下，平面曲线的方程可表示为 $\rho = \rho(\theta)$，$\theta \in [a, b]$。在绘制该曲线时，可以先将极坐标曲线转化为直角坐标系下的曲线：

$$\begin{cases} x = \rho(\theta)\cos\theta \\ y = \rho(\theta)\sin\theta \end{cases} \quad \theta \in [a, b]$$

再使用 plot 命令绘制曲线。此外，也可以直接使用绘制极坐标曲线的 polar 和 ezpolar 两个命令。第一个命令的使用格式为

$$\text{polar(theta, rho, 'Color|Marker|LineStyle');}$$

其中 theta 为极坐标方程中角度 θ（单位为 rad）的离散化向量；rho 表示与 theta 相对应的极径 ρ。

第二个命令的调用格式为

$$\text{ezpolar(fun, [a, b]);}$$

其中 fun 表示极坐标函数；[a, b]表示角度 theta 的取值区间，当区间[a, b]缺失时，默认区间为 $[0, 2\pi]$。

例 4.9 分别使用 polar 和 ezpolar 命令绘制下列极坐标曲线段：

$$\rho = \frac{100}{[100 + (\theta - 0.5\pi)^8][2 - \sin(7\theta) - 0.5\cos(30\theta)]}, \quad \theta \in \left[-\frac{\pi}{2}, \frac{3\pi}{2}\right]$$

解 程序如下：

（1） theta＝linspace(－pi/2, 3 * pi/2);
  rho＝100./((100＋(theta－pi/2).^8). * (2－sin(7 * theta)－cos(30 * theta)/2));
    ％注意点商(./)和点幂(.^)
  polar(theta, rho);

（2） r＝'100/((100＋(t－1/2 * pi)^8) * (2－sin(7 * t)－1/2 * cos(30 * t)))';
    ％用字符串表示函数
  ezpolar(r, [－pi/2, 3 * pi/2]);

曲线如图 4.9 所示。

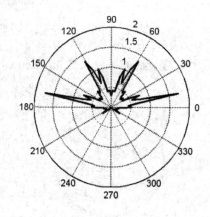

图 4.9　例 4.9 的曲线

例 4.10 绘制曲线 $\rho = 1 + \cos t$, $t \in [0, 2\pi]$。

解 ezpolar('1＋cos(t)');

曲线如图 4.10 所示。当然也可以考虑使用 polar 命令绘制上述曲线。

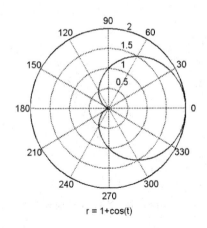

图 4.10　例 4.10 的曲线

4.5　三维空间曲线的绘制

当绘制三维空间中的连续曲线时，一般先将其表示成参数形式：

$$\begin{cases} x=x(t) \\ y=y(t) \qquad t\in[a,b] \\ z=z(t) \end{cases}$$

再对参数变量 t 进行离散化：$a=t_1<t_2<\cdots<t_n=b$，进而得到三维空间中 n 个离散点 $(x(t_i),y(t_i),z(t_i))$，$i=1,2,\cdots,n$；最后将这些点按照先后顺序用直线段连接，便得到原曲线的近似曲线。

在使用 MATLAB 绘制三维空间曲线时，需要先将 n 个点按三个坐标轴分别表示成 3 个 n 维向量 $\boldsymbol{x}$、$\boldsymbol{y}$、$\boldsymbol{z}$，再使用 plot3 命令，其格式为

    plot3(x，y，z，S);
其中 S 为表示颜色、符号和线型等信息的字符串。

类似地，绘制 k 条空间曲线的命令格式如下：

    plot3(x1，y1，z1，S1，x2，y2，z2，S2，⋯，xk，yk，zk，Sk);

例 4.11　绘制曲线 $\begin{cases} x=t\cos t \\ y=t\sin t \qquad t\in[0,10\pi] \\ z=t \end{cases}$。

解　t=linspace(0，10 * pi);

　　x=t. * cos(t);

　　y=t. * sin(t);

　　z=t;

　　plot3(x，y，z，'o—r');

　　xlabel('x');ylabel('y');zlabel('z');

　　title('三维螺旋线');

绘图结果见图 4.11。

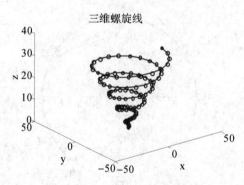

图 4.11　例 4.11 的曲线

例 4.12　绘制曲线 $\begin{cases} x = e^{-t}\cos t \\ y = e^{-t}\sin t \\ z = t \end{cases}$　$t \in [0, 2\pi]$。

解　程序如下：

```
t=linspace(0, 2 * pi);
x=exp(−t). * cos(t);
y=exp(−t). * sin(t);
z=t;
plot3(x, y, z, 'o−r');
xlabel('x');ylabel('y');zlabel('z');
```

绘图结果见图 4.12。

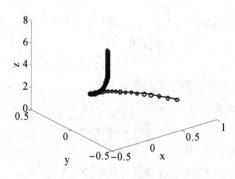

图 4.12　例 4.12 的曲线

练　习　题

1. 已知 2×15 维矩阵 A 为

$$\begin{pmatrix} 1.14 & 1.18 & 1.20 & 1.26 & 1.28 & 1.30 & 1.24 & 1.36 & 1.38 & 1.38 & 1.38 & 1.40 & 1.48 & 1.54 & 1.56 \\ 1.78 & 1.96 & 1.86 & 2 & 2 & 1.96 & 1.72 & 1.74 & 1.64 & 1.82 & 1.90 & 1.70 & 1.82 & 1.82 & 2.08 \end{pmatrix}$$

其第一行表示 x 坐标，第二行表示 y 坐标，分别使用 scatter 和 plot 绘出散点图。

2. 按照标准正态分布随机生成二维平面上 100 个点的坐标，并分别使用 scatter 和 plot

绘出散点图。

3. 按照(0，1)区间上的均匀分布随机生成三维空间中 100 个点的坐标，并分别使用 scatter3 和 plot3 绘出散点图。

4. 在同一张图上绘出 $y_1 = e^{-2x}\sin(20x)$，$x \in [0, 5]$ 和 $y_2 = \ln(x^2 - 5x + 10)$，$x \in [-3, 7]$ 两条曲线。要求在横坐标轴上标注"x"，纵坐标轴上标注"y"，标题为"y1 and y2"，两条曲线分别标注"c1"和"c2"。

5. 绘制叶形线 $\begin{cases} x = \dfrac{3t}{1+t^3} \\ y = \dfrac{3t^2}{1+t^3} \end{cases}$　　$t \in [0, 20]$。

6. 绘制曲线 $\begin{cases} x = 2(\cos t + t\sin t) \\ y = 2(\sin t - t\cos t) \end{cases}$　$t \in [0, 2\pi]$。

7. 绘制阿基米德螺线 $\rho = 2\theta$，$\theta \in [0, 5\pi]$。

8. 绘制极坐标曲线 $\rho = 1 + 2\cos\theta$，$\theta \in [0, 2\pi]$。

注：在 MATLAB 绘极坐标曲线时，若某个 θ_i 对应的 ρ_i 取值为负，则在绘图时令 $\theta_i \leftarrow \theta_i + \pi$，$\rho_i \leftarrow -\rho_i$。

9. 绘制四叶玫瑰线 $\rho = \sin(2\theta)$，$\theta \in [0, 2\pi]$。

10. 绘制空间曲线 $\begin{cases} x = t^3 \\ y = \cos t \\ z = \sin(2t) \end{cases}$　　$t \in [0, 6]$。

11. 绘制直线段 $\dfrac{x+1}{1} = \dfrac{y-3}{2} = \dfrac{z}{3}$，　$z \in [-6, 6]$。

12. 已知 4×15 维矩阵 $\boldsymbol{B}$ 为

$$\begin{bmatrix} 7.7 & 5.1 & 5.4 & 5.1 & 5.1 & 5.5 & 6.1 & 5.5 & 6.7 & 7.7 & 6.4 & 6.2 & 4.9 & 5.4 & 6.9 \\ 2.8 & 2.5 & 3.4 & 3.4 & 3.7 & 4.2 & 3 & 2.6 & 3 & 2.6 & 2.7 & 2.8 & 3.1 & 3.9 & 3.2 \\ 6.7 & 3 & 1.5 & 1.5 & 1.5 & 1.4 & 4.6 & 4.4 & 5.2 & 6.9 & 5.3 & 4.8 & 1.5 & 1.7 & 5.7 \\ 3 & 2 & 1 & 1 & 1 & 1 & 2 & 2 & 3 & 3 & 3 & 3 & 1 & 1 & 3 \end{bmatrix}$$

其第一行表示 x 坐标，第二行表示 y 坐标，第三行表示 z 坐标，第四行表示类别。

(1) 使用 scatter3 绘制散点图。对于类别为 1、2、3 的点，圆圈大小分别为 50、40、30；不同类别的点，其颜色不同。

(2) 使用 plot3 绘制散点图。对于类别为 1、2、3 的点，对应点分别用圆圈、正方形、三角形表示，颜色分别为红色、绿色和蓝色。

第5章 网格曲线与曲面绘制

计算机不能精确地绘制曲面，只能由若干四边形（或三角形）近似组成。在许多情形下，每个四边形在 xoy 平面内的投影正好是矩形，其边与坐标轴平行或垂直。因此，在绘制曲面时，需要先计算曲面上一些离散点的坐标，即生成网格点。本章主要介绍网格曲线与曲面的绘制。

5.1 网格点的生成

要绘制二元连续函数

$$z = f(x, y), \ (x, y) \in [a, b] \times [c, d]$$

的曲面，先将定义域 $[a, b] \times [c, d]$ 划分成网格：在区间 $[a, b]$ 上取 $n+1$ 个分点 $a = x_0 < x_1 < \cdots < x_n = b$，在 $[c, d]$ 上取 $m+1$ 个分点 $c = y_0 < y_1 < \cdots < y_m = d$。于是，这些分点构成 mn 个矩形区域 $[x_{i-1}, x_i] \times [y_{j-1}, y_j]$，$i = 1, 2, \cdots, n$，$j = 1, 2, \cdots, m$。对于每个矩形区域的四个顶点：

$$P_1 : (x_{i-1}, y_{j-1}), \ P_2 : (x_i, y_{j-1}), \ P_3 : (x_i, y_j), \ P_4 : (x_{i-1}, y_j)$$

可得三维空间中与之对应的四个点的坐标：

$$Q_1 : (x_{i-1}, y_{j-1}, f(x_{i-1}, y_{j-1})), \quad Q_2 : (x_i, y_{j-1}, f(x_i, y_{j-1})),$$

$$Q_3 : (x_i, y_j, f(x_i, y_j)), \quad Q_4 : (x_{i-1}, y_j, f(x_{i-1}, y_j))$$

将 $Q_1 \sim Q_4$ 四个点按顺序连接成一个四边形（未必共面），如图 5.1 所示。所有的四边形可以形成网格曲面或曲线。

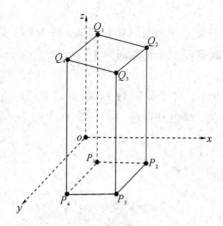

图 5.1　空间四边形示意图

记向量 $\boldsymbol{x} = (x_0, x_1, \cdots, x_n)^{\mathrm{T}}$，$\boldsymbol{y} = (y_0, y_1, \cdots, y_m)^{\mathrm{T}}$，并根据向量 $\boldsymbol{x}$ 和 $\boldsymbol{y}$ 来生成网格矩阵 $\boldsymbol{X}$ 和 $\boldsymbol{Y}$。MATLAB 生成网格矩阵的命令为 meshgrid，使用格式如下：

$$[X, Y] = \text{meshgrid}(x, y);$$

此处 x、y 分别为单调的向量，二者的维数可以不同。输出的矩阵 X 和 Y 均为 $(m+1) \times (n+1)$ 维的矩阵，且

$$X = \begin{pmatrix} x_0 & x_1 & \cdots & x_n \\ x_0 & x_1 & \cdots & x_n \\ \vdots & \vdots & \ddots & \vdots \\ x_0 & x_1 & \cdots & x_n \end{pmatrix}, \qquad Y = \begin{pmatrix} y_0 & y_0 & \cdots & y_0 \\ y_1 & y_1 & \cdots & y_1 \\ \vdots & \vdots & \ddots & \vdots \\ y_m & y_m & \cdots & y_m \end{pmatrix}$$

当向量 x 与 y 相等时，调用格式可简写为 $[X, Y] = \text{meshgrid}(x)$。

例 5.1 已知 $\boldsymbol{x} = (1, 2, 3, 4, 5)^{\mathrm{T}}$，$\boldsymbol{y} = (1, 2, 3, 4)^{\mathrm{T}}$，根据 meshgrid 命令产生网格矩阵。

解 程序如下：

```
x=[1, 2, 3, 4, 5]'; y=[1, 2, 3, 4]'; %或者 x=[1:5]'; y=[1:4]';
[X, Y]=meshgrid(x, y);
```

矩阵 X 与 Y 的结果如下：

```
X=

1  2  3  4  5
1  2  3  4  5
1  2  3  4  5
1  2  3  4  5

Y=

1  1  1  1  1
2  2  2  2  2
3  3  3  3  3
4  4  4  4  4
```

其中 $(X(i, j), Y(i, j))$ 构成二维平面上的网格点，4×5 维网格点的 x 坐标分量组成矩阵 X，y 坐标分量组成矩阵 Y。上述网格化的示意图如图 5.2 所示。

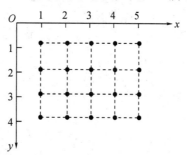

图 5.2 网格化示意图

5.2 网 格 曲 线

曲面 $z = f(x, y)$，$(x, y) \in [a, b] \times [c, d]$ 是由无穷多条曲线构成的，故在绘制曲面时，可以绘出若干条曲线。mesh 是绘制网格曲线的常用命令，使用方式如下：先根据

meshgrid 命令生成网格矩阵 X 和 Y，再计算与它们同型的矩阵 Z＝f(X，Y)，最后使用绘图命令 mesh(X，Y，Z)，其中 Z(i，j)＝f(X(i，j)，Y(i，j))。

注意：mesh 命令绘制的是网格曲线，即每个小的四边形内部没有颜色填充。

例 5.2 绘制旋转抛物面 $z=x^2+y^2$，$(x，y)\in[-3，3]\times[-3，3]$ 的网格曲线。

解 程序如下：

```
clear;
n1＝100;
n2＝100;
x＝linspace(-3，3，n1);
y＝linspace(-3，3，n2);
[X，Y]＝meshgrid(x，y);
Z＝X.^2＋Y.^2;     %Z(i，j)＝X(i，j)^2+Y(i，j)^2
mesh(X，Y，Z);
xlabel('x');ylabel('y');zlabel('z');
title('旋转抛物面');
```

绘图结果如图 5.3 所示。

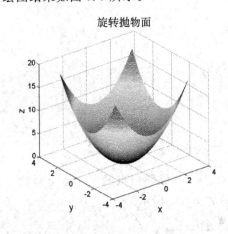

图 5.3　旋转抛物面

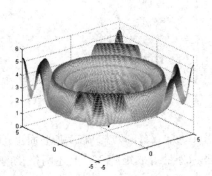

图 5.4　例 5.3 的网格曲线

例 5.3 绘制函数

$$z=(x^2+y^2)^{1/4}\left[\sin^2(50(x^2+y^2)^{1/10})+1\right]，x\in[-5，5]，y\in[-5，5]$$

的网格曲线。

解 程序如下：

```
n＝200;
x＝linspace(-5，5，n);
[X，Y]＝meshgrid(x);
T1＝X.^2＋Y.^2;
T2＝sin(50 * T1.^0.1);
Z＝T1.^(0.25). * (T2.^2＋1);
mesh(X，Y，Z);
```

绘图结果如图 5.4 所示。

5.3 三维阴影曲面

在使用 mesh 命令绘制网格曲线时，已得到 3 个同型矩阵 X、Y 和 Z。根据这三个矩阵，可以进一步绘制阴影曲面。三维阴影曲面的命令为 surf，常用的调用格式为

　　　　surf(X, Y, Z)或 surf(X, Y, Z, C)

其中矩阵 C 为颜色矩阵，且与 X 同型。

在绘制完曲面后，各个四边形表面的颜色分布可由 shading 命令来实现：

shading faceted——截面颜色分布方式（默认值）

shading interp——插补式颜色分布方式

shading flat——插平面式分布方式

此外，surfc 和 surfl 分别表示绘制三维阴影曲面及其下的等高线图和基于色彩图照明的曲面。

例 5.4　绘制 $z = \dfrac{\sin\sqrt{x^2+y^2}}{\sqrt{x^2+y^2}}$，$x \in [-8, 8]$，$y \in [-8, 8]$的阴影曲面。

解　程序如下：

```
n=100；
x=linspace(-8, 8, n)；
[X, Y]=meshgrid(x)；
R=sqrt(X.^2+Y.^2)；
Z=sin(R)./R；　　%当 n 为偶数时，不会出现 sin0/0；当 n 为奇数时，
　　　　　　　　　%可更改为 sin(R+eps)/(R+eps)
surf(X, Y, Z)；
shading interp；
```

图 5.5 比较了三种颜色控制命令的曲面。

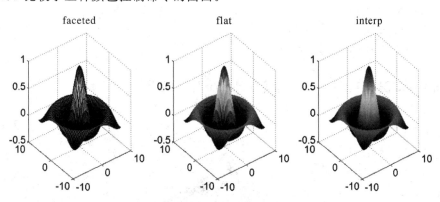

图 5.5　例 5.4 的阴影曲面

例 5.5　绘制 $x - 2y + 3z = 1$，$x \in [-10, 10]$，$y \in [-5, 5]$的阴影平面。

解　平面方程可以表示为

$$z = (1 - x + 2y)/3, \ x \in [-10, 10], \ y \in [-5, 5]$$

绘图程序如下：

```
x=linspace(-10, 10);
y=linspace(-5, 5);
[X, Y]=meshgrid(x, y);
Z=(1-X+2*Y)/3;
surf(X, Y, Z);
shading interp;
xlabel('x');ylabel('y');zlabel('z');
```

绘图结果如图 5.6 所示。

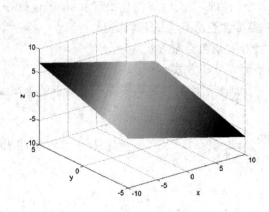

图 5.6　例 5.5 的阴影平面

例 5.6　对于二元函数 $z = [3(1-x)^2 - 10(x - x^3 - y^3)]e^{-x^2 - y^2}$，$x \in [-5, 5]$，$y \in [-5, 5]$，绘出空间曲面。

解　程序如下：

```
x=linspace(-5, 5);
[X, Y]=meshgrid(x);
Z=[3*(1-X).^2-10*(X-X.^3-Y.^3)].*exp(-X.^2-Y.^2);
surf(X, Y, Z);
shading interp;
xlabel('x');ylabel('y');zlabel('z');
colorbar;
```

绘图结果如图 5.7 所示，其中命令"colorbar"显示色标。

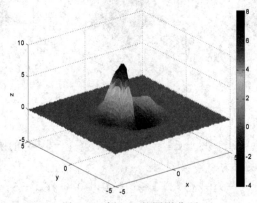

图 5.7　例 5.6 的阴影曲面

5.4 基于参数形式的曲面绘制

有些曲面方程不存在形如 $z = f(x, y)$ 的显式形式或表达式非常复杂。对于这类曲面，可以考虑曲面的参数方程，一般形式如下：

$$\begin{cases} x = x(u, v) \\ y = y(u, v) \quad (u, v) \in [a, b] \times [c, d] \\ z = z(u, v) \end{cases}$$

在绘制该类曲面时，先根据 u、v 的定义区间生成网格矩阵 U 和 V，再分别计算矩阵 X、Y 和 Z。

例 5.7 绘制环面 $\begin{cases} x = (1 + \cos u) \cos v \\ y = (1 + \cos u) \sin v \quad u \in [0, 2\pi], v \in [0, 2\pi]。 \\ z = \sin u \end{cases}$

解 程序如下：

```
u = linspace(0, 2 * pi);
[U, V] = meshgrid(u);
X = (1 + cos(U)). * cos(V);
Y = (1 + cos(U)). * sin(V);
Z = sin(U);
surf(X, Y, Z);
shading interp;
xlabel('x'); ylabel('y'); zlabel('z');
```

绘图结果如图 5.8 所示。

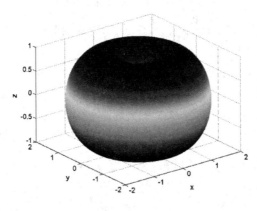

图 5.8　例 5.7 的阴影曲面

例 5.8 绘制圆柱面 $x^2 + y^2 = 1$，$z \in [0, 5]$。

解 圆柱面的参数方程为

$$\begin{cases} x = \cos \alpha \\ y = \sin \alpha \quad \alpha \in [0, 2\pi], z \in [0, 5] \\ z = z \end{cases}$$

绘图程序为：

```
a＝linspace(0，2 * pi)；
z＝linspace(0，5)；
[A，Z]＝meshgrid(a，z)；
X＝cos(A)；
Y＝sin(A)；
surf(X，Y，Z)；
shading interp；
xlabel('x')；
ylabel('y')；
zlabel('z')；
```

绘图结果如图 5.9 所示。

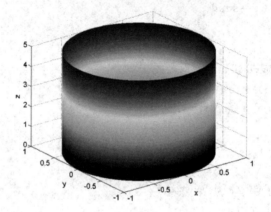

图 5.9　例 5.8 的阴影曲面

例 5.9　绘制 $x^2 + y^2 = (1 + \cos z)^2$，$z \in [0，2\pi]$ 的曲面。

解　曲面的参数方程为

$$\begin{cases} x = (1 + \cos z)\cos\alpha \\ y = (1 + \cos z)\sin\alpha \quad \alpha \in [0，2\pi]，z \in [0，2\pi] \\ z = z \end{cases}$$

绘图命令为：

```
a＝linspace(0，2 * pi)；
z＝linspace(0，2 * pi)；
[A，Z]＝meshgrid(a，z)；
X＝(1＋cos(Z)). * cos(A)；
Y＝(1＋cos(Z)). * sin(A)；
surf(X，Y，Z)；
shading interp；
xlabel('x')；ylabel('y')；zlabel('z')；
```

绘图结果如图 5.10 所示。

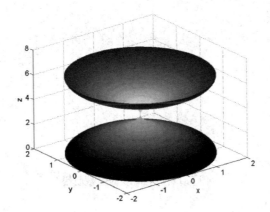

图 5.10　例 5.9 的阴影曲面

例 5.10　S 型曲面由下面两部分组成：

$$\begin{cases} x=\cos t \\ 0\leqslant y\leqslant 5 \quad t\in[-\pi,\ \pi/2] \\ z=\sin t \end{cases} \quad \text{和} \quad \begin{cases} x=-\cos t \\ 0\leqslant y\leqslant 5 \qquad t\in[\pi/2,\ -\pi] \\ z=2-\sin t \end{cases}$$

写出绘制网格曲线的程序。要求：相同的 t 值，颜色相同。

　　解　S 型曲面第一部分的参数形式为

$$\begin{cases} x=\cos t \\ y=y \qquad t\in[-\pi,\ \pi/2],\ y\in[0,\ 5] \\ z=\sin t \end{cases}$$

　　类似地可写出第二部分曲面的参数形式。对于每部分曲面，先分别使用 meshgrid 产生网格矩阵 T 和 Y，并计算矩阵 X 和 Z；再将两个曲面对应的 X、Y 和 Z 矩阵合并，进而绘出整个网格曲线。绘图程序如下：

```
t＝linspace(－pi, pi/2, 20);
y＝linspace(0, 5, 20);
[T, Y]＝meshgrid(t, y);
X＝cos(T);
Z＝sin(T);
t2＝linspace(pi/2, －pi, 20);
y2＝y;
[T2, Y2]＝meshgrid(t2, y2);
X2＝－cos(T2);
Z2＝2－sin(T2);
mesh([X, X2], [Y, Y2], [Z, Z2], [T, T2]);
axis off;
```

绘图结果如图 5.11 所示。

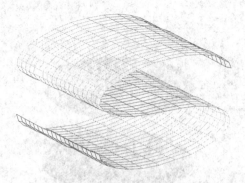

图 5.11   例 5.10 的网格曲线

例 5.11   绘制下列曲面：

$$\begin{cases} x = r\cos t \\ y = r\sin t \\ z = u(h\cos p - v\sin p) \end{cases} \quad h\in[0,\,1],\ t\in[-2\pi,\,15\pi]$$

其中 $p = \dfrac{\pi}{2}\exp\left(-\dfrac{t}{8\pi}\right)$，$u = 1 - \dfrac{1}{2}\left(1 - \mathrm{mod}\left(\dfrac{3.6t}{\pi},\,2\right)\right)^4$，$v = 2\ (h(h-1))^2\sin p$，$r = u(h\sin p + v\cos p)$。

解   先将自变量 h 和 t 等间隔离散化，此处取 h 和 t 对应的间隔步长分别为 1/24、17π/575；再将向量 h 和 t 网格化，得到矩阵 H 和 T；接着计算变量 p、u、v 和 r 对应的网格矩阵 P、U、V、R；最后求 x、y、z 的网格矩阵 X、Y、Z。程序如下：

```
h=0：1/24：1；              %间隔为 1/24
t=(−2：17/575：15) * pi；    %间隔为 17pi/575
[H，T] = meshgrid(h，t)；
P= (pi/2) * exp(−T/8/pi)；
U = 1−(1−mod(3.6 * T/pi，2)).^4/2；
V= 2 * (H. * (H−1)).^2. * sin(P)；
R= U. * (H. * sin(P)+V. * cos(P))；
X= R. * cos(T)；
Y= R. * sin(T)；
Z= U. * (H. * cos(P)−V. * sin(P))；
figure('Color'，'k')；
surface(X，Y，Z，'EdgeColor'，'none'，'FaceColor'，'r')；
view(−22，66)；
axis equal off；
light('pos'，[−0.25，−0.25，1]，'style'，'local'，'color'，[1，0.84，0.6])；
lighting gouraud；
```

在上述命令中，figure('Color'，'k') 表示创建黑色背景的图像；surface 表示创建外观对象，未设置边缘颜色（'EdgeColor'），表面颜色（'FaceColor'）设置为红色（'r'）。view 的第一个输入变量为方位角（单位为°），第二个输入变量为仰角（单位为°）。命令 light 表示创建光源对象，光源的位置('pos')为[−0.25，−0.25，1]，类型('style')设置为局部('local')，颜色('color')设置为[1，0.84，0.6]。lighting 表示灯光设置，参数 gouraud 意义为：先对顶点颜色进行插补，再对顶点勾划的面色进行插补，用于曲面表现。绘图结果如图 5.12 所示。

图 5.12　例 5.11 的曲面

我们也可以考虑使用 mesh 或 surf 命令来绘制例 5.11 的网格曲线或曲面。

练　习　题

1. 绘制平面 $3x-4y+z-10=0$，$x \in [-5，5]$，$y \in [-5，5]$。

2. 分别绘制函数 $z=ye^{-x^2-y^2}$，$x \in [-2，2]$，$y \in [-2，2]$ 的网格曲线与曲面。

3. 对于下面三个二元函数：

$f_1(x，y)=\exp(-(x^2+y^2)/2)$，$f_2(x，y)=\exp(-\sqrt{x^2+y^2})$，$f_3(x，y)=\exp(-|x|-|y|)$

分别绘制它们的曲面和等高线，其中 $x \in [-3，3]$，$y \in [-3，3]$。提示：绘制等高线的命令为 contour(X，Y，Z)。

4. 绘制曲面 $x=u+v$，$y=u-v$，$z=uv$，$u \in [-2，2]$，$v \in [-2，2]$。

5. 绘制曲面 $x^2+y^2=(1+\sin z)^2$，$z \in [0，2\pi]$。提示：使用曲面的参数形式。

6. 绘制单位球面 $x^2+y^2+z^2=1$。提示：使用球面坐标。

7. 绘制瑞士卷曲面：

$$\begin{cases} x=t\cos t \\ 0 \leqslant y \leqslant 3 \quad t \in [\pi，9\pi/2] \\ z=t\sin t \end{cases}$$

要求：相同的 t 值，颜色相同。

8. 绘制玫瑰花曲面：

$$\begin{cases} x=r\cos t(|\sin(2.3\sqrt{z})|+0.3z) \\ y=r\sin t(|\sin(2.3\sqrt{z})|+0.3z) \quad h \in [0，1]，\ t \in [-2\pi，15\pi] \\ z=4|u(h\cos p-v\sin p)|r \end{cases}$$

其中 $p=\dfrac{\pi}{2}\exp\left(-\dfrac{t}{8\pi}\right)$，$u=1-\dfrac{1}{2}\left[1-\mathrm{mod}\left(\dfrac{2.5t}{\pi}，2\right)\right]^4$，$v=2\ (h(h-1))^2\sin p$，$r=u(h\sin p+v\cos p)$。

第6章 符号积分与数值积分

积分是高等数学的重要组成部分。本章主要介绍基于 MATLAB 的符号积分与数值积分。

6.1 符 号 积 分

1. 不定积分

若被积函数黎曼可积且其原函数可以表示为初等函数,则往往可以根据各种方法求出其原函数。MATLAB 提供了求解不定积分的组合命令 int/sym,其调用格式为

$$\text{int(sym('F(x)'))} \qquad \text{或 int(sym('F(x)'),'x')}$$

其中 int 表示积分(integrate),sym 表示创建符号对象(symbolic),F(x) 为被积函数,x 为积分变量。下面先给出求不定积分 $\int f(x)\mathrm{d}x$ 的两个例子。

例 6.1 计算不定积分 $\int(\sin x \mathrm{e}^{-x}+x^2)\mathrm{d}x$。

解 int(sym('sin(x) * exp(−x)+x^2')); %或者 int(sym('sin(x) * exp(−x)+x^2'),'x');
输出结果为

$$\text{x\textasciicircum3/3 − (exp(−x) * sin(x))/2 −(exp(−x) * cos(x))/2}$$

对应的数学表达式为

$$\frac{1}{3}x^3 - \frac{1}{2}\mathrm{e}^{-x}\sin x - \frac{1}{2}\mathrm{e}^{-x}\cos x$$

注意:输出结果中缺失了任意常数 C。

当被积函数含有参数时,同样可以用 int/sym 来计算不定积分,不过要指明积分变量。

例 6.2 计算不定积分 $\int(\sin x \mathrm{e}^{-x}+ax^2+ax+b\cos x)\mathrm{d}x$。

解 int(sym('sin(x) * exp(−x)+a * x^2+a * x+b * cos(x)'),'x');
输出结果为

$$\text{(a * x\textasciicircum2)/2 − (exp(−x) * sin(x))/2 − (exp(−x) * cos(x))/2 + (a * x\textasciicircum3)/3 + b * sin(x)}$$

对应的数学表达式为

$$\frac{1}{2}ax^2 - \frac{1}{2}\mathrm{e}^{-x}\sin x - \frac{1}{2}\mathrm{e}^{-x}\cos x + \frac{1}{3}ax^3 + b\sin x$$

若将例 6.2 的求解程序修改为

$$\text{int(sym('sin(x) * exp(−x)+a * x^2+a * x+b * cos(x)'),'a');}$$

则它表示求积分 $\int(\sin x \mathrm{e}^{-x}+ax^2+ax+b\cos x)\mathrm{d}a$。

2. 定积分

定积分 $\int_a^b f(x)\mathrm{d}x$ 的 MATLAB 求解程序与不定积分类似，只不过要给出积分变量和上下限。

例 6.3 计算定积分 $\int_0^1 \dfrac{x\mathrm{e}^x}{(1+x)^2}\mathrm{d}x$。

解 y＝int(sym('x * exp(x)/(1+x)^2'), 'x', 0, 1);

或者

y＝int(sym('x * exp(x)/(1+x)^2'), 0, 1);

输出结果为 y＝exp(1)/2－1，此处变量 y 为符号（sym）类型的变量。

在例 6.3 的求解命令中，最后两个数值"0"和"1"分别表示定积分的下限与上限。当被积函数不含参数时，也可以不指明积分变量。

例 6.4 计算定积分 $\int_0^1 \mathrm{e}^{ax}\mathrm{d}x$。

解 将 a 视为参数，求解命令如下：

y＝int(sym('exp(a * x)'), 'x', 0, 1);

输出结果为

y＝(exp(a)－1)/a

3. 重积分

在计算二重积分或三重积分时，需要先将重积分转化为累次积分形式，然后再用 2 个或 3 个 int 命令。

例 6.5 计算二重积分 $\iint\limits_D (x^2+y)\mathrm{d}x\mathrm{d}y$，其中 D 为曲线 $y=x^2$ 和 $y^2=x$ 所围成的区域。

解 易知两条曲线的交点为$(0,0)$和$(1,1)$，故区域 D 可表示为

$$\{(x, y)\,|\,0\leqslant x\leqslant 1,\ x^2\leqslant y\leqslant \sqrt{x}\}$$

因此 $\iint\limits_D (x^2+y)\mathrm{d}x\mathrm{d}y=\int_0^1\left(\int_{x^2}^{\sqrt{x}}(x^2+y)\mathrm{d}y\right)\mathrm{d}x$。MATLAB 求解命令为

y＝int(int(sym('x^2+y'), 'y', 'x^2', 'x^0.5'), 'x', 0, 1);

输出结果为 y ＝0.23571428571428571428571428571429，手工求解结果为 $\dfrac{33}{140}$，前者是后者的近似有理表示。

例 6.6 计算三重积分 $\iiint\limits_\Omega (1+x+y+z)^2\mathrm{d}x\mathrm{d}y\mathrm{d}z$，其中 Ω 为平面 $x=0$、$y=0$、$z=0$、$x+y+z=1$ 所围成的四面体。

解 Ω 可表示为

$$\{(x, y, z)\,|\,0\leqslant z\leqslant 1,\ 0\leqslant y\leqslant 1-z,\ 0\leqslant x\leqslant 1-z-y\}$$

则有：

$$\iiint\limits_\Omega (1+x+y+z)^2\mathrm{d}x\mathrm{d}y\mathrm{d}z=\int_0^1\left[\int_0^{1-z}\left(\int_0^{1-z-y}(1+x+y+z)^2\mathrm{d}x\right)\mathrm{d}y\right]\mathrm{d}z$$

MATLAB 求解命令为

y＝int(int(int(sym('(1＋x＋y＋z)^2'),'x',0,'1−z−y'),'y',0,'1−z'),0,1);

输出结果为 y ＝31/60。

例 6.7 计算二重积分 $\iint\limits_{D} (ax^2＋by)\mathrm{d}x\mathrm{d}y$，其中 D 为曲线 $y＝x^2$ 和 $y^2＝x$ 所围成的区域，a 和 b 为参数。

解 求解程序为

y＝int(int(sym('a＊x^2＋b＊y'),'y','x^2','x^0.5'),'x',0,1);

输出结果为

y ＝0.085 714 285 714 285 714 285 714 285 714 286＊a ＋ 0.15＊b

6.2 数值积分的程序设计

在符号积分中，我们总是假设被积函数的原函数可以用简单的初等函数来表示。而在实际应用中，有些被积函数比较复杂（如函数不连续或函数分段连续）或者其原函数不能用初等函数来表示（如 $\int_0^t \exp(−x^2)\mathrm{d}x$）。对于这类定积分问题，符号积分可能不再奏效，此时可以采用数值计算方法来求解定积分的近似值。

1. 定积分

若要计算定积分 $\int_a^b f(x)\mathrm{d}x$（其中 a 和 b 满足 $a＜b$ 且 $a\neq−\infty,b\neq＋\infty$），可以按照定积分的极限定义来近似计算定积分值。不妨将区间 $[a,b]$ 进行 n 等分，对应的分点记为 x_0，$x_1,\cdots,x_n$，且

$$x_i＝a＋i\times h \quad i＝0,1,\cdots,n,$$

其中 $h＝(b−a)/n$。

易知定积分 $\int_a^b f(x)\mathrm{d}x$ 的值等于曲线 $y＝f(x)$、直线 $x＝x_0$、直线 $x＝x_n$ 与 x 轴所围成的面积，也可表示为 n 个曲边梯形面积之和，如图 6.1 所示。

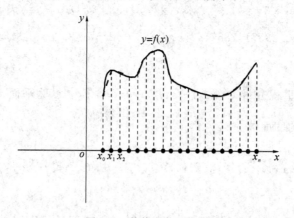

图 6.1 数值积分示意图

为了便于计算，每个曲边梯形的面积可用梯形面积（或矩形面积）近似替代。当 n 比较

大时，$\int_a^b f(x)\mathrm{d}x \approx \sum\limits_{i=1}^n S_i$，这里 S_i 表示第 i 个梯形的面积。由梯形面积公式可知，$S_i = \dfrac{1}{2}(f(x_{i-1}) + f(x_i))h$，故

$$\sum_{i=1}^n S_i = \left(\sum_{i=0}^n f(x_i) - \frac{1}{2}(f(x_0) + f(x_n)) \right)h$$

显然，当 $f(x)$ 在 $[a, b]$ 上黎曼可积时，$\lim\limits_{n\to\infty} \sum\limits_{i=1}^n S_i = \int_a^b f(x)\mathrm{d}x$。

例 6.8　计算 $I = \int_0^1 \exp(-x^2)\mathrm{d}x$。

解　程序如下：

```
a=0; b=1;            %积分区间为[a, b]
n=1e3;               %将积分区间等间隔离散化，得到n+1个分点(对应n个区间)
x=linspace(a, b, n+1);
h=(b-a)/n;
y=exp(-x.^2);
I=(sum(y)-(y(1)+y(end))/2)*h;
```

最终输出 $I = 0.7468$。

2. 二重定积分

对于二重定积分 $\int_a^b \int_c^d f(x, y)\mathrm{d}x\mathrm{d}y$，采用与定积分类似的策略。先将区间 $[a, b]$ 进行 n 等分，对应的分点记为 $x_0, x_1, \cdots, x_n$；再将区间 $[c, d]$ 进行 m 等分，对应的分点记为 $y_0, y_1, \cdots, y_m$。上述等分方式将矩形区域 $[a, b] \times [c, d]$ 划分成 mn 个大小相等的矩形。$\int_a^b \int_c^d f(x, y)\mathrm{d}x\mathrm{d}y$ 表示曲面 $z = f(x, y)$、平面 $x = a$、平面 $x = b$、平面 $y = c$、平面 $y = d$ 和 oxy 平面所围成的体积，也可以近似表示为 mn 个长方体体积之和。用 V_{ij} 表示小矩形区域 $[x_{i-1}, x_i] \times [y_{j-1}, y_j]$ 对应的长方体的体积，取该长方体的高度为矩形四个顶点函数值的平均值：

$$h_{ij} = (f(x_{i-1}, y_{j-1}) + f(x_i, y_{j-1}) + f(x_{i-1}, y_j) + f(x_i, y_j))/4$$

每个小矩形的面积为 $s = (b-a)(d-c)/(mn)$。当 n 和 m 充分大时，

$$\int_a^b \int_c^d f(x, y)\mathrm{d}x\mathrm{d}y$$

$$\approx \sum_{i=1}^n \sum_{j=1}^m V_{ij} = s \sum_{i=1}^n \sum_{j=1}^m h_{ij}$$

$$= \frac{s}{4}\left(4 \sum_{i=1}^{n-1}\sum_{j=1}^{m-1} f(x_i, y_j) + 2 \sum_{i=1}^{n-1}(f(x_i, y_0) + f(x_i, y_m)) + 2 \sum_{j=1}^{m-1}(f(x_0, y_j) + f(x_n, y_j)) \right)$$

$$+ \frac{s}{4}(f(x_0, y_0) + f(x_0, y_m) + f(x_n, y_0) + f(x_n, y_m))$$

记 $\boldsymbol{x} = (x_0, x_1, \cdots, x_n)^{\mathrm{T}}$，$\boldsymbol{y} = (y_0, y_1, \cdots, y_m)^{\mathrm{T}}$。在 MATLAB 中进行程序设计时，先由向量 $\boldsymbol{x}$ 和 $\boldsymbol{y}$ 产生网格矩阵 X 和 Y，再计算 Z=f(X, Y)，最后使用 sum 命令来近似计算积分值。

例 6.9 计算 $I = \int_0^1 \int_1^2 \exp(-x^2 y^2) \mathrm{d}x\mathrm{d}y$。

解

```
a=0; b=1;                          %x 的积分区间[a, b]
c=1; d=2;                          %y 的积分区间[c, d]
n=1e3;                             %将 x 的积分区间等间隔离散化, 得到 n+1 个分点
m=1e3;                             %将 y 的积分区间等间隔离散化, 得到 m+1 个分点
s=(b−a)*(d−c)/(n*m);               %小矩形区域的面积
x= linspace(a, b, n+1);
y= linspace(c, d, m+1);
[X, Y]=meshgrid(x, y);
Z=exp(−X.^2.*Y.^2);
Z1=4*sum(sum(Z(2: end−1, 2: end−1)));
Z2=2*sum([Z(2: end−1, 1);
Z(2: end−1, end); Z(1, 2: end−1)'; Z(end, 2: end−1)']);
Z3=sum(Z(1, [1, end])+Z(end, [1, end]));
I=(Z1+Z2+Z3)*s/4;
```

最终输出 $I = 0.5788$。

对于三重或三重以上的定积分, 可以类似地计算数值积分。下面考虑使用 MATLAB 的数值求积命令直接计算数值积分。

6.3 自适应辛普森积分

MATLAB 数值求解定积分、二重定积分、三重定积分的函数分别为 quad、dblquad 和 triplequad。在定积分中, 函数 quad 采用自适应辛普森求积 (quadrature) 方法, 使用格式为

```
q=quad(fun, a, b);
```

其中 fun 为一元被积函数, 积分区间为[a, b]。

在二重 (double) 定积分中, 函数 dblquad 可用于求解矩形区域[a, b]×[c, d]上的数值积分, 使用格式为

```
q=dblquad(fun, a, b, c, d);
```

该函数也基于自适应辛普森积分。

类似地, 在三重积分中, 函数 triplequad 可用于计算长方体区域[a, b]×[c, d]×[e, F]内的数值积分, 使用格式为

```
q=triplequad(fun, a, b, c, d, e, f);
```

对于被积函数 fun, 可以调用函数 (function) 文件, 也可以表示成@形式。

注意: 被积函数表达式中的自变量应理解为向量或矩阵或高阶张量。例如, 函数 $f(x) = x^2$ 表达式为@(x)x.^2 或'x.^2', $g(x, y) = xy$ 的表达式为@(x, y)x.*y 或'x.*y'。

例 6.10 求 $I = \dfrac{1}{\sqrt{2\pi}} \int_{-3}^{3} \exp(-x^2/2) \mathrm{d}x$。

解 I=quad(@(x)exp(−x.^2/2)/sqrt(2*pi), −3, 3);
输出 $I = 0.9973$。

例 6.11　计算二重积分 $I = \int_0^\pi \int_\pi^{2\pi} x^2 y^2 \sin(xy) \mathrm{d}x \mathrm{d}y$。

解　I＝dblquad(@(x, y)x.^2. * y.^2. * sin(x. * y), 0, pi, pi, 2 * pi)；

输出 I＝－25.4216。

例 6.12　计算三重积分 $S = \int_\pi^{2\pi} \int_0^\pi \int_0^\pi (y\sin x + x\cos y + z) \mathrm{d}x \mathrm{d}y \mathrm{d}z$

解　I＝triplequad(@(x, y, z)y. * sin(x)＋x. * cos(y)＋z, pi, 2 * pi, 0, pi, 0, pi)；

输出 I＝17.6983。

对于二重积分或三重积分，当积分区域有界但不是矩形或长方体时，也可以用 dblquad 和 triplequad 来求解数值积分，此时需将定义域拓展到矩形或长方体区域。以 $I = \iint\limits_D f(x, y) \mathrm{d}x \mathrm{d}y$ 为例，若 D 不是矩形区域，则寻找一个矩形区域 $\widetilde{D}$，使其满足 $D \subset \widetilde{D}$ 且 $\widetilde{D}$ 的边界平行或垂直于坐标轴。一般而言，面积最小的 $\widetilde{D}$ 是存在且唯一的。因此 $I = \iint\limits_{\widetilde{D}} \widetilde{f}(x, y) \mathrm{d}x \mathrm{d}y$，其中

$$\widetilde{f}(x, y) = \begin{cases} f(x, y) & (x, y) \in D \\ 0 & (x, y) \in \widetilde{D} - D \end{cases}$$

令 $h(x, y)$ 为指示函数，即当 $(x, y) \in D$ 时，$h(x, y) = 1$；否则，$h(x, y) = 0$，故 $I = \iint\limits_{\widetilde{D}} f(x, y) h(x, y) \mathrm{d}x \mathrm{d}y$。

例 6.13　计算 $I = \iint\limits_D x^2 y^2 \mathrm{d}x \mathrm{d}y$，其中 $D = \{(x, y) \mid x^2 + y^2 \leqslant 1\}$。

解　取 $\widetilde{D} = \{(x, y) \mid |x| \leqslant 1, |y| \leqslant 1\}$。求积分的程序为

I＝dblquad(@(x, y)(x.^2. * y.^2). * (x.^2＋y.^2<=1), －1, 1, －1, 1)；

输出 I＝0.1307。

例 6.14　求 $x^2 + y^2 + z^2 \leqslant 2$ 被旋转抛物面 $x^2 + y^2 = z$ 所截取的上部分体积。

解　由 $\begin{cases} x^2 + y^2 + z^2 = 2 \\ x^2 + y^2 = z \end{cases}$ 得 $z = 1$，即有 $x^2 + y^2 = 1$。取 $\widetilde{D} = \{(x, y, z) \mid |x| \leqslant 1, |y| \leqslant 1,$ $0 \leqslant z \leqslant \sqrt{2}\}$，则体积为 $V = \iiint\limits_{\widetilde{D}} h(x, y, z) \mathrm{d}x \mathrm{d}y \mathrm{d}z$，其中 $h(x, y, z)$ 为指示函数。求解程序如下：

V＝triplequad('(x.^2＋y.^2＋z.^2<=2). * (z>=x.^2＋y.^2)', －1, 1, －1, 1, 0, 2^0.5)；

输出 V＝2.2587。

6.4　储油罐的容积计算

本实验取材于 2010 年全国大学生数学建模竞赛 A 题：储油罐的变位识别与罐容表标定。全国大学生数学建模竞赛所有赛题的下载网址为 http://www.mcm.edu.cn/html_cn/block/8579f5fce999cdc896f78bca5d4f8237.html。

例 6.15　现有一种典型的储油罐，其主体为圆柱体，两端为球冠体，油位计用来测量

罐内油位高度，储油罐的尺寸和形状如图 6.2 所示。由于地基变形等原因，储油罐罐体会产生变位，即存在纵向倾斜和横向偏转。当纵向倾斜角度 $\alpha=2°$，横向偏转角度 $\beta=4°$，油位计显示高度 $h=2$ m 时，计算储油罐内油的容积。

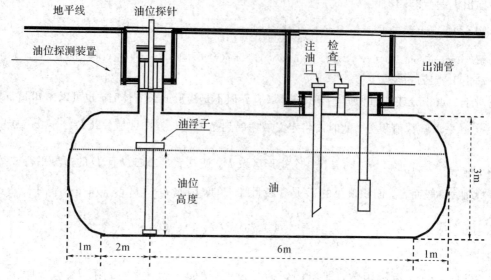

图 6.2　储油罐正面示意图(图片来自赛题)

解　储油罐内油的容积可用三重积分来计算，但由于油罐两侧为球冠且罐体发生变位，故直接推导容积的计算公式是比较繁琐的。

下面考虑罐内油容积的数值计算方法。记圆柱体的半径为 r，长度为 L，球冠的半径为 R，则由题意知 $r=1.5$ m，$L=8$ m。球冠半径 R 满足 $(R-1)^2+r^2=R^2$，即 $R=(1+r^2)/2=1.625$ m。由于存在横向偏转，所以需要先计算油位计处实际的油面高度 H。过油位计作垂直于圆柱面的截面，如图 6.3 所示。当油位计显示高度 $h\geqslant r$ 时，$H=r+(h-r)\cos\beta$；当 $h<r$ 时，$H=r-(r-h)\cos\beta$。总之，$H=r-(r-h)\cos\beta$。

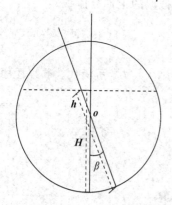

图 6.3　油位计截面示意图

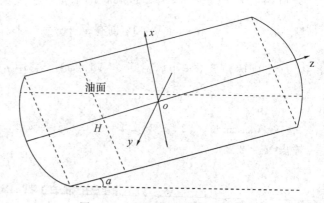

图 6.4　变位时储油罐油面示意图

当储油罐发生变位时，建立空间直角坐标系 $oxyz$，如图 6.4 所示，其中圆柱体的中心线在 z 轴上，o 在圆柱体中心线的中点，y 轴在水平面上且与 z 轴垂直，x 轴垂直于 yoz 平面且正向朝上。左右球冠对应的球心坐标分别记为 $(0,0,-s)$ 和 $(0,0,s)$，此处 $s=L/2-(R-1)=3.375$。圆柱面的方程为 $x^2+y^2=r^2$，左球冠所在的球面方程为 $x^2+y^2+(z+s)^2=R^2$，右球冠所在的球面方程为 $x^2+y^2+(z-s)^2=R^2$。油浮的坐标为 $(H-r,0,-(L/2-2))$，故油面所在平面的方程为

$$x-(H-r)=-\left(z+\frac{L}{2}-2\right)\tan\alpha$$

即

$$x=(h-r)\cos\beta-\left(z+\frac{L}{2}-2\right)\tan\alpha$$

所以，油位计高度为 h 的储油区域为

$$D=\left\{(x,y,z)\left|\begin{array}{l}x^2+y^2\leqslant r^2,\\ x\leqslant(h-r)\cos\beta-\left(z+\dfrac{L}{2}-2\right)\tan\alpha,\\ -s-\sqrt{R^2-x^2-y^2}\leqslant z\leqslant s+\sqrt{R^2-x^2-y^2}\end{array}\right.\right\}$$

储油罐内油的容积为

$$V=\iiint\limits_{(x,y,z)\in D}\mathrm{d}x\mathrm{d}y\mathrm{d}z$$

其中被积函数为常数 1。

求解 V 的解析表达式比较复杂，故可以采用数值积分方法求解。整个储油罐存在于一个长方体内，则有

$$\widetilde{D}=\left\{(x,y,z)\left|\ |x|\leqslant r,\ |y|\leqslant r,\ |z|\leqslant\frac{L}{2}+1\right.\right\}$$

下面给出了计算罐内油容积的 MATLAB 程序：

```
a=2*pi/180;        %alpha 转化为弧度
b=4*pi/180;        %beta 转化为弧度
r=1.5;             %圆柱体的半径
R=1.625;           %球冠体的半径
h=2;               %油位计显示的高度
s=3.375;           %用于表示左右球冠对应的球心坐标
L=8;               %圆柱体的长度
I=triplequad(@(x,y,z)(x.^2+y.^2<=r^2).*...
        (x<=(h-r).*cos(b)-(z+L/2-2)*tan(a)).*...
        (z>=-s-sqrt(R^2-x.^2-y.^2)).*...
        (z<=s+sqrt(R^2-x.^2-y.^2)),...
        -r,r,-r,r,-(L/2+1),(L/2+1));
```

输出结果为 I＝44.2413。该程序计算量较大，运行时间大约十余秒。

练 习 题

1. 使用 int/sym 命令求解下列积分：

(1) $\displaystyle\int_{-1}^{1}(\mathrm{e}^{-x}-\cos(2\pi x)\mathrm{e}^x)\mathrm{d}x$；

(2) $\displaystyle\int_{-1}^1\int_0^1(ae^{-x-y}-2xy)\mathrm{d}x\mathrm{d}y$；

(3) $\displaystyle\int_0^1\int_0^1\int_0^1(x^2+y^2+z^2)\mathrm{d}x\mathrm{d}y\mathrm{d}z$；

(4) $\displaystyle\int_0^1\int_0^1\int_0^1(ax^2+by^2+cz^2)\mathrm{d}x\mathrm{d}y\mathrm{d}z$。

2. 使用数值积分方法计算下列积分：

(1) $\displaystyle\int_{-1}^1\ln(1+\cos^2 x)\mathrm{d}x$；

(2) $I(a)=\displaystyle\int_1^3\ln(x+a)\mathrm{d}x$，计算 $I(1)$、$I(3)$；

(3) $\displaystyle\iint_D\cos(x^2y^2)\mathrm{d}x\mathrm{d}y$，其中 $D=\left\{(x,\ y)\mid\dfrac{x^2}{2}+\dfrac{y^2}{3}\leqslant 1\right\}$；

(4) $\displaystyle\int_0^1\int_0^1\int_0^1(x^2+x^2y^2+x^2y^2z^2)\mathrm{d}x\mathrm{d}y\mathrm{d}z$；

(5) $\displaystyle\iiint_\Omega\sqrt{x^2+y^2+z^2}\mathrm{d}x\mathrm{d}y\mathrm{d}z$，其中 Ω 是由球面 $x^2+y^2+z^2=z$ 所围成的闭区域。

3. 定积分的复化辛普森求积公式为

$$\int_a^b f(x)\mathrm{d}x\approx\frac{(b-a)}{6n}\left(f(x_0)+f(x_n)+2\sum_{i=1}^n f(x_{i-1})+4\sum_{i=1}^n f(x_{i-0.5})\right)$$

其中 x_0，x_1，$\cdots$，x_n 为 $[a,b]$ 的等分点，$x_{i-0.5}$ 为区间 $[x_{i-1},x_i]$ 的中点。编写上述求积公式的 MATLAB 程序，并计算 $I=\displaystyle\int_0^1\exp(-x^2)\mathrm{d}x$。

4. 现有一个小椭圆型储油罐(参见 2010 年全国大学生数学建模竞赛 A 题)，它是两端平头的椭圆柱体，其形状及尺寸如图 6.5 所示。仅考虑纵向倾斜角度 $\alpha=4.1°$，不考虑横向偏转。油位计显示高度 $h=1$ m 时，采用数值积分方法计算储油罐内油的容积。

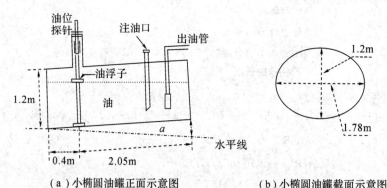

（a）小椭圆油罐正面示意图　　　　　（b）小椭圆油罐截面示意图

图 6.5　小椭圆型油罐形状及尺寸示意图

第7章 穷举法程序设计

在程序设计中，对于变量取值个数有限的问题，通常需要寻找满足某些约束条件的变量。对于小规模的问题，可以考虑使用穷举法来求解。

7.1 一维穷举法

当只有一个变量且取值有限时，可以使用一维穷举法来搜索满足某种约束的所有可行解。在 MATLAB 中，常使用 for 循环命令来执行穷举法。

例 7.1 一筐鸡蛋：

1 个 1 个拿，正好拿完；2 个 2 个拿，还剩 1 个；3 个 3 个拿，正好拿完；

4 个 4 个拿，还剩 1 个；5 个 5 个拿，还差 1 个；6 个 6 个拿，还剩 3 个；

7 个 7 个拿，正好拿完；8 个 8 个拿，还剩 1 个；9 个 9 个拿，正好拿完。

问筐里最少有多少个鸡蛋？

解 设鸡蛋数量为 n，该题没有给定 n 的上限，可以要求其上界为 10 000。下面使用穷举法来求解最少的鸡蛋数量。为了减少穷举次数，需要讨论 n 满足的一些条件。

"1 个 1 个拿"、"3 个 3 个拿"、"7 个 7 个拿"、"9 个 9 个拿"正好拿完，意味着 n 为 3、7、9 的倍数，即 n 为 63 的倍数；"2 个 2 个拿，还剩 1 个"意味着 n 为奇数，即 n 为 63 的奇数倍；"4 个 4 个拿，还剩 1 个"、"5 个 5 个拿，还差 1 个"、"6 个 6 个拿，还剩 3 个"、"8 个 8 个拿，还剩 1 个"，分别说明 n 满足 $\mathrm{rem}(n, 4)=1$，$\mathrm{rem}(n, 5)=4$，$\mathrm{rem}(n, 6)=3$，$\mathrm{rem}(n, 8)=1$，此处 rem 为取余函数。

穷举法程序如下：

```
clear;
N=1e4;          %N 为鸡蛋数量的上界
R=[];           %将所有满足条件的结果保存到变量 R 中
for n=63：63*2：N
    if rem(n, 4)==1 & rem(n, 5)==4 & rem(n, 6)==3 & rem(n, 8)==1
        R=[R, n];
    end
end
```

输出的 R=[1449，3969，6489，9009]，即在 10 000 以内共有 4 个解，最小值为 1449。

例 7.2 在我国选取北京、天津等 11 个城市，任意两个城市之间的最短距离如表 7.1 所示。某人从北京出发，要去天津、锦州等其他 10 个城市旅游，最后再回到北京。问：如何安排行程使总路程最短？

表 7.1　部分城市之间的最短距离　　　　　　　　　　　　　km

	北京	天津	锦州	沈阳	长春	哈尔滨	齐齐哈尔	牡丹江	吉林	丹东
天津	118									
锦州	483	470								
沈阳	717	704	234							
长春	1032	1019	549	315						
哈尔滨	1392	1379	909	675	360					
齐齐哈尔	1739	1726	1256	1022	707	347				
牡丹江	1582	1569	1099	865	550	344	691			
吉林	1142	1129	659	425	110	250	597	440		
丹东	965	962	482	285	600	930	1277	1048	680	
大连	903	890	420	419	734	1094	1441	1284	844	323

解　将北京、天津、锦州等 11 个城市分别记为顶点 1、2、…、11，所求问题转化为从顶点 1 出发，遍历其他顶点，再返回到顶点 1，使距离之和最小，此问题为旅行商问题。安排行程即对 2、3、…、11 等 10 个顶点进行排序，此处使用穷举法求解。例如，遍历向量 (2, 3, 4, 5, 6, 7, 8, 9, 10, 11) 对应的行程计划为 (1, 2, 3, 4, 5, 6, 7, 8, 9, 10, 11, 1)，即 1→2→3→4→5→6→7→8→9→10→11→1。对 10 个顶点进行排列，共有 10! 种，即 3 628 800 种。先使用 MATLAB 的 perms 命令将所有排列情况列出，再分别计算总路程。

命令 perms 的使用格式为 perms(v)，输出结果为向量 v 的所有排列。例如，命令 perms(1：3) 返回向量 [1, 2, 3] 的 6 种排列组成的 6×3 维矩阵为

$$
\begin{matrix}
3 & 2 & 1 \\
3 & 1 & 2 \\
2 & 3 & 1 \\
2 & 1 & 3 \\
1 & 2 & 3 \\
1 & 3 & 2
\end{matrix}
$$

穷举法的求解程序如下：

(1) 初始化 11×11 维的距离矩阵。先给出下三角距离矩阵，再将其对称化：

```
Dist=[0, 0, 0, 0, 0, 0, 0, 0, 0, 0, 0;
118, 0, 0, 0, 0, 0, 0, 0, 0, 0, 0;
483, 470, 0, 0, 0, 0, 0, 0, 0, 0, 0;
717, 704, 234, 0, 0, 0, 0, 0, 0, 0, 0;
1032, 1019, 549, 315, 0, 0, 0, 0, 0, 0, 0;
1392, 1379, 909, 675, 360, 0, 0, 0, 0, 0, 0;
1739, 1726, 1256, 1022, 707, 347, 0, 0, 0, 0, 0;
1582, 1569, 1099, 865, 550, 344, 691, 0, 0, 0, 0;
```

1142，1129，659，425，110，250，597，440，0，0，0；

965，962，482，285，600，930，1277，1048，680，0，0；

903，890，420，419，734，1094，1441，1284，844，323，0]；

Dist＝Dist＋Dist′；

（2）求向量 2：11 的所有排列，并计算每种排列下的总路程：

```
P＝perms(2：11)；          %返回 3628800×10 维的矩阵
D＝zeros(size(P，1)，1)；  % 初始化每种排列下的总路程
for i＝1：size(P，1)
    p＝P(i，：)；          %选取第 i 种排列
    t＝0；
    %使用 for 循环计算 p(1)－－>p(2)，p(2)－－>p(3)，…，p(9)－－>p(10)的总
    路程
    for j＝1：size(P，2)－1
        t＝t＋Dist(p(j)，p(j＋1))；
    end
    D(i)＝t＋Dist(1，p(1))＋Dist(p(end)，1)；
    %再考虑 1(北京)－－>p(1)，p(10)－－>1(北京)的距离
end
```

（3）计算并输出最佳的排列：

```
[Val，Pos]＝min(D)；         %求 3628800 维列向量 D 的最小值
temp＝num2str(P(Pos，：))；   %将 D 的最小值对应的排列(不含顶点 1)转成字符串
temp(isspace(temp))＝'－'；   %字符串 temp 中的空格被替换成"-"
disp(['The sort is '，  '1－－'，temp，'－－1'])；
disp(['The total distance is '，num2str(Val)，'km。'])；
```

输出结果为：

The sort is 1－－11－－10－－8－－7－－6－－9－－5－－4－－3－－2－－－1

The total distance is 4809km。

7.2　多维穷举法

对于变量个数大于等于 2 的问题，当所有变量的取值有限时，可以采用多维穷举法来求解满足某种约束的所有可行解。多维穷举法可通过多重 for 循环来实现。

例 7.3　在方程 $x^2＋y^2＝z^2$ 中，x、y、z 为正整数且满足 $x\leqslant y<z$。当 $2\leqslant z\leqslant 1000$ 时，求满足上述方程的所有解。

解　由已知条件知 $2x^2\leqslant z^2$，故 x 的取值范围为 $1\leqslant x\leqslant z/\sqrt{2}$，$y$ 的取值范围为 $x\leqslant y\leqslant 999$，$z$ 的取值范围为 $y<z\leqslant 1000$。使用三维穷举法来求解，程序如下：

```
clear；
R＝[]；          %用于保存所有的解
N＝1000；        %z 的最大取值
for x＝1：N/sqrt(2)
    for y＝x：N－1
```

```
        for z=(y+1): N
            if x^2+y^2==z^2
                R=[R; x, y, z];
            end
        end
    end
end
```

输出矩阵 R 的维数为 881×3，即对应 881 组解。

上述程序使用了三重 for 循环，且要求满足 $z=\sqrt{x^2+y^2}$。为了提高计算效率，可减少一重 for 循环。二维穷举法程序如下：

```
clear;
R=[];
N=1000;
for x=1: N/sqrt(2)
    for y=x: N−1
        z=sqrt(x^2+y^2);
        if ~rem(z, 1)&z<=N
            R=[R; x, y, z];
        end
    end
end
```

当 z 取整数时，rem(z, 1) 返回 0；否则返回一个非 0 值。二维穷举法比三维穷举法大大节省了运行时间，前者的计算时间约是后者的 12%。

例 7.4 设 a、b、c 均是 0 到 9 之间的数字，abc、bcc 是两个三位数，且有 $abc+bcc=532$，求满足条件的所有 a、b、c 的值。

解 由题意知 a 的取值范围为 1～5，b 的取值范围为 1～5，c 的取值为 1 或 6。使用三维穷举法，程序如下：

```
clear;
R=[];                          %用于保存所有的解
for a=1: 5
    for b=1: 5
        for c=[1, 6]
            n1=a*100+b*10+c;    %abc 的值
            n2=b*100+c*10+c;    %bcc 的值
            if n1+n2==532
                R=[R; a, b, c];
            end
        end
    end
end
```

输出的解只有一组，即 R=[3, 2, 1]。

例 7.5　求二元函数

$$z = f(x, y) = -20\exp\left(-0.2\sqrt{\frac{x^2+y^2}{2}}\right) - \exp(0.5\cos(2\pi x)) + 0.5\cos(2\pi y) + 20 + \text{e}$$

的所有极大值，其中 $x \in [-5, 5]$，$y \in [-5, 5]$。

解　函数 $f(x, y)$ 在其定义域内可能有多个极大值，因此基于梯度下降法的最优化方法难以求出所有极大值。为此可采用网格搜索方法，即先将 x 和 y 的取值区间离散化，得到网格化矩阵 $\boldsymbol{X}$ 和 $\boldsymbol{Y}$，再计算函数值矩阵 $\boldsymbol{Z} = f(\boldsymbol{X}, \boldsymbol{Y})$，最后根据矩阵 $\boldsymbol{Z}$ 求解所有极大值的近似值。对于 $\boldsymbol{Z}$ 的第 i 行第 j 列元素 z_{ij}，考虑以 z_{ij} 为中心的 3×3 维子矩阵：

$$\begin{bmatrix} z_{i-1, j-1} & z_{i-1, j} & z_{i-1, j+1} \\ z_{i, j-1} & z_{ij} & z_{i, j+1} \\ z_{i+1, j-1} & z_{i+1, j} & z_{i+1, j+1} \end{bmatrix}$$

若 z_{ij} 在上述 3 阶方阵中取值最大，则可将它作为一个近似的极大值。

在计算过程中，不考虑矩阵 $\boldsymbol{Z}$ 的边界，二维网格搜索程序如下：

```
clear;
R=[];                    %用于保存所有的极大值
N1=200;                  %将 x 的取值区间等间隔离散化，得到 N1 个分点
N2=200;                  %将 y 的取值区间等间隔离散化，得到 N2 个分点
x=linspace(-5, 5, N1);
y=linspace(-5, 5, N2);
[X, Y]=meshgrid(x, y);
Z=-20 * exp(-0.2 * sqrt((X.^2+Y.^2)/2))-exp(0.5 * cos(2 * pi * X)+0.5 * cos(2 *
pi * Y))+20+exp(1);
for i=2：N1-1           %不考虑 x 的边界
    for j=2：N2-1       %不考虑 y 的边界
        Temp=Z((i-1)：(i+1), (j-1)：(j+1));  %提取 3×3 的子矩阵
        if Z(i, j)==max(Temp(:))
            R=[R; X(i, j), Y(i, j), Z(i, j)];
        end
    end
end
```

输出矩阵 R 的维数为 106×3，即有 106 个近似的极大值。

再使用绘图命令进行可视化，程序如下：

```
mesh(X, Y, Z);
hold on;
scatter3(R(:, 1), R(:, 2), R(:, 3), 50, 'filled')
xlabel('x');ylabel('y');zlabel('f');
```

输出图形如图 7.1 所示。从该图可以看出：所求的极大值均在峰值附近。

在例 7.5 中，若取 N1=N2=500，则得到 100 个极大值；若取 N1= N2=1000，则得到 110 个极大值；若取 N1=N2=2000，则得到 104 个极大值。这说明网格划分的精细程度对极大值的数量影响不大。

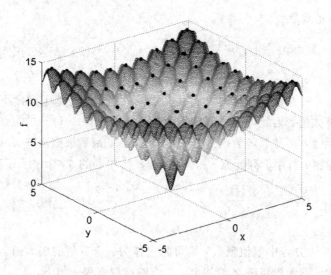

图 7.1 例 7.5 的极大值分布图

7.3 背包问题与指派问题的穷举法

例 7.6 （背包问题）有一最大承重为 200 kg 的背包。现有 8 件物品，其重量和价值如表 7.2 所示。

表 7.2 8 件物品的重量和价值

物品序号	1	2	3	4	5	6	7	8
重量/kg	40	55	20	65	30	40	45	35
价值/元	35	20	20	40	35	15	40	20

要将上述物品装进背包，要求不能超过背包的最大承重且使物品的价值最大，应该如何装包？

解 记第 i 件物品的重量为 m_i，价值为 c_i，$i=1,2,\cdots,8$。设将第 i 件物品装入背包的件数为 x_i，显然 x_i 的取值为 0 或 1。$x_i=0$ 意味着不装第 i 件物品，而 $x_i=1$ 表示装第 i 件物品。于是建立 0—1 整数线性规划模型为

$$\max \sum_{i=1}^{8} c_i x_i$$

$$\text{s. t.} \sum_{i=1}^{8} m_i x_i \leqslant 200$$

$$x_i \in \{0,1\}, \ i=1,2,\cdots,8$$

变量 x_i 有 2 种可能取值，下面使用穷举法求解上述最优化问题。穷举法共有 2^8 种组合，MATLAB 求解程序如下：

```
clear;
m=[40, 55, 20, 65, 30, 40, 45, 35];                    %重量
```

```
c=[35，20，20，40，35，15，40，20];              ％价值
X=[];                                        ％用于保存所有的可行解
Cost=[];                                      ％每个可行解对应的总价值
for x1=0：1
    for x2=0：1
        for x3=0：1
            for x4=0：1
                for x5=0：1
                    for x6=0：1
                        for x7=0：1
                            for x8=0：1
                                x=[x1，x2，x3，x4，x5，x6，x7，x8];
                                if sum(m.＊x)＜=200 ％是否满足重量约束
                                    X=[X；x];          ％保存满足重量约束的可行解
                                    Cost=[Cost；Sum(c.＊x)];
                                                     ％保存可行解对应的总价值
                                end
                            end
                        end
                    end
                end
            end
        end
    end
end
[Val，Pos]=max(Cost);                                 ％求价值向量的最大值
disp(['装包的物品序号为：'，num2str(find(X(Pos，：)))]);％Cost的最大值对应的物品序号
disp(['装包的物品的总价值为：'，num2str(Val)，'元。']);
```

输出结果如下：

装包的物品序号为：1 3 4 5 7

装包的物品的总价值为：170 元

例 7.7 (指派问题)设某单位有 4 个人，每个人都有能力完成 4 项任务中的任一项，由于 4 个人的能力和经验不同，所需要完成各项任务的时间如表 7.3 所示。每个项目只能由一个人去完成，而且每个人只能完成一个项目。问：如何分配 4 个人，使完成所有任务的总时间最少？

表 7.3　完成各项目的时间表

人员\项目	A	B	C	D
甲	2	15	13	4
乙	10	4	14	15
丙	9	14	16	13

丁	7	8	11	9

解 引入变量 $x_{ij} \in \{0, 1\}$，$x_{ij} = 1$ 表示第 i 个人去执行第 j 个项目，$x_{ij} = 0$ 表示第 i 个人不执行第 j 个项目。记 c_{ij} 表示第 i 个人去执行第 j 个项目所需要的时间，则建立最优化模型为

$$\min \quad z = \sum_{i=1}^{4} \sum_{j=1}^{4} c_{ij} x_{ij}$$

$$\text{s.t.} \quad \sum_{j=1}^{4} x_{ij} = 1, \qquad i = 1, 2, 3, 4$$

$$\sum_{i=1}^{4} x_{ij} = 1, \qquad j = 1, 2, 3, 4$$

$$x_{ij} \in \{0, 1\}, \qquad i, j = 1, 2, 3, 4$$

令 $\boldsymbol{X} = (x_{ij})_{4 \times 4}$，由最优化模型的约束知矩阵 $\boldsymbol{X}$ 的每行仅有一个元素为 1，其他元素均为 0，每列也仅有一个元素为 1，故矩阵 $\boldsymbol{X}$ 共有 4! = 24 种。穷举法的求解程序如下：

```
clear;
C=[2, 15, 13, 4;
   10, 4, 14, 15;
   9, 14, 16, 13;
   7, 8, 11, 9];              %时间矩阵
P=perms(1:4);                 %1~4 的所有排列构成的矩阵
z=zeros(size(P, 1), 1);       %初始化各种排列对应的目标函数
for i=1: size(P, 1)
    X=zeros(4);
    p=P(i, :);                %第 i 种排列
    for j=1:4
       X(p(j), j)=1;          %第 p(j) 个人去完成第 j 项任务
    end
    z(i)=sum(sum(X.*C));
end
[Val, Pos]=min(z);            %求 z 的最小值
p=P(Pos, :);
```

输出时间之和的最小值 Val=28，p=[3, 2, 4, 1]，即丙选第 1 个项目，乙选第 2 个项目，丁选第 3 个项目，甲选第 4 个项目。

练 习 题

1. 水仙花数是指一个 n 位正整数（$n \geqslant 3$），它的每位数字的 n 次方之和等于它本身，如，$153 = 1^3 + 5^3 + 3^3$，$9474 = 9^4 + 4^4 + 7^4 + 4^4$。分别编程求出三位数、四位数的所有水仙花数。

2. 求满足方程 $x + y + z = 10$ 的所有解，其中 x、y、z 为非负整数且满足 $x \leqslant 8$，$y \leqslant 6$，$z \leqslant 4$。

3. 三个素数之和为 199，求满足该条件的所有素数。

4. 非标准化的 sinc 函数为

$$y=\begin{cases} \dfrac{\sin x}{x} & x\neq 0 \\ 1 & x=0 \end{cases}$$

求此函数在 $[-10,10]$ 上的所有极大值点。提示：使用离散化方法搜索。

5. 三元 Ackley 函数为

$$f(x,y,z)=-20\exp\left(-0.2\sqrt{0.5(x^2+y^2+z^2)}\right)-\exp\left(\frac{1}{3}\left(\cos(2\pi x)+\cos(2\pi y)+\cos(2\pi z)\right)\right)+20+e$$

其中 $x\in[-5,5]$，$y\in[-5,5]$，$z\in[-5,5]$。使用网格搜索方法求函数的所有极大值点。

6. 使用数值方法求解非线性方程组：

$$\begin{cases} 2x_1-x_2=e^{-x_1} \\ -x_1+2x_2=e^{-x_2} \end{cases} \quad (x_1,x_2)\in[0,5]\times[0,5]$$

提示：将区域 $[0,5]\times[0,5]$ 网格离散化。对于给定的小的正数 ε，当 x_1、x_2 满足 $|2x_1-x_2-e^{-x_1}|<\varepsilon$ 和 $|-x_1+2x_2-e^{-x_2}|<\varepsilon$ 时，称 x_1、x_2 为方程组的近似解。

7. 在图 7.2 中，从上到下、从左到右可以构成一个算式。试在每个空格上分别填写数字 $1\sim9$，要求算式成立且数字之间不能重复。注：乘除级别优于加减。

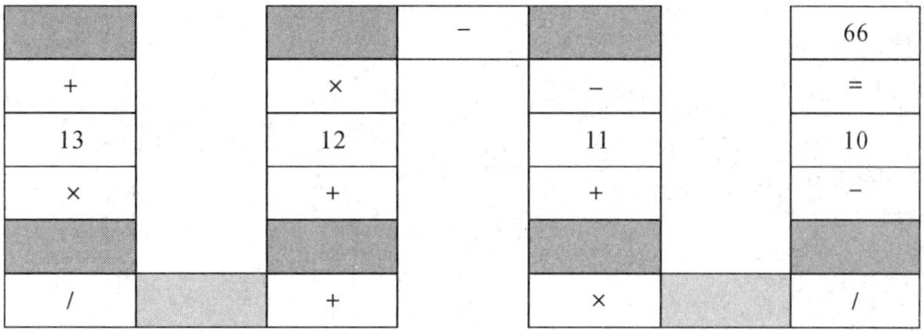

		−		66
+	×	−	=
13	12	11	10
×	+	+	
/		+	×	/

图 7.2 题 7 图

8. 在题 7 中补充两个空格，如图 7.3 所示。试在每个空格上填写数字 $1\sim9$，要求算式成立且数字之间可以重复。

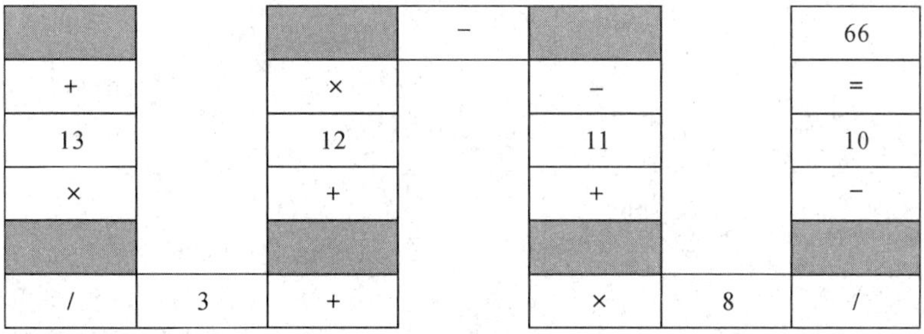

		−		66
+	×	−	=
13	12	11	10
×	+	+	−
/	3	+	×	8	/

图 7.3 题 8 图

9. 一个旅行者的背包最多只能装 15 kg 物品。现有 5 件物品，重量分别为 12 kg、2 kg、1 kg、4 kg、1 kg，价值分别为 4 元、2 元、1 元、10 元、2 元。问应携带哪些物品使携带物品的价值最大？

10. 有一份中文说明书，需翻译成英、日、德、俄、法五种语言。现有甲、乙、丙、丁、戊 5 个人，他们用各种语言翻译所用的时间如表 7.4 所示。问：如何指派任务使总完成时间最短？

表 7.4   题 10 表

人员\语言	英语	日语	德语	俄语	法语
甲	3	8	2	10	3
乙	8	7	2	9	7
丙	6	4	2	7	5
丁	8	4	2	3	5
戊	9	10	6	9	10

第 8 章　字符串输出的程序设计

在许多实际问题中，我们通常会考虑一些字符串数据的产生与输出。本章主要考虑数据的分组输出、九九乘法表的输出和算术题的随机生成 3 类问题。在这 3 类问题中，会用到如下命令：num2str（数值型转化为字符串型）、for 循环、if…else…end（条件判断语句）和 fprintf（将数据写入文本文件）。

8.1　数据的分组输出

数据的分组输出是指已知一组数据及对应的组别，按照组别统计不同数据出现的次数，并按照一定格式输出统计结果。

例 8.1　将数据 3，2，3，8，8，2，3 分成 3 组，对应的组别分别为 1，2，3，2，1，3，1，按如下形式输出数据统计结果：

1＝{2＝0，3＝2，8＝1}
2＝{2＝1，3＝0，8＝1}
3＝{2＝1，3＝1，8＝0}

对于输出结果的第 1 行，第一个数字"1"表示组别，大括号内等式右侧的数字表示左侧数据在第 1 组内出现的次数，如 2＝0 表示数据 2 在第一组数据中共出现 0 次。第 2、3 行与第 1 行的输出结果形式相似。试编写程序，实现前述输出结果。

解　输入数据共有 7 个，含有的数字分别是 2、3、8，这可以由命令 unique 统计实现：unique(x) 返回向量 x 中非重复的数据，并按从小到大顺序排列。

输入数据共分成 3 组，组别分别为 1、2、3。在组别为 1 的数据中，数字 2、3、8 出现的次数分别为 0、2、1，这一过程可以由 for 循环实现。又因为共有 3 组数据，所以整个程序可设计为二重 for 循环。在输出格式中，用字符串比用数值型数据表示更方便。

求解程序如下：

```
x＝[3，2，3，8，8，2，3]；                    %输入数据
ux＝unique(x)；                            %非重复的输入数据
group＝[1，2，3，2，1，3，1]；               %输入数据的组别
ugroup＝unique(group)；                    %非重复的组别
for i＝1：length(ugroup)                   %第 i 组
    xsub＝x(group＝＝ugroup(i))；           %将 x 中第 i 组中的数据赋值给 xsub
    fprintf([num2str(ugroup(i))，'＝{' ])； %输出部分字符串
    for j＝1：length(ux)                   %ux 中的第 j 个数字
        count＝sum(xsub＝＝ux(j))；         %计算 xsub 中第 j 个数字出现的次数
        if j＜length(ux)
            fprintf([ num2str(ux(j))，'＝'，num2str(count)，'，'])；%输出每个数字出现的次数
```

```
                else
                    fprintf([ num2str(ux(j)), '=', num2str(count) ]);
                end
            end
        fprintf('}');
        fprintf('\n');
    end
```

输出结果出现在命令窗口，其中 fprintf('\n') 表示换行。

8.2 九九乘法表的设计

在小学数学学习中，背诵九九乘法表是非常必要的。本节考虑用 MATLAB 产生该表。

例 8.2 设计九九乘法表，输出形式如下所示：

```
1×1=1
1×2=2  2×2=4
1×3=3  2×3=6   3×3=9
1×4=4  2×4=8   3×4=12  4×4=16
1×5=5  2×5=10  3×5=15  4×5=20  5×5=25
1×6=6  2×6=12  3×6=18  4×6=24  5×6=30  6×6=36
1×7=7  2×7=14  3×7=21  4×7=28  5×7=35  6×7=42  7×7=49
1×8=8  2×8=16  3×8=24  4×8=32  5×8=40  6×8=48  7×8=56  8×8=64
1×9=9  2×9=18  3×9=27  4×9=36  5×9=45  6×9=54  7×9=63  8×9=72  9×9=81
```

解 因为上述输出形式包括数字和符号，所以需要将它们统一转化为字符串。乘法表共有 9 行，最后一行共有 9 列乘式，故可以使用二重 for 循环来输出所有的结果。在程序设计中，乘号用小写英文字母"x"表示，不同的乘式之间用空格隔开。根据不同的显示形式，可设计两种程序。

（1）将九九乘法表在命令窗口中输出。由于乘积结果为 1 位数或 2 位数，可通过增加不同个数的空格(blanks)来对齐。程序如下：

```
    clear;
    for i=1: 9
        for j=1: i
            if i*j<=9                          %乘积为一位数
                fprintf([num2str(j), 'x', num2str(i), '=', num2str(i*j), blanks(4)]);
                                               %补充 4 个空格
            else                               %乘积为两位数
                fprintf([num2str(j), 'x', num2str(i), '=', num2str(i*j), blanks(2)]);
                                               %补充 2 个空格
            end
        end
        fprintf('\n');
    end
```

（2）使用元胞数组表示算式，并将其保存在 EXCEL 文件中。程序如下：

```
A＝cell(9)；
for i＝1：9
    for j＝1：i
        A{i, j}＝[num2str(j), 'x', num2str(i), '＝', num2str(i * j)]；
                %元胞数组 A 的第 i 行第 j 列元素
    end
end
xlswrite('九九乘法表.xls', A)；
```

其中命令 xlswrite 将数据 A 写入 EXCEL 文件，其使用格式可参见第 10 章。

第二种程序不需要考虑两个乘式之间的空格，也不需要对齐，且结果可保存到 EXCEL 文件"九九乘法表.xls"中。

8.3 算术题的随机生成

若干道算术题的随机生成包括加减法算术题和加减乘法算术题两类情形，其中参与运算的数均为不超过 99 的非负整数。

1. 加减法算术题

例 8.3 随机生成 50 道加减法算术题，要求如下：

（1）每个数的取值范围是 0～99 之间的整数；

（2）加法试题约占试题总数的 60%；

（3）当两个数相加时，它们的和不能超过 99；

（4）当两个数相减时，它们的差不能为负数；

（5）50 道算术题按 10 行 5 列整齐排列。

解 可从下面几个方面来分析问题：

（1）可用命令 randi 生成服从离散型均匀分布的伪随机整数，其调用格式为

```
R＝randi(Imax, m, n)；
```

输出的 R 为 m×n 维矩阵，且 R 每个元素的取值均是介于 1 到 Imax 之间的整数。为了随机生成两个 0～99 之间的整数，可使用命令 R＝randi(100, 2, 1)－1。

（2）在进行加法运算时，若两个整数之和超过 99，则需要重新生成两个整数，直到它们的和小于等于 99 为止。可使用 while 循环生成满足和小于等于 99 的两个整数。

（3）在进行减法运算时，若两个数之差为负，则交换这两个数的顺序。

（4）将所有算术题以字符串的形式保存到二维字符串矩阵中。

（5）由于生成的整数为 1 位数或 2 位数，所以要考虑格式的对齐。通常使用不同长度的空格（blanks）进行对齐。

MATLAB 程序如下：

```
clear；
A＝[]；                      %用于保存算式
%B＝cell(10, 5)；            %将算式保存到元胞数组中
N＝99；                      %0～99
```

```
rand('seed', 0);                        %初始化 rand 命令的 seed, 可删除此命令
for i=1: 10                             %第 i 行算式
    Temp=[];                            %用于存储整行算式
    for j=1: 5                          %第 i 行第 j 列算式
        if rand<=0.6, s='+'; else, s='-'; end %以一定概率随机生成加法或减法
        t=randi(N+1, 2, 1)-1;                  %随机生成两个 0~99 的整数
        flag=0;
        if s=='+' & t(1)+t(2)>N  %这种情形不符合要求, 需重新生成两个整数
            flag=1;
        end
        while flag
                t=randi(N+1, 2, 1)-1;
                if t(1)+t(2)<=N, flag=0; end %重新生成两个整数, 直到满足条件为止
        end
        if s=='-'&t(1)<t(2)       %避免小数减大数
            t=t([2, 1]);          %交换位置
        end
        %为了对齐, 个位数需补 1 个空格
        st1=num2str(t(1));st2=num2str(t(2));
        if length(st1)==1, st1=[st1, blanks(1)]; end
        if length(st2)==1, st2=[blanks(1), st2]; end
        Temp=[Temp, blanks(3), st1, s, st2, '='];
        %B{i, j}=[st1, s, st2, '='];
    end
    A=[A; Temp];
end
```

上述程序将生成的所有算术题保存到二维字符串矩阵 A 中; 同一行相邻的两个算式之间补充了 3 个空格(blanks(3)); 使用 flag 变量来标记加法运算时两数之和是否小于 100。执行程序后, 在变量空间(Workspace)中点击变量 A, 出现如下结果:

```
val=
    4+67=        93-38=        83+3=        0+38=        9+65=
    4+73=        65+7=         88-27=       23+27=       16+48=
    90-6=        51-50=        26+9=        50-7=        52+46=
    76-5=        82-12=        30+35=       26+41=       46+28=
    15+57=       53-3=         15+21=       13-9=        0+41=
    23+18=       15+68=        38+49=       55+14=       40-14=
    25+48=       19+31=        65-12=       80-24=       38+20=
    41+13=       16-9=         36+25=       34+45=       93-65=
    47+50=       81-75=        10+41=       1+88=        46+6=
    66-48=       91-19=        89-54=       21+44=       43+46=
```

若将程序中变量 B 前边的"%"删除, 则 50 道算术题也被保存到 10×5 维的元胞变量 B 中, 可以使用 xlswrite 命令将 B 保存到 EXCEL 文件中。

2. 加减乘法算术题

例 8.4　在 $10\sim99$ 之间的整数中，随机选取两个整数（可以重复）作加、减、乘运算，并生成 50 道算术题。计算结果可正可负，也可以超出 100。要求：加、减、乘运算出现的可能性相同。编写程序，输出 50 道算式，要求用 10 行来显示结果，每行有 5 道算术题。

解　问题分析与例 8.3 类似。由于加、减、乘运算出现的概率相同，可以将 $[0,1]$ 区间三等分为 $[0,1/3)$、$[1/3,2/3)$、$[2/3,1]$。这三个区间分别对应加法、减法、乘法，根据这三个区间和随机生成数 $t=\mathrm{rand}$ 的关系来确定选用哪种运算。

编写程序如下：

```
clear;
rand('seed', 0);
B=cell(10, 5);          %存储算式
a=randi(90, 10, 5)+9;
%生成 10×5 维的矩阵，对应算术题的第一个数，取值为 10~99 之间的整数
b=randi(90, 10, 5)+9;
%生成 10×5 维的矩阵，对应算术题的第二个数，取值为 10~99 之间的整数
for i=1:10
    for j=1:5
        t=rand;
        if t<1/3,
            s='+';
        elseif t<2/3
            s='-';
        else
            s='x';
        end
        fprintf([num2str(a(i, j)), s,   num2str(b(i, j)),   '=',   blanks(3)]);
            %输出算式
        B{i, j}=[num2str(a(i, j)), s,   num2str(b(i, j)),   '=',   blanks(3)];
            %保存算式
    end
    fprintf('\n');
end
```

输出结果为：

$29-24=$	$57\times54=$	$57+51=$	$39-66=$	$16-86=$
$14\times53=$	$70\times33=$	$18-94=$	$66\times76=$	$66-47=$
$71\times90=$	$10+18=$	$68+14=$	$78\times75=$	$89+85=$
$71+91=$	$44+95=$	$47+78=$	$99-99=$	$34+34=$
$94\times15=$	$16\times16=$	$73+79=$	$42+89=$	$49+47=$
$44\times91=$	$47-55=$	$91+84=$	$32\times30=$	$78-58=$
$56-55=$	$71-44=$	$78+21=$	$98-37=$	$52\times52=$
$84-56=$	$63\times34=$	$33-11=$	$75+41=$	$31\times35=$

13−38=	93+92=	14−71=	77+56=	34−26=
14−98=	86×57=	76+88=	68+63=	42+23=

也可以将元胞数组 B 写入到 EXCEL 文件中。

练 习 题

1. 输入一组数据：3，0，0，2，3，8，8，2，3，3，8，8，2，3；对应的组别为：1，5，2，2，3，2，1，3，1，5，5，2，2，3；

分组统计不同数据出现的次数并按如下形式输出：

1={0=0，2=0，3=2，8=1}

2={0=1，2=2，3=0，8=2}

3={0=0，2=1，3=2，8=0}

5={0=1，2=0，3=1，8=1}

2. 编程输出下列形式的九九乘法表：

1×1=1	1×2=2	1×3=3	1×4=4	1×5=5	1×6=6	1×7=7	1×8=8	1×9=9
	2×2=4	2×3=6	2×4=8	2×5=10	2×6=12	2×7=14	2×8=16	2×9=18
		3×3=9	3×4=12	3×5=15	3×6=18	3×7=21	3×8=24	3×9=27
			4×4=16	4×5=20	4×6=24	4×7=28	4×8=32	4×9=36
				5×5=25	5×6=30	5×7=35	5×8=40	5×9=45
					6×6=36	6×7=42	6×8=48	6×9=54
						7×7=49	7×8=56	7×9=63
							8×8=64	8×9=72

9×9=81

3. 在 1～20 之间的整数中随机生成 3 个整数(可重复)，对这 3 个数要求作加减法的运算，且加减法出现的可能性相同。同时要求这 3 个数运算之后的值介于 0～20 之间。根据上述要求，编写 MATLAB 程序来随机生成 30 道算术题，并按 10 行 3 列的方式排列，输出形式如下：

1+2+11=	8−2+9=	14−2−9=
16−6−1=	16−13+20=	6+8+4=
19+2−19=	20−7−10=	3+2+6=
5+4+7=	14−4−8=	3+4+7=
14−13+17=	8+5+1=	19−3+9=
2+4−2=	13+1+1=	17−15−2=
13+5−5=	6+4+1=	5+17−3=
4+17−4=	5−3+5=	12−5−7=
16−11+12=	15−3+4=	17+12−15=
2+8+6=	20−4−14=	6+13−11=

4. 编写程序，生成如下形式的杨辉三角：

```
                1
              1   1
            1   2   1
          1   3   3   1
        1   4   6   4   1
      1   5  10  10   5   1
    1   6  15  20  15   6   1
  1   7  21  35  35  21   7   1
1   8  28  56  70  56  28   8   1
```

　　提示：在上述三角中，先将同一行相邻的两个数中间补充 0，再将三角之外的其他位置补充 0，这样可产生 9×17 维的数值型矩阵 A。将 A 中取值为 0 的元素替换成 Inf，再转化为字符串型矩阵 B，并将 B 中的"I"、"n"、"f"分别用空格替换。

第9章 图像/视频的读写与处理

MATLAB 工具箱(Toolbox)中含有图像处理工具箱(images)，使用此工具箱可以读取与处理图像/视频。

9.1 图像的读取与显示

1. 图像的读取命令

在 MATLAB 中，可以使用 imread 命令读取常见类型的图像，使用格式如下：

  X＝imread(filename)；

其中 filename 为图像文件名(可包含路径，含扩展名)，且需要用一对单引号括起来。

对于灰度图像，得到的变量 X 是矩阵；对于 RGB 彩色图像，得到的 X 是 3 阶张量或阵列(矩阵的高阶推广)。变量 X 的类型一般是 uint8 型(无符号 8 字节整数)，其元素的取值是 0～255 之间的整数。当 X 为 uint8 型的矩阵时，"0"表示最黑颜色，"255"表示最白颜色，其他值介于最黑与最白之间。可以利用 Y＝double(X)把 X 转化成双精度型(double)的变量 Y；反之，使用 X＝uint8(Y)可将双精度型的 Y 转化为 uint8 型。

注意：uint8(Y)得到的元素取值一定是介于 0～255 之间的整数，当 Y 的某元素大于 255 时，转换后的值为 255；当 Y 的某元素小于 0 时，转换后的值为 0。

例 9.1 MATLAB 图像处理工具箱中含有图像 onion，扩展名为 png。试读取该图像。

解 MATLAB 工具箱所在的路径一般都是有效路径。因此，在读取图像时，不必更改路径，也不需要在文件名称前添加路径。读取 onion 图像的命令如下：

  X＝imread('onion. png')；

  Y＝double(X)；

  whos X Y

第三行显示变量 X 和 Y 的类型及属性，输出结果为：

Name	Size	Bytes	Class	Attributes
X	135x198x3	80190	uint8	
Y	135x198x3	641520	double	

可以看出变量 X 和 Y 的维数均为 $135 \times 198 \times 3$，X 的类型为 uint8，Y 的类型为 double，"onion. png"为 RGB 彩色图像。

命令 Y＝double(X)将 uint8 型的 X 转化为 double 型的 Y，其目的是为了便于进行正常的四则运算。而对 uint8 型的数据进行四则运算时，得到的结果未必是我们期望的。例如，若 150 和 250 是两个 uint8 型的数值，则 150＋250、150－250 的结果分别为 255、0。

例 9.2 读取 MATLAB 图像处理工具箱中的 coins 图像，扩展名为 png。

解 读取 coins 图像的命令如下：

X＝imread('coins. png')；

Y＝double(X)；

whos X Y；

输出结果为：

Name	Size	Bytes	Class	Attributes
X	246x300	73800	uint8	
Y	246x300	590400	double	

得到的矩阵 X 和 Y 的维数均为 246×300，"coins. png"为灰度图像。

在使用 imread 命令读取图像时，若图像所在的路径不是 MATLAB 的有效路径，则需要将图像文件所在的路径添加上。例如，若图像"DSC.jpg"所在的路径为"E：\数学实验"，则读取该图像的命令为

X＝imread('E：\数学实验\DSC.jpg')；

此处"jpg"也是图像的扩展名。

2. 图像的显示命令

1）imshow

常用的图像显示命令是 imshow，其调用格式主要有两种：

imshow(filename)，imshow(X)

其中第一种格式的"filename"为已存在的图像文件名（含扩展名），第二种格式的 X 为 m×n 的矩阵或 m×n×3 的张量，类型通常为 uint8 型（0～255 之间的整数）或 double 型（[0，1] 区间上的实数）。当"filename"的位置不属于 MATLAB 的有效路径时，它还要包含路径。

例 9.3 对于"onion. png"图像，完成下列任务：

（1）显示 onion. png 图像；

（2）用 MATLAB 读取该图像的数据，并用 imshow 显示；

（3）提取 R 信道（red）的矩阵，并用 imshow 显示。

解 程序如下：

（1）imshow('onion. png')；

（2）X＝imread('onion. png')；

imshow(X)；

（3）X1＝X(：,：,1)；

imshow(X1)；

问题（1）或（2）的图像显示如图 9.1 所示，问题（3）的图像见图 9.2。

图 9.1 onion. png 图像　　　图 9.2 onion. png 的 R 信道对应的灰度图像

注意：上述 X1 为 uint8 型，若令 Y1＝double(X1)，则 imshow(Y1)不能得到预期的图像。此时，需要将图像显示命令修改为 imshow(uint8(Y1))或者 imshow(Y1/255)。

例 9.4 对 MATLAB 图像处理工具箱中的"pears. png"图像,分别作如下处理:

(1) 将图像的长度和宽度分别压缩(近似)一半;

(2) 将图像分割成大小大致相同的 9 块(3 行 3 列)。

解 (1) 设 RGB 彩色图像的大小为 r×c×3,可通过选取奇数行、奇数列的方式将图像的尺寸缩小。程序如下:

```
X=imread('pears. png');
[r, c, p]=size(X);    %r=486, c=732, p=3
X1=X(1:2:r, 1:2:c, :);    %也可以选取偶数行、偶数列,即 X1=X(2:2:r, 2:2:c, :);
imshow(X1);
```

图像显示结果如图 9.3 所示。

(2) 将图像分割成 9 块,这一任务可以通过将图像的行、列分别大致 3 等分来实现。subplot 命令可以将图形窗口分割成 m×n 个子图,创建第 k 个子图的命令为 subplot(m, n, k) 或 subplot(mnk),k=1, 2, …, mn。在 subplot 的第二种格式中,m、n 和 k 的取值均不能超过 9。程序如下:

```
for i=1:3
    for j=1:3
        XT=X(floor([(i−1)*r+3]/3):(i*r/3),floor([(j−1)*c+3]/3):(j*c/3), :);
        %行的取值范围为 1+(i−1)*r/3 ～ i*r/3;列的取值范围为 1+(j−1)*c/3 ～ j*c/3
        subplot(3, 3, j+(i−1)*3);
        imshow(XT);
    end
end
```

结果如图 9.4 所示。

图 9.3 pears. png 图像

图 9.4 pears. png 的分割

2) imagesc

另一种图像显示的命令为 imagesc,它按比例尺度显示图像,调用格式为

```
imagesc(X);
```

当 X 为 m×n×3 的 uint8 型的张量时,显示 RGB 彩色图像;当 X 为 m×n 的矩阵(uint8 型或 double 型)时,显示伪彩色图像。对于伪彩色图像,可以使用命令 colormap(gray) 将其转化为灰度图像。

例 9.5 读取 MATLAB 图像处理工具箱中的"kids. tif"图像,分别输出伪彩色图像和对应的灰度图像。

解　程序如下：

X＝imread('kids.tif')；

（1）imagesc(X)；axis off；colormap(jet)；

（2）imagesc(X)；axis off；colormap(gray)；

其中 jet 是 hsv 色彩映射的一种变体。图 9.5 和图 9.6 分别给出了伪彩色图像和对应的灰度图像。

图 9.5　kids.tif 的伪彩色图像　　　　图 9.6　kids.tif 的灰度图像

例 9.6　随机产生 500×500 的、分别服从标准正态分布和(0,1)区间均匀分布的随机矩阵，并将其可视化。

解

（1）X＝randn(500)；　　　％服从标准正态分布的随机矩阵

　　imagesc(X)；

　　axis off equal；　　　％axis off：不显示坐标轴，axis equal：x、y 坐标轴等尺度

（2）Y＝rand(500)；　　　％服从(0,1)区间均匀分布的随机矩阵

　　imagesc(Y)；

　　axis off equal；

上述两个图像分别见图 9.7 和图 9.8。

图 9.7　标准正态分布的图像　　　　图 9.8　均匀分布的图像

9.2　嫦娥三号着陆位置的确定

例 9.7 取材于 2014 年全国大学生数学建模竞赛 A 题：嫦娥三号软着陆轨道设计与控制策略。

例 9.7 嫦娥三号计划在月球表面着陆，为此在距离月面 2.4 km 处对正下方月面 2300 m×2300 m 的范围进行拍照，获得的数字高程图见赛题的附件 3（名称为"附件 3 距 2400 m 处的数字高程图.tif"），试确定着陆位置。

注： 该高程图的水平分辨率是 1m/像素，数值单位是 m。

解 着陆地点应选在较为平坦的月面，且避免大坑。按如下五步进行讨论。

（1）读取图像。先使用 cd 命令更改路径，再用 imread 读取图像，命令如下：

```
clear；
cd E：\数学实验\cumcm2014problems\A；    %更改图像所在的路径
A＝imread('附件 3 距 2400m 处的数字高程图.tif')；
```

（2）显示图像及高程图，命令如下：

```
figure(1)；
imshow(A)；            %显示二维高程图
A＝double(A)；
figure(2)；
mesh(A)；              %网格曲线，即三维高程图
colormap(gray)；
colorbar；             %插入颜色条
```

结果分别如图 9.9、图 9.10 所示。

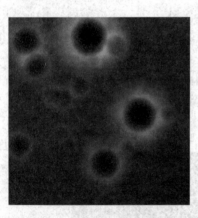

图 9.9　二维数字高程图

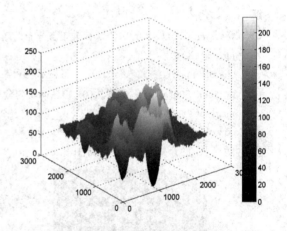

图 9.10　三维数字高程图

（3）图像去噪。原始图像矩阵 $\boldsymbol{A}=(a_{ij})_{m \times n}$ 存在一定的噪声，因此可先对图像进行降噪处理，这里使用二维自适应维纳滤波方法。记 Ω_{ij} 为 a_{ij} 的 $N \times M$ 局部近邻（默认 $N=3$，$M=3$），计算该区域内元素的均值和方差：

$$\mu_{ij}=\frac{1}{NM}\sum_{(k, l)\in\Omega_{ij}}a_{kl}，\quad \sigma_{ij}^2=\frac{1}{NM}\sum_{(k, l)\in\Omega_{ij}}a_{kl}^2-\mu_{ij}^2$$

接着计算降噪后的值

$$b_{ij}=\mu_{ij}+\frac{\sigma_{ij}^2-\nu^2}{\sigma_{ij}^2}(a_{ij}-\mu_{ij})$$

其中 ν^2 是噪声方差。当 ν^2 没有给定时，取所有局部估计方差的均值。MATLAB 的二维维纳滤波命令为

```
        B＝wiener2(A);
```

（4）计算去噪后矩阵 B 的梯度及范数，命令如下：

```
        [GX, GY]＝gradient(B);
        Norm_G＝sqrt(GX.^2＋GY.^2);        ％梯度向量对应的范数
```

其中 GX、GY 与矩阵 B 同型，分别是 B 关于 x 和 y 的离散化梯度矩阵。

（5）网格搜索 5×5 的局部区域，使其梯度范数的和最小，即得到最平坦的区域。求解程序如下：

```
        K＝2;                              ％(2K+1)×(2K+1)的网格
        R＝[];                            ％用于存储各个小区域的中心及梯度范数
        [m, n]＝size(Norm_G); ％ m＝2300, n＝2300
        for i＝K+1, m−K
            for j＝ K+1, n−K
              temp＝Norm_G(i−K, i+K, j−K, j+K);
              t＝sum(temp(, ));
              R＝[R; i, j, t];
            end
        end
        [val, pos]＝min(R(, ,3));
        R0＝R(pos, );
```

输出的 3 维向量 R0 即为最优的着陆点及梯度范数之和的最小值。

9.3　基于矩阵奇异值分解的图像压缩

矩阵奇异值分解（Singular Value Decomposition，SVD）可用于特征提取和维数约简，见如下定理：

定理　若矩阵 $A \in \Re^{m \times n}$ 的秩为 r，则它的瘦（thin）奇异值分解为

$$A = US V^{\mathrm{T}}$$

其中：$U \in \Re^{m \times r}$，$V \in \Re^{n \times r}$，且满足 $U^{\mathrm{T}}U$ 和 $V^{\mathrm{T}}V$ 均为 r 阶单位矩阵；对角矩阵 $S = \mathrm{diag}(\sigma_1, \sigma_2, \cdots, \sigma_r)$，且其对角线元素满足 $\sigma_1 \geqslant \sigma_2 \geqslant \cdots \geqslant \sigma_r > 0$。

记 $U = (u_1, u_2, \cdots, u_r)$，$V = (v_1, v_2, \cdots, v_r)$，则矩阵 A 可重新表示为

$$A = \sum_{i=1}^{r} \sigma_i u_i v_i^{\mathrm{T}}$$

其中 u_i 和 v_i 分别为 A 的第 i 大奇异值 σ_i 对应的左、右奇异向量。易知矩阵 A 在 Frobenius 范数意义下的最优秩 $r_0 (<r)$ 逼近为 $A_{r_0} = \sum_{i=1}^{r_0} \sigma_i u_i v_i^{\mathrm{T}}$，且满足 $\| A - A_{r_0} \|_F^2 = \sum_{i=r_0+1}^{r} \sigma_i^2$，其中 $\| \cdot \|_F$ 表示矩阵的 Frobenius 范数。

矩阵 A 的元素总个数为 mn，存储 U、S、V 的元素总个数为 $(m+n+1)r$，于是奇异值分解方法得到的压缩率为 $\dfrac{mn}{(m+n+1)r}$。当 $r \ll \min(m, n)$ 时，压缩率远大于 1，即数据矩阵 A 得到了高效地压缩。

在 MATLAB 中，求矩阵奇异值分解的命令为 svd，调用格式为

$$[U, S, V] = svd(X);$$

其中 S 为对角矩阵(未必是方阵),它的对角线元素为 X 的奇异值(按大小顺序排列)。

例 9.8 将 MATLAB 图像处理工具箱中的"saturn. png"图像(大小为 $1500×1200×3$)转化为灰度图像,使用奇异值分解进行压缩,并计算相应的压缩率。此处分别取 $r_0 = 15$ 和 30。

解 将 RGB 彩色图像转化为灰度图像的命令为 rgb2gray,MATLAB 程序如下:

(1) 读取图像,并转化为双精度型的矩阵,命令如下:

```
clear;
A=imread('saturn. png');
B=double(rgb2gray(A));
```

(2) 进行奇异值分解,命令如下:

```
[m, n]=size(B);
[U, S, V]=svd(B);
```

(3) 计算低秩重构矩阵,并绘出图像,命令如下:

```
r=[15, 30];
B1=U(:,1:r(1)) * S(1:r(1), 1:r(1)) * V(:,1:r(1))';
B2=U(:,1:r(2)) * S(1:r(2), 1:r(2)) * V(:,1:r(2))';
subplot(1, 2, 1);
imshow(B1/255);
title(['(a) r_0=', num2str(r(1))]);
subplot(1, 2, 2);
imshow(B2/255);
title(['(b) r_0=', num2str(r(2))]);
```

得到的图像如图 9.11 所示。

(4) 计算压缩率,命令如下:

```
c=m * n. /(m * r+n * r+r);
```

压缩率的值分别为 44.4 和 22.2。

(a) $r_0=15$ (b) $r_0=30$

图 9.11 奇异值分解的图像压缩对比

9.4　视频的读写

视频是由若干帧图像组成的。对于视频文件 filename，MATLAB 可构建与之相关的多媒体读取格式：

  Obj＝VideoReader(filename)；

其中，变量 Obj 的类型为 VideoReader。文件 filename 的一些属性保存在变量 Obj 中，例如，Obj. Height 和 Obj. Width 分别为每帧图像的高和宽，Obj. FrameRate 为视频每秒播放的帧数，Obj. NumberOfFrames 为视频包含图像的帧数。

命令 read 用于读取视频文件，使用格式为

  video＝read(Obj)；

对于 RGB 彩色视频，得到的 video 是 4D 数组，大小为 Obj. Height×Obj. Width×3×Obj. NumberOfFrames，数据类型一般为 uint8 型。

在视频写入时，先使用 VideoWriter 命令创建视频写入目标：

  Obj＝VideoWriter(filename)；

再用 open 命令打开所创建的目标 open(Obj)，接着使用 writeVideo 命令将当前图像(frame)写入视频：

  writeVideo(Obj,Frame)；

最后关闭视频 close(Obj)。

例 9.9　MATLAB 图像处理工具箱中包含视频文件"rhinos. avi"，其中 avi 为视频的类型。完成下列实验：

(1) 读取该视频，得到 4D 数组；

(2) 由读取的每帧图像来演示视频；

(3) 将演示的视频保存，名称为"rhinos2. avi"。

解　程序如下：

(1)
```
clear; close all;
A＝VideoReader('rhinos. avi');     %读取视频文件
B＝read(A);                       %从 A 中读取数据，B 为 4D 数组
disp(size(B));
```

输出 B 的维数为 240×320×3×114，即视频"rhinos. avi"由 114 帧图像组成。

(2)
```
N_Frames＝A. NumberOfFrames;    %视频帧数：114
Height＝A. Height;             %视频高度：240
Width＝A. Width;              %视频宽度：320
mov(1:N_Frames)＝struct('cdata', zeros(Height, Width, 3, 'uint8'), 'colormap', []);
%初始化结构型变量 mov，用于存储视频
for i ＝ 1 : N_Frames
    mov(i). cdata ＝ B(:,:,:,i);    %对 mov 的域名 cdata 进行赋值
end
h＝ figure;
set(h, 'position', [150, 150, Width, Height]);
```

```
    movie(h, mov);                              %播放录制的视频
    (3) writerObj = VideoWriter('rhinos2. avi');   %创建目标，用于写入视频
    writerObj. FrameRate = A. FrameRate;           %对视频帧数进行赋值
    open(writerObj);                               %打开文件
    for i=1: N_Frames
        imshow(B(:,:,:,;,i));                      %显示图像
        frame=getframe;                            %获取当前图像
        writeVideo(writerObj,frame);               %将获取的图像写入到 writerObj 中
    end
    close(writerObj);                              %关闭文件
```

在(2)中，将"position"设置为 [150，150，Width，Height]，即图像的宽度和高度分别设置为 Width 和 Height，[150，150]表示显示器的起始像素坐标，分别表示左(left)和下(bottom)，左下角为[0，0]。在(3)中创建了视频文件"rhinos2. avi"，并将其保存到当前的文件夹下。

例 9.10　对单位圆 $x^2+y^2=1$ 作 n 条直径，其中第 i 条直径与 x 轴正向夹角为 $\alpha_i=(i-1)\pi/n$，$i=1, 2, \cdots, n$。对于第 i 条直径，选某点在该直径上做简谐振动，其运动方程为

$$\begin{cases} x_i(t)=\cos\left[\dfrac{(i-1)\pi}{n}\right]\sin\left[t+\dfrac{(i-1)\pi}{n}\right] \\ y_i(t)=\sin\left[\dfrac{(i-1)\pi}{n}\right]\sin\left[t+\dfrac{(i-1)\pi}{n}\right] \end{cases}$$

其中 $t\in[0, 2\pi]$ 为时间变量。将 n 个点的运动轨迹制作成视频，名称为"Ex910. avi"。

解　在绘图时，需要先绘制圆域和 n 条直径。圆的参数方程为

$$\begin{cases} x=\cos\theta \\ y=\sin\theta \end{cases} \quad \theta\in[0, 2\pi]$$

将参数 θ 等间隔离散化，得到 k_1 个分点。使用 fill 命令来填充圆域对应的多边形(k_1 条边，即单位圆的近似)，并用 plot 命令绘制直径。将时间 $t\in[0, 2\pi]$ 进行等分，得到 k_2 个分点，即视频帧数为 k_2。

在实验中取 $n=8$，$k_1=200$，$k_2=500$，每秒播放的帧数为 15。制作视频的程序如下：

```
clear; close all;
n=8;
k1=200;
k2=500;
theta=linspace(0, 2 * pi,k1);
xt=cos(theta);                      %单位圆上离散点的 x 坐标分量
yt=sin(theta);                      %单位圆上离散点的 y 坐标分量
writerObj = VideoWriter('Ex910. avi');   %创建空的待写入的视频文件
writerObj. FrameRate = 15;          %设置视频每秒的帧数
open(writerObj);                    %打开视频文件
for t=linspace(0, 2 * pi,k2);       %将时间离散化
    fill(xt, yt, 'r');              %将多边形(单位圆的近似)填充为红色
    axis equal off;
    hold on;
```

```
for i=1: n
        plot([cos((i−1) * pi/n), −cos((i−1) * pi/n)], ...
              [sin((i−1) * pi/n), −sin((i−1) * pi/n)], ′k−′, ′LineWidth′, 2);
        %绘制 n 条直径
end
x=cos([0: n−1] * pi/n). * sin(t+[0: n−1] * pi/n);
        %给定时间 t，n 条直径上点的 x 坐标分量
y=sin([0: n−1] * pi/n). * sin(t+[0: n−1] * pi/n);
        %给定时间 t，n 条直径上点的 y 坐标分量
scatter(x, y, 100, [1: n], ′filled′, ′MarkerEdgeColor′, ′g′);  %t 时刻，n 个点的散点图
hold off;                           %关闭图形保持功能
frame=getframe;                     %获取当前图像
writeVideo(writerObj, Frame);       %将获取图像写入 writerObj 中
end
close(writerObj);                   %关闭 writerObj
```

在上述程序中，使用 scatter 命令绘制 n 个点的散点图，并将每次绘制的图形以图像形式保存到 frame 变量中。图 9.12 给出了 $t=1.5739$ 时的图形。视频文件"Ex910.avi"保存在当前文件夹中。

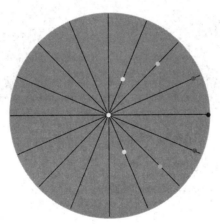

图 9.12　$t=1.5739$ 时的图形

练　习　题

1. 执行下列命令：
```
X=imread(′onion. png′);
Y=X;
Y(:,:,[1, 3])=0;
imshow(Y);
```
输出的图像有什么特点？

2. 使用 MATLAB 图像处理工具箱的图像"cameraman. tif"，完成下列任务：

(1) 添加均值为 0、标准差为 10 的高斯噪声；

（2）将图像分成大小相同的四块（2 行 2 列）；

（3）对分割的每个子块，使用奇异值分解进行压缩，并将压缩后的 4 个子块组合成大的图像，此处取秩 $r_0 = 15$。

3. 读取 MATLAB 图像处理工具箱中的视频"xylophone.mpg"（其中"mpg"为视频类型），再由所读取的图像重新构建视频。

4. 在 subplot 绘图中，子图之间的间距可能不满足要求。下面创建了一个替代函数 tight_subplot。在 tight_subplot 函数中，共有 5 个输入变量，即子图的行数 Nh、子图的列数 Nw、子图之间高度和宽度的间隔 gap（标量或二维向量）、图的上下间隔 marg_h（标量或二维向量）、图的左右间隔 marg_w（标量或二维向量），后 3 个输入变量的示意图如图 9.13 所示。输出变量 ha 表示所创建的 Nh×Nw 个图形的句柄。

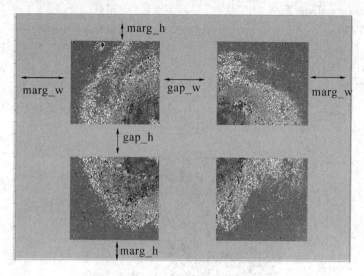

图 9.13　后 3 个输入变量的示意图

tight_subplot 函数的程序如下：

```
function ha = tight_subplot(Nh, Nw, gap, marg_h, marg_w)
if nargin<3; gap =0.02; end
if nargin<4 | isempty(marg_h); marg_h =0.05; end
if nargin<5; marg_w =0.05; end
if numel(gap)==1;                        %命令 numel 用于确定变量的元素个数
    gap = [gap, gap];                    %若 gap 为标量，则将其更新为二维向量
end
if numel(marg_w)==1;
    marg_w = [marg_w, marg_w];
end
if numel(marg_h)==1;
    marg_h = [marg_h, marg_h];
end
axh = (1−sum(marg_h)−(Nh−1) * gap(1))/Nh;    %计算每个子图的高度
axw = (1−sum(marg_w)−(Nw−1) * gap(2))/Nw;    %计算每个子图的宽度
```

```
        py = 1−marg_h(2)−axh;                          %第1行子图左下角 y 的坐标
        ha= zeros(Nh * Nw, 1);
        ii = 0;
        for ih = 1:Nh
            px = marg_w(1);                   %第1列子图左下角 x 的坐标
            for ix = 1:Nw
                ii = ii+1;
                ha(ii) = axes('Units', 'normalized', 'Position', [px, py, axw, axh], ...
                    'XTickLabel', '', 'YTickLabel', '');
                        %x 刻度值(XTickLabel)为空('')
                px = px+axw+gap(2);
                    %更新第(ih , ix)个子图左下角 x 的坐标
            end
            py = py−axh−gap(1);               %更新第 ih 行子图左下角 y 的坐标
        end                          %函数结束
```

（1）了解 tight_subplot 函数。

（2）掌握下列应用实例：

```
        x=linspace(0, 8);
        y1=sin(x);
        y2=cos(x);
        y3=sin(x+eps)./(x+eps);
        y4=sin(x+eps).^2./(x+eps).^2;
        ha = tight_subplot(2, 2, [0.05, 0.05], [0.05, 0.05], [0.05, 0.05]);
        axes(ha(1));
        plot(x, y1);
        axes(ha(2));
        plot(x, y2);
        axes(ha(3));
        plot(x, y3);
        axes(ha(4));
        plot(x, y4);
```

第 10 章   文件的读写与数据处理

MATLAB 不但可以保存（save）和加载（load）扩展名为"mat"的 MATLAB 数据格式，而且能读取或写入其他类型的数据或文件。

10.1   记事本文件的读写

1. load 命令

若在记事本文件（扩展名为 txt）中存储数值型矩阵，可以使用 load 命令加载数据。

例 10.1   新建记事本，输入两行数据：

  1 10 1000

  2 20 2000

然后保存该记事本，名称为"shuju"，如图 10.1 所示。试在 MATLAB 中载入该数组（矩阵）。

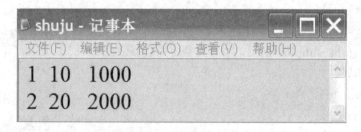

图 10.1   含数组的记事本文件

解   不妨设记事本文件"shuju. txt"所在的路径为 E：\数学实验，在 MATLAB 命令窗口中输入：

  A＝load('E：\数学实验\shuju. txt')；

则输出 2×3 维矩阵 A，其类型为 double。

2. textread 命令

若记事本文件包含字符串，则一般不能直接使用 load 命令加载数据，可以使用 textread 命令读取记事本文件，格式为

  [A1，A2，…，AM] ＝ textread(filename，Format，N)；

其中："filename"为记事本文件名（含扩展名，可包含路径），需用一对单引号括起来；"format"为数据输出格式；N 为数据待读取的行数，当 N 超过实际行数时，以实际行数为准；输出 M 个变量，M 为记事本数据的列数。命令 format 确定输出变量的数量和类型，第 i 个输出变量 Ai 对应记事本数据的第 i 列。

注意：textread 也可以读取扩展名为 dat、csv 和 m 格式的文件。

例 10.2 建立如图 10.2 所示的记事本文件，名称为"shuju2"，并求下列问题：

(1) 在 MATLAB 中读取该文件中的数据；

(2) 计算年龄之和；

(3) 输出男生的所有信息。

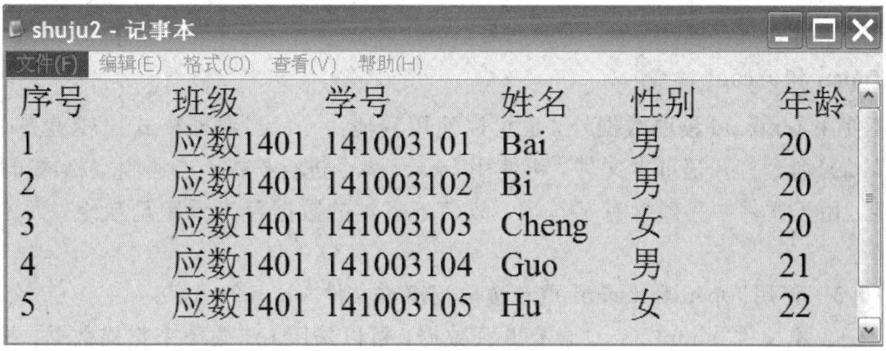

序号	班级	学号	姓名	性别	年龄
1	应数1401	141003101	Bai	男	20
2	应数1401	141003102	Bi	男	20
3	应数1401	141003103	Cheng	女	20
4	应数1401	141003104	Guo	男	21
5	应数1401	141003105	Hu	女	22

图 10.2　含字符串的记事本文件

解 (1) 记事本文件"shuju2.txt"共有 6 行 6 列，假定所在的路径为 E:\数学实验，数据读取命令为：

[A1，A2，A3，A4，A5，A6]=textread('E:\数学实验\shuju2.txt','%s %s %s %s %s %s',6)；

A=[A1，A2，A3，A4，A5，A6]；

其中 A1，…，A6 均为 6×1 的元胞型数组；"%s"表示读取空格或分隔符分隔的字符串。将 A1，…，A6 组成新的 6×6 的元胞型数组 A。若记事本的某列全为数值型的，可以将"%s"替换成"%f"(浮点值)或"%d"(含符号的整数)。

(2) 计算年龄时，需要从 A 的第二行开始算起，并将字符型转化为数值型(str2num)。求解程序为：

```
M=6;                    %数据总行数
age=zeros(M-1,1);
for i=2:M
    age(i-1)=str2num(A6{i});    %A6 代表年龄
end
sa=sum(age);
```

输出的年龄之和 sa=103。当然也可以使用如下命令：

```
sa=sum(str2num(strvcat(A6{2:M})));
```

此处的 strvcat 命令将(M-1)×1 的元胞数组纵向连接成具有(M-1)行的字符串矩阵。

(3) 使用 if 语句判断是否为男性，使用 for 循环来输出所有男性的信息，程序如下：

```
N=6;  %列数
for i=2:M
  if A{i,5}=='男'
    for j=1:N
        fprintf([A{i,j},blanks(3)]);
    end
    fprintf('\n');
```

```
        end
    end
```

则输出内容如下：

```
1  应数 1401    141003101    Bai    男    20
2  应数 1401    141003102    Bi     男    20
4  应数 1401    141003104    Guo    男    21
```

3. fopen 和 fscanf 命令

除了使用 textread 读取数据外，也可以使用其他命令。当数据格式比较整齐时，可以先使用 fopen 命令打开记事本文件，再使用 fscanf 命令进行扫描，当遇到空格或分隔符时，扫描结束。由于文件中一般含有字符串，故将记事本的数据存为元胞型数组，而不是双精度型矩阵。

例 10.3 使用 fopen 和 fscanf 重新读取记事本文件"shuju2.txt"。

解 记事本文件"shuju2.txt"含有 6 列数据，可以采用 for 循环来扫描数据。按照数据的行数是否已知，可设计两种程序。

（1）若已知数据的行数 M＝6，则 MATLAB 读取命令如下：

```
clear；
M＝6；N＝6；                          %数据有 M 行、N 列
fid＝fopen('E：\数学实验\shuju2.txt')；   %打开记事本文件
A＝cell(M，N)；                        %用于存储记事本中的数据
for i＝1：M
    for j＝1：N
        A{i，j}＝fscanf(fid，'%s/n')；   %注意：是"/n"，"不是\n"
    end
end
```

命令 fopen 的输出值 fid 为一个整数，用于标识所有后续低级文件的 I/O 操作。在 fscanf 命令中，"s%"表示输出类型为字符串。

（2）当记事本文件的数据行数未知时，可以使用下列程序：

```
N＝6；
fid＝fopen('E：\数学实验\shuju2.txt')；
A＝cell(1，N)；
flag＝1；i＝1；
while flag
    for j＝1：N
        A{i，j}＝fscanf(fid，'%s/n')；
    end
    if  isempty(A{i，1})   %判断 A{i，1}是否为空，若为空，则结束循环
        flag＝0；
    end
    i＝i＋1；
end
A(end，：)＝[]；
```

最后一行表示删除空白行。

4. fopen 和 fprintf 命令

在 MATLAB 中，可以通过 fopen 和 fprintf 命令建立记事本文件，并写入数据。

例 10.4 新建名称为 class 的记事本文件，其内容如下：

序号 班级 学号 姓名 性别 年龄

1 应数 1401 141003101 Bai 男 20

2 应数 1401 141003102 Bi 男 20

解 程序如下：

```
clear;

fid = fopen('E：\数学实验\class. txt', 'wt');                          %打开文件

Sn='序号'; class='班级'; Id='学号'; name='姓名'; gender='性别'; age='年龄';

fprintf(fid, '%s %s %s %s %s %s\n', Sn, class, Id, name, gender, age);

     %将 Sn, class 等变量写入文件，第一行数据

Sn1=1; class='应数 1401'; Id1=141003101; name='Bai '; gender='男'; age=20;

fprintf(fid, '%d   %s %d %s%s%u\n', Sn1, class, Id1, name, gender, age); %第二行数据

Sn2=2; class='应数 1401'; Id2=141003102; name='Bi '; gender='男'; age=20;

fprintf(fid, '%d   %s %d %s%s %d\n', Sn2, class, Id2, name, gender, age); %第三行数据

fclose(fid) ;                                            %关闭文件
```

其中 fopen 命令中的"wt"表示数据写入；fprintf 命令中的"u%"表示写入数值型
变量。

10.2 EXCEL 文件的读写

EXCEL 文件是数据存储的常用格式，MATLAB 可以读取和写入 EXCEL 文件。读取
EXCEL 文件的命令为 xlsread，三种常用的格式如下：

[NUM，TXT，RAW]=xlsread(filename, sheet);

[NUM，TXT，RAW]=xlsread(filename, sheet, range);

[NUM，TXT，RAW]=xlsread(filename, range);

其中："filename"为 EXCEL 文件名(扩展名为 xls 或 xlsx，可包含路径)；"sheet"表示工作
表名称；"range"表示待读取工作表的矩形区域；输出变量 NUM 为二维数组，不包括标题
行，可将文本数据转化为 NaN；TXT 表示工作表文本数据对应的元胞数组；RAW 表示工
作表中原始数据构成的元胞数组，可包含数值型和文本型。

例 10.5 路径"E：\数学实验"下有一个 EXCEL 文件"ShaanxiHospitalData"，扩展名
为"xls"，共有 707 行、19 列，部分数据如图 10.3 所示。该数据取自 2015 年西安电子科技
大学数学建模竞赛赛题：陕西医院投入产出效率评估。在 MATLAB 中按照下面两种方式
读取该 EXCEL 文件：

(1) 不包含第一行，输出数值型变量；

(2) 包含第一行，输出文本型元胞变量。

	A	B	C	D	E	F	G	H	I
1	医院代码	年份	所属地区	住院病人数	出院病人数	门诊治疗数	可变投1-其他	可变投2-保养维护	可变投3-基础维护
2	500001	1997	1	372261	3786	204283	32.8811	29.239	24
3	500001	1998	1	383125	4506	209991	31.6059	34.276	24
4	500001	1999	1	401169	3268	226553	57.7151	37.002	18
5	500001	2000	1	430177	4243	244123	62.2503	53.334	23
6	500002	1997	1	218706	1246	169552	20.3135	15.829	16
7	500002	1998	1	216529	2370	167262	21.7833	18.524	23
8	500002	1999	1	204463	1313	170297	24.2047	19.392	28
9	500002	2000	1	178786	1836	167232	23.9794	23.503	19
10	500003	1997	1	265994	342	107749	15.518	13.905	12
11	500003	1998	1	272963	180	123128	17.3398	19.434	12
12	500003	1999	1	273909	279	132451	18.8705	20.258	9
13	500003	2000	1	297219	447	126161	19.1603	22.752	12
14	500004	1997	1	85428	5168	22615	2.2928	2.10	

图 10.3　ShaanxiHospitalData 文件数据

解　(1) 文件"ShaanxiHospitalData. xls"只有 1 个工作表"SAS data"，可按下列四种格式读取数据：

　　Data＝xlsread('E:\数学实验\ShaanxiHospitalData. xls')；

　　Data＝xlsread('E:\数学实验\ShaanxiHospitalData. xls', 'SAS data')；

　　Data＝xlsread('E:\数学实验\ShaanxiHospitalData. xls', 'A2：S707')；

　　Data＝xlsread('E:\数学实验\ShaanxiHospitalData. xls', 'SAS data', 'A2：S707')；

其中"A2：S707"表示待读取 EXCEL 表格中数据的范围；输出的 Data 为 706×19 维的矩阵（double 型），不包括标题行（即第一行）。

(2) 在 xlsread 命令中，可以有多个输出变量：

　　[Data, TXT, RAW]＝xlsread('E:\数学实验\ShaanxiHospitalData. xls', 'SAS data')；　%

未指定读取范围

其中：输出的 Data 为 706×19 的矩阵；TXT 为 1×19 的元胞数组（对应表格中的第一行）；RAW 为 707×19 的元胞型数组。

在 MATLAB 中，将变量 A 写入到 EXCEL 文件中的命令为 xlswrite，其调用格式如下：

　　xlswrite(filename, A)；

　　xlswrite(filename, A, sheet)；

　　xlswrite(filename, A, range)；

　　xlswrite(filename, A, sheet, range)；

其中 EXCEL 文件"filename"可以是新建的，也可以是已存在的（需要事先关闭）；"sheet"表示相应的工作表格；"range"为指定的待写入的矩形区域。

例 10.6　已知 A＝[inf, 2, 3; 1, 1, 1; NaN, 0, 1]；B＝['ewwe'; 'rere']，将这两个变量写入到一个新的 EXCEL 文件中，名称为"temp. xls"。

解　矩阵 A 和 B 的维数分别为 3×3 和 2×4，将它们写入 EXCEL 文件时应避免二者重叠。写入数据的程序如下：

　　A＝[inf, 2, 3; 1, 1, 1; NaN, 0, 1]；

　　B＝['ewwe'; 'rere']；

　　xlswrite('E:\数学实验\temp. xls', A)；　　% A1：C3 区域

　　xlswrite('E:\数学实验\temp. xls', B, 'A4：D5')；

上述命令未指明矩阵 A 所在的区域，默认从 A1 开始。

例 10.7 已知 $C\{1, 1\} = 'First'$；$C\{1, 2\} = 'Two'$；$C\{2, 1\} = 'Three'$；$C\{2, 2\} = 'Four\ end'$；将变量 C 写入到一个新的 EXCEL 文件中，名称为"temp2.xls"。

写入数据的程序如下：

解 clear;

    C=cell(2);

    $C\{1, 1\} = 'First'$；$C\{1, 2\} = 'Two'$；

    $C\{2, 1\} = 'Three'$；$C\{2, 2\} = 'Four\ end'$；

    xlswrite('E:\数学实验\temp2.xls', C, 'B2：C3');

注意：若 MATLAB 变量中含有 Inf，则在 EXCEL 中被替换成 65 535；若含有 NaN，则在 EXCEL 中被替换成空值。写入 EXCEL 中的 MATLAB 变量可以是数值型矩阵、字符型矩阵或元胞型数组。

10.3　遗传位点分析数据的读取与处理

例 10.8 本实验数据选自 2016 年中国研究生数学建模竞赛（http：//gmcm.seu.edu.cn）B 题：具有遗传性疾病和性状的遗传位点分析。该题提供了 1000 个样本的疾病信息、样本的 9445 个位点编码信息以及包含这些位点的基因信息。考虑 3 个附件文件：phenotype.txt，genotype.dat 和 gene_info 文件夹，完成下列实验：

（1）记事本文件"phenotype.txt"包含 1000 个样本的疾病信息。该文件共有 1000 行，每行的元素为 0（表示健康者）或 1（表示病人），在 MATLAB 中读取该文件。

（2）文件"genotype.dat"包含上述 1000 个样本在某条染色体片段上所有的位点信息。该文件共有 1001 行、9445 列，用 importdata 命令读取该数据并保存为变量 genotype。

（3）对于（2）中的元胞数组 genotype，提取第一行 9445 个位点名称，其中每个位点名称以字母"rs"开头，后面有 3~8 位数字，相邻的两个位点名称之间含有空格。

（4）对于元胞数组 genotype，从第二行开始是由碱基 A、T、C、G 组合成的碱基对，但部分"T"被误写为"I"，部分"C"被误写为"D"。纠正上述错误，并将更正后的 1000 个样本保存到元胞数组 A 中。

（5）将元胞数组 A 中的碱基对编码，分别用 1、2、3、4 代替 A、T、C、G。对于两个相异碱基，不考虑它们的顺序，例如，碱基对 AT 和 TA 的编码均为 12。

（6）gene_info 文件夹下共有 300 个数据文件：gene_1.dat，gene_2.dat，…，gene_300.dat。编写程序读取这 300 个文件。

解 （1）若记事本文件"phenotype.txt"在 MATLAB 的有效路径范围内，读取数据的命令为：

    load phenotype.txt;

得到 1000×1 维的列向量 phenotype（double 型）。下面假设所有文件夹所在的路径均为 E：\数学实验，加载 phenotype.txt 的数据命令为：

    load('E:\数学实验\phenotype.txt');

（2）importdata 是从文件中加载数据的另一个命令，读取并保存 genotype.dat 数据的程序为：

> genotype＝importdata('E:\数学实验\genotype.dat')；
>
> save genotype genotype；　　　%将元胞数组 genotype 保存为 MATLAB 数据格式

得到 1001×1 维的元胞数组 genotype，其中第一行表示 9445 个位点名称（字符串格式），第 2 行至第 1001 行表示 1000 个样本的 9445 个位点（四种碱基 A、T、C、G 组合成的碱基对）。元胞数组 genotype 的部分元素如图 10.4 所示。

注意： 数据读取过程大约需要数分钟。

1	rs3094315 rs3131972 rs3131969 rs1048488 rs12562034 rs12124819 rs404061...
2	TT CT CC TC AA AA AA CC GG CC AA AA TC CC TT GG TT CC GG AA ...
3	TC CT CT TC GG AG AA CC GG CC AA AA TT TT TT GG CC CC GG CC ...
4	TT TT CC CC AG GG CC GG CC AA AA TC CC TT GG CT CC GG AA ...
5	TT CC CC TC GA AA AG CT GT CT AC AA TT TT TT CC CT GG CA ...
6	TC CT CT TT GA AA AG CC TT CC AC AA TT TC TG GG CT CT GG CC ...
7	TC CC CC TC AA AA CC TT AA AA TC TC GG GA TT TT GG GG ...
8	TC CT CC TC GA AA AG CC GT CT AA AA TT TC TC GG CC CT GG CA ...
9	TT TT CC TC GA AA AG CT GT CC AC AG TC TC TT GG CT CC GG CA ...
10	TT CC CT TC GG AA AA TT TT TT AC AG TC CC GG GG TT AA AA ...

图 10.4　变量 genotype 的部分元素

（3）对于 genotype 变量的第一行元素，通过 for 循环提取 9445 个位点名称。先删除第一行字符串的空格，再找到字符"r"的所有位置，最后依据"r"的位置找到所有的位点名称。程序如下：

```
Temp＝ genotype{1}；                          %提取元胞数组 genotype 的第 1 个分量
Temp (Temp＝＝' ')＝[]；                        %删除空格
Ind＝find(Temp＝＝'r')；      %寻找 r 所在的位置，用于确定各位点名称所在的位置
DataRs＝cell(9445,1)；                         %用于存储 9445 个位点名称
for i＝1:9445－1
        DataRs{i}＝Temp (Ind(i):(Ind(i＋1)－1))；   %前 9444 个位点名称
end
DataRs{9445}＝Temp(Ind(9445):end)；           %第 9445 个位点名称
save DataRs    DataRs
        %将含位点名称的元胞数组 DataRs 保存为 DataRs.mat。
```

（4）更正错误的程序为：

```
A＝cell(1000, 1)；                %用于存储 1000 个样本
for i＝2:1001
    temp＝ genotype {i}；
    temp(temp＝＝'I')＝'T'；       %将 I 替换成 T
    temp(temp＝＝'D')＝'C'；       %将 D 替换成 C
    A{i－1}＝temp；               %将纠正后的第 i－1 个样本赋值给 A
end
```

（5）对元胞数组 A 进行编码，得到 1000×9445 的数值型矩阵 Data。采用二重 for 循

环，编码程序为：

```
Data＝zeros(1000, 9445);
for i＝1: 1000
   for j＝1: 9445
     Temp＝A{i}((j−1)*3+[1: 2]);
     ％Temp 为一个碱基对，相邻的两个碱基对间隔一个空格
     ch＝char(2);          ％用于存储碱基对
     for k＝1: 2
       if Temp(k)＝＝'A'
           ch(k)＝'1';
       elseif Temp(k)＝＝'T'
           ch(k)＝'2';
       elseif Temp(k)＝＝'C'
           ch(k)＝'3';
       else
           ch(k)＝'4';
       end
       if ch(1)＞ch(2)
           ch＝ch([2, 1]);    ％考虑碱基对的碱基顺序，如将 21 改为 12, 43 改为 34, …
       end
     end
     Data(i, j)＝str2num(ch);    ％将碱基对编码转成数值型
   end
end
save Data Data          ％保存数据
```

（6）采用 for 循环将文件夹 gene_info 下的 300 个数据文件存到 300×1 的元胞数组 GeneGroup 中，程序如下：

```
addpath E:\数学实验\gene_info;              ％添加路径，也可以用 cd 命令来改变路径
GeneGroup＝cell(300, 1);
for i＝1: 300
    s＝strcat('gene_', num2str(i), '.dat');  ％第 i 个数据的名称(含扩展名)
       ％strcat 为字符串的横向拼接
    GeneGroup{i}＝importdata(s);              ％加载第 i 个数据，并保存到 GeneGroup 中
end
save   GeneGroup GeneGroup
```

其中：addpath 为添加路径命令，且路径中不能含有空格。若路径中含有空格，可采用如下格式添加路径：addpath('路径')。

10.4 Hopkins155 数据集的读取与处理

例 10.9 选取 Hopkins155 数据集(http：//vision. jhu. edu/data/，点击"Dataset without videos"下载)。将该数据集保存到个人计算机上，路径为"E:\数学实验\hopkins\Hopkins155"。

Hopkins155 文件夹含有 156 个子文件夹和 1 个记事本文件 README. txt，部分文件如图 10.5 所示。在进行实验时，先把记事本文件 README. txt 删除。每个子文件夹下含有 2～3 个数据文件，其中一个为 MATLAB 数据格式（扩展名为 mat），其命名具有一定的规律，如文件夹 2RT3RC 下的 mat 数据名称为 2RT3RC_truth. mat。试读取 Hopkins155 文件夹下所有 MATLAB 数据，并保存到元胞数组中。

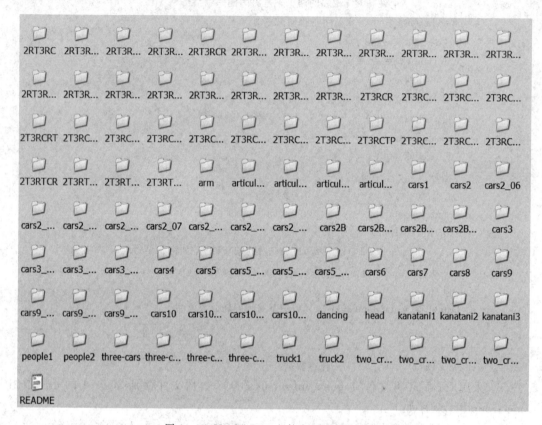

图 10.5　Hopkins155 文件夹下的部分文件

解　使用 dir 命令找出 Hopkins155 文件夹下的所有文件名称（不含子文件夹内的文件），其中第一个文件名称为"."，第二个文件名称为".."，可以将它们删除。由于 Hopkins155 文件夹包含 156 个子文件夹，所以在读取 mat 数据时需要不断地修改路径，最后将所有的 mat 数据保存到元胞数组 A 中。程序如下：

```
clear;
filename= dir('E:\数学实验\hopkins\Hopkins155');    %dir：路径下的所有文件
filename(1：2)=[];  %删除前两个分量
N=length(filename);  %子文件夹的数量
A=cell(N, 1);
cd E:\数学实验\hopkins\Hopkins155；    %更改成 Hopkins 文件夹所在的路径
for i=1：N
    cd(filename(i). name)；              %更改为第 i 个文件夹所在的路径
    A{i, 1}=load([filename(i). name, '_truth. mat'])；  %加载第 i 个子文件夹下的 mat 数据
```

```
    cd ..                               %返回上一级路径
end
```

上述程序中 N＝156 为子文件夹个数，结构型变量 filename 具有 5 个域名，分别为 name、date、bytes、isdir 和 datenum，其中 name 为文件名。

10.5 碎纸片拼接复原图像数据的读取与处理

例 10.10 本实验数据取自 2013 年全国大学生数学建模竞赛 B 题：碎纸片的拼接复原。该题的附件 1 提供了 19 幅图像，名称分别为 000.bmp，001.bmp，…，018.bmp，其中"bmp"为图像的扩展名。所给的 19 幅图像是将一张大的图像按列裁剪而成。在 MATLAB 中读取并存储这些图像的数据。

解 使用 imread 命令读取每幅图像，并将其保存到 19 维的元胞数组中。由于图像文件名称具有较好的规律，所以采用 for 循环逐一读取并存储。假设 19 幅图像所在的文件夹属于 MATLAB 的有效路径，图像读取程序如下：

```
clear;
N=18;
A=cell(N+1, 1);                        %用于存储 19 幅图像
for i=0: N
    if i<=9
        s=['00', num2str(i), '.bmp'];   %生成图像的文件名称(含扩展名)
    else
        s=['0', num2str(i), '.bmp'];
    end
    A{i+1}=double(imread(s));
        %先读取图像，再转化为 double 类型，最后保存到 A 中
end
```

所有图像被保存到 19 维的元胞数组 A 中。如果知道这 19 幅图像的先后顺序，可以将它们组成一个更大的图像。下面随机生成 1～19 的一个排列，根据此排列组合成大的图像，程序为：

```
rand('seed', 0);
p=randperm(19);
B=[];
for i=1: 19
    B=[B, A{p(i)}];
end
imshow(B/255);
```

上述程序按分块矩阵形式组成大的矩阵 B，图像如图 10.6 所示。

图 10.6　纸片的随机拼接

10.6　通信数据的读取与处理

　　例 10.11　本实验材料取自 2017 年第 10 届华中地区大学生数学建模邀请赛 B 题：基于通信数据的社群聚类。赛题附件给出了一个 EXCEL 文件，该文件包括某营业部近三个月的内部通信记录，内容涉及通话的起始时间、主叫、时长、被叫、漫游类型和通话地点等，共 10 713 条记录，每条数据有 7 列，部分数据如表 10.1 所示。

表 10.1　某营业部近三个月的内部通信记录

序号	起始时间	主叫	时长/s	被叫	漫游类型	通话地点
1	2016/09/01 10：08：51	涂蕴知	431	孙翼茜	本地	武汉
2	2016/09/01 10：17：37	毕婕靖	351	潘立	本地	武汉
3	2016/09/01 10：18：29	张培芸	1021	梁茵	本地	武汉
4	2016/09/01 10：23：22	张培芸	983	文芝	本地	武汉
5	2016/09/01 10：25：07	梁茵	651	毕婕靖	本地	武汉
6	2016/09/01 10：46：49	张培芸	898	谢斑尚	本地	武汉

序号	起始时间	主叫	时长/s	被叫	漫游类型	通话地点
7	2016/09/01 11：14：53	蔡月	847	彭荃	本地	武汉
8	2016/09/01 11：25：14	张培芸	1102	谢斑尚	本地	武汉
9	2016/09/0111：27：12	张荆	1012	陆盈	本地	武汉
10	2016/09/01 11：40：41	蔡月	687	王蕴姣	本地	武汉
11	2016/09/01 11：41：10	童豫	535	张庭琪	本地	武汉
12	2016/09/01 11：56：10	柯雅芸	776	毕婕靖	本地	武汉
13	2016/09/01 11：57：41	李熹俊	977	陈斓	本地	武汉
14	2016/09/01 12：04：04	毕婕靖	407	高淼	本地	武汉
15	2016/09/01 13：15：42	潘立	606	蔡月	本地	武汉
⋮	⋮	⋮	⋮	⋮	⋮	⋮
10 713	2016/12/31 9：36：15	柳谓	327	张荆	本地	武汉

表 10.1 的第 2 列包含日期和时间两部分内容，其中通话日期为 2016 年 9 月 1 日至 2016 年 12 月 31 日。若直接使用 MATLAB 读取该 EXCEL 文件，则不能将日期和时间分开。为此，先将 EXCEL 文件中的数据(第一行除外)拷贝到记事本文件中，将其保存并命名为 "B. txt"；再使用 MATLAB 读取记事本文件，数据共有 10 713 行、8 列，其中日期为第 2 列，时间为第 3 列；对于最后两列，漫游类型均为"本地"，通话地点均为"武汉"，故读取数据后不再考虑这两列。

进行下列实验：

(1) 使用 MATLAB 读取记事本文件"B. txt"。

(2) 主叫和被叫分别有多少人，他们的姓名是否一致。

(3) 统计主叫与被叫之间的呼叫次数和总呼叫时间。

(4) 将日期中"2016/09/01"视为第 1 天，"2016/09/02"视为第 2 天，依次类推，将所有日期按上述方式转化。

(5) 已知 2016/09/01 为星期四，将日期编码为数字。编码规则为：星期日对应"0"，星期一对应"1"……星期六对应"6"。

(6) 假设周六和周日不上班，不考虑法定节假日，周内上班时间为上午 8：00～12：00 和下午 14：00 ～18：00。计算任意两人在上班时间的通话次数。

解 (1) 记事本文件"B. txt"共有 10 713 行、8 列。使用 textread 读取该文件，分别使用 8 个 $10\ 713 \times 1$ 维的元胞数组来存储各列，数据类型为字符串("%s")，程序如下：

```
clear;
    [A1，A2，A3，A4，A5，A6，A7，A8]=textread('E：数学实验\B. txt'，'%s %s %s
%s %s %s %s %s'，10713)；
```

其中输出变量 A1 为序号，A2 为日期，A3 为时间，A4 为主叫姓名，A5 为通话时长，A6 为被叫姓名，A7 为漫游类型，A8 为通话地点。

（2）先计算主叫和被叫的人数，程序为：

```
name＝unique(A4);
N＝length(name);
name2＝unique(A6);
N2＝length(name2);
```

其中 name 表示主叫姓名，N 为主叫人数；name2 表示被叫姓名，N2 为被叫人数。计算结果显示 N 和 N2 相等，均为 36。

unique 命令已对姓名进行排序，再验证主叫和被叫是否为同一组人，程序为：

```
s＝0;                                    %统计姓名一致的人数
for i＝1: N
    if length(name{i})＝＝length(name2{i})  %判断两个姓名的长度是否相等
        if all(name{i}＝＝name2{i})         %姓名长度相等条件下，姓名是否一致
            s＝s＋1;
        end
    end
end
```

输出 s＝36，这说明主叫和被叫为同一组人。

（3）变量 name 为 36×1 的元胞数组。为了便于计算，对每个人进行编码，即第 i 个姓名的编码为 i，i＝1，2，…，36。对于变量 A4 和 A6，分别对其分量进行编码，之后再统计主叫和被叫之间的通话次数，程序如下：

```
A4_num＝zeros(10713,1);                  %初始化主叫姓名编码
A6_num＝zeros(10713,1);                  %初始化被叫姓名编码
for i＝1: 10713
    for j＝1: N    %循环判断第 i 个主叫在 name 中的位置
        if length(A4{i})＝＝length(name{j})  %判断两个姓名的长度是否相等
            if all(A4{i}＝＝name{j})          %判断两人姓名是否一致
                A4_num(i)＝j;                %编码
                break;                       %退出 j 对应的 for 循环
            end
        end
    end
    for j＝1: N                              %循环判断第 i 个被叫在 name 中的位置
        if length(A6{i})＝＝length(name{j})
            if all(A6{i}＝＝name{j})
                A6_num(i)＝j;
                break;
            end
        end
    end
end
```

```
%以下统计呼叫次数和时长
D=zeros(N);                                    %主叫与被叫之间的呼叫次数矩阵
D_time=zeros(N);                               %主叫与被叫之间的呼叫时长矩阵
for i=1:10713
    D(A4_num(i),A6_num(i))=D(A4_num(i),A6_num(i))+1;
    D_time(A4_num(i),A6_num(i))=D_time(A4_num(i),A6_num(i))+str2num(A5{i});
end
%绘制呼叫次数对应的图像
imagesc(-D);
xlabel('被叫');
ylabel('主叫');
colormap(gray);
colorbar;
axis equal;
```

输出图像见图 10.7，其中颜色条(colorbar)显示呼叫次数的相反数。

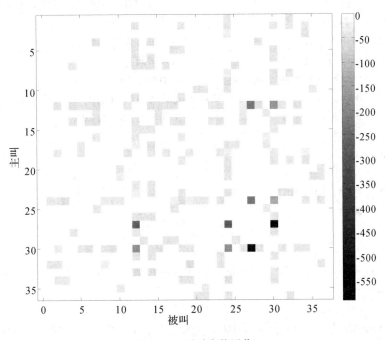

图 10.7 呼叫次数图像

(4) A2 中的日期涉及 2016 年 9 月至 12 月。日期格式由年、月、日三部分组成，并用斜杠分开(/)，共由 10 个字符组成，其中第 6、7 个字符组成月份，第 9、10 个字符组成日。计算积累日的程序为：

```
A20=zeros(10713,1);
for i=1:10713
    temp=A2{i}([6,7,9,10]);          %提取月份、日组成的长度为 4 的字符串
    if str2num(temp(1:2))==9          %是否为 9 月份
        A20(i)=str2num(temp(3:4));
```

```
        elseif str2num(temp(1:2))==10    %是否为 10 月份
                A20(i)=str2num(temp(3:4))+30;
        elseif str2num(temp(1:2))==11    %是否为 11 月份
                A20(i)=str2num(temp(3:4))+30+31;
        else
                A20(i)=str2num(temp(3:4))+30+31+30;    %12 月份
        end
    end
```

输出的 A20 为 10 713×1 维的列向量，取元素取值介于 1 至 122 的整数。

编码程序如下：

（5）
```
    A21=zeros(10703,1);
    for i=1:10713
        A21(i)=rem(A20(i)+3,7);           %A20(i)为 1 时对应周四
    end
```

（6）先判断某条记录是否为周一至周五的上班时间，程序如下：

```
    A30=zeros(10713,1);                    %上班时间对应的通话记录用 1 表示
    for i=1:10713
      if A21(i)>=1& A21(i)<=5               %判断是否为周一至周五
        temp1=A3{i};                        %提取时间
        temp2=str2num(temp1(1:2));          %时间中的小时
        if (temp2>=8&temp2<=11)|(temp2>=14&temp2<=17)
            A30(i)=1;                       %工作时间：8～12，14～18
        end
      end
    end
```

再统计通话次数，程序如下：

```
    D_work=zeros(N);
    for i=1:10713
        if A30(i)==1
          D_work(A4_num(i),A6_num(i))=D_work(A4_num(i),A6_num(i))+1;
        end
    end
```

输出的 D_work 为 36 阶方阵，其中(i,j)元素表示第 i 个主叫与第 j 个被叫在工作时段的呼叫次数。

练 习 题

1. 2017 年全国大学生数学建模竞赛 B 题的题目为"拍照赚钱"的任务定价。该题附件一（名称为"附件一：已结束项目任务数据.xls"）是一个已结束项目的任务数据，包含每个任务的位置、定价和完成情况（"1"表示完成，"0"表示未完成），部分数据如表 10.2 所示。

表 10.2　每个任务的位置、定价和完成情况

任务号码	任务 gps 纬度	任务 gps 经度	任务标价	任务执行情况
A0001	22.566 142 25	113.980 836 8	66	0
A0002	22.686 205 26	113.940 525 2	65.5	0
A0003	22.576 511 83	113.957 198	65.5	1
A0004	22.564 840 81	114.244 571 1	75	0
A0005	22.558 887 75	113.950 722 7	65.5	0
A0006	22.558 999 06	114.241 317 4	75	0
⋮	⋮	⋮	⋮	⋮
A0835	23.123 294 31	113.110 382 3	85	1

读取该附件中任务 gps 纬度、任务 gps 经度、任务标价和任务执行情况等对应的 835 条数据，并绘出这些数据对应的经纬度坐标图。

2. 2013 年全国大学生数学建模竞赛 B 题的附件 3 共有 209 幅图像，名称分别为 000.bmp，001.bmp，…，208.bmp。这 209 幅图像是由一幅大的图像裁成 11 行、19 列而得到的。试求解如下问题：

(1) 在 MATLAB 中读取这 209 幅图像，以元胞型数据形式存储；

(2) 随机生成 1～209 的一个排列，按此排列将 209 幅小图像拼接成一个大的图像(按照 11×19 的形式排列)。

3. 2012 年全国大学生数学建模竞赛 A 题的题目为葡萄酒的评价。该题的附件 1(名称为"附件 1－葡萄酒品尝评分表.xls")给出了某一年份一些葡萄酒的评价结果。该 EXCEL 文件由"第一组红葡萄酒品尝评分"、"第一组白葡萄酒品尝评分"等四个工作表组成。其中"第一组白葡萄酒品尝评分"中包含 28 个样品，每个样品由 10 个品酒员从澄清度、色调等 10 个方面进行打分，即每个样品对应的打分数据构成 10×10 的矩阵，部分数据如图 10.8 所示。用 MATLAB 读取该工作表的所有打分信息。

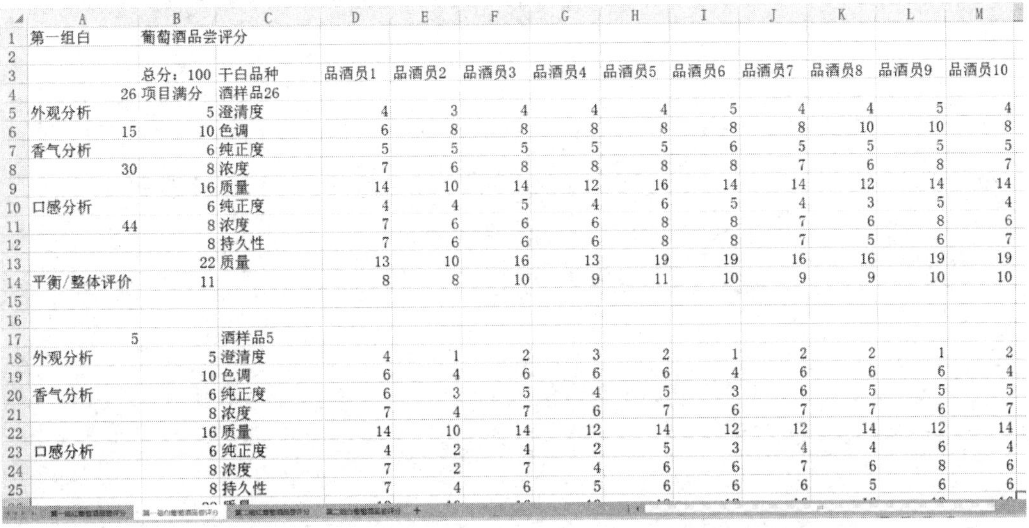

	A	B	C	D	E	F	G	H	I	J	K	L	M
1	第一组白	葡萄酒品尝评分											
2													
3		总分：100	干白品种	品酒员1	品酒员2	品酒员3	品酒员4	品酒员5	品酒员6	品酒员7	品酒员8	品酒员9	品酒员10
4	26	项目满分	酒样品26										
5	外观分析	5	澄清度	4	3	4	4	4	5	4	4	5	4
6	15	10	色调	6	8	8	8	8	8	8	10	10	8
7	香气分析	6	纯正度	5	5	5	5	5	6	5	5	5	5
8	30	8	浓度	7	6	8	8	8	8	7	6	8	7
9		16	质量	14	10	14	12	16	14	14	12	14	14
10	口感分析	6	纯正度	4	4	5	4	6	5	4	3	5	4
11	44	8	浓度	7	6	6	6	8	8	7	6	8	6
12		8	持久性	7	6	6	6	8	8	7	5	6	7
13		22	质量	13	10	16	13	19	19	16	16	19	19
14	平衡/整体评价	11		8	8	10	9	11	10	9	9	10	10
15													
16													
17	5		酒样品5										
18	外观分析	5	澄清度	4	1	2	3	2	1	2	2	1	2
19		10	色调	6	4	6	6	6	4	6	6	6	4
20	香气分析	6	纯正度	6	3	5	4	5	3	6	5	5	5
21		8	浓度	7	4	7	6	7	6	7	7	6	7
22		16	质量	14	10	14	12	14	12	12	14	12	14
23	口感分析	6	纯正度	4	2	4	2	5	3	4	4	6	4
24		8	浓度	7	2	7	4	6	6	7	6	8	6
25		8	持久性	7	4	6	5	6	6	6	5	6	6

图 10.8　葡萄酒品尝评分表的部分数据

4. 2016 年全国大学生数学建模竞赛 D 题的题目为：风电场运行状况分析及优化。该题"附件 1"给出了该风电场一年内每隔 15 min 的各风机安装处的平均风速和风电场日实际输出功率。附件 1 包含 12 个 EXCEL 文件，名称分别为 201501，201502，…，201512，对应表示 2015 年 1 月至 12 月的数据，部分数据如图 10.9 所示。而每个 EXCEL 文件又包含多个工作表：Sheet1，Sheet2，…，且工作表的个数正好为该月的天数。每天有 96 条数据，其中所有表格的间隔时间均一致。试读取所有 EXCEL 文件的数据(不包含时间)。

	A	B	C	D	E	F	G	H	I	J	K	L	M
1	\multicolumn{12}{c}{风电场日实际发电曲线统计表}	
2	2015年1月1日						功率单位：MW。风速单位：m/s						
3	时间	功率	风速	时间	功率	风速	时间	功率	风速	时间	功率	风速	
4	0:15	34	4.1	6:15	25	4.7	12:15	0	2.3	18:15	13	3.9	
5	0:30	24	4.9	6:30	25	5.7	12:30	0	2.3	18:30	18	3.5	
6	0:45	36	4.7	6:45	24	4.7	12:45	1	2.5	18:45	24	4.1	
7	1:00	29	5.6	7:00	23	5.4	13:00	1	2.5	19:00	22	4.6	
8	1:15	21	5.1	7:15	27	5.6	13:15	2	2.5	19:15	20	4.5	
9	1:30	19	3.9	7:30	29	5.4	13:30	2	2.4	19:30	12	4.0	
10	1:45	25	4.2	7:45	30	4.9	13:45	0	2.2	19:45	9	4.2	
11	2:00	24	4.3	8:00	7	3.9	14:00	0	2.1	20:00	10	3.9	
12	2:15	36	5.9	8:15	8	4.0	14:15	0	2.1	20:15	12	4.1	
13	2:30	30	4.7	8:30	8	4.0	14:30	0	2.0	20:30	19	4.5	
14	2:45	25	4.2	8:45	7	3.8	14:45	0	2.0	20:45	23	4.6	
15	3:00	24	4.0	9:00	5	3.4	15:00	0	1.9	21:00	29	4.9	
16	3:15	24	4.0	9:15	5	3.4	15:15	0	1.9	21:15	31	5.0	
17	3:30	25	4.3	9:30	10	4.2	15:30	0	1.9	21:30	27	4.7	
18	3:45	25	4.3	9:45	3	3.1	15:45	0	2.0	21:45	25	4.6	
19	4:00	21	3.9	10:00	3	3.0	16:00	0	2.0	22:00	25	4.5	
20	4:15	19	3.7	10:15	2	2.5	16:15	0	2.0	22:15	25	4.8	
21	4:30	25	4.0	10:30	2	2.4	16:30	0	2.1	22:30	26	5.0	
22	4:45	25	4.1	10:45	1	2.3	16:45	0	2.1	22:45	27	4.7	
23	5:00	25	4.3	11:00	1	2.2	17:00	0	3.0	23:00	25	4.8	
24	5:15	29	4.4	11:15	2	2.5	17:15	2	3.2	23:15	26	4.8	
25	5:30	36	4.5	11:30	3	2.7	17:30	6	3.8	23:30	27	4.6	
26	5:45	30	5.7	11:45	2	2.5	17:45	6	3.9	23:45	27	4.5	
27	6:00	31	5.6	12:00	0	2.3	18:00	9	4.1	0:00	28	4.5	

Sheet1　Sheet2　Sheet3　Sheet4　Sheet5　Sheet6　Sheet7　Sheet8　Sheet9　Sheet10　Sheet11

图 10.9　文件 201501.xls 的部分数据

应 用 篇

第 11 章　万年历的设计

在实际生活中，人们通常需要查询过去或未来某年的日历。本章先给出计算两日期间隔天数的程序，再设计万年历。为简单起见，在设计万年历时不考虑阴历。

11.1　日期间隔天数的计算

日期间隔天数的计算是指对于两个给定的日期，计算这段时间内共有多少天。在本章中，计算天数时考虑起止日期，例如，2018 年 1 月 1 日至 2018 年 1 月 11 日共计 11 天。对于 2 月，平年和闰年的天数不同。

（1）计算日期间隔天数时要先判断某年是否为闰年。对于年份 N，如果 N 是 4 的倍数但不是 100 的倍数，或者 N 是 400 的倍数，则该年为闰年，即 2 月共有 29 天；否则该年是平年，即 2 月共有 28 天。建立判断 N 是否为闰年的函数文件为 isleap，具体程序如下：

```
function f=isleap(N)
if  (rem(N, 4)==0&rem(N, 100)~=0)|rem(N, 400)==0
    f=1;
else
    f=0;
end
```

当输出的 f 为 1 时，N 为闰年；否则 N 为平年。

（2）接着考虑年积日的计算。1 月 1 日的年积日为 1，1 月 2 日的年积日为 2，……，2 月 1 日的年积日为 32，……。对于平年，总年积日为 365；对于闰年，总年积日为 366。给定年（Year）、月（Month）和日（Date），计算该天对应年积日的 MATLAB 函数如下：

```
function N=daycum(Year, Month, Date)
No_Month=[31, 29, 31, 30, 31, 30, 31, 31, 30, 31, 30, 31];
                                    %闰年 12 个月中每个月的天数
if Date>No_Month(Month)|Month>12    %需要输入有效的日期和月份
    error('Input error');           %输出错误信息，终止程序
end
if ~isleap(Year)
    No_Month(2)=28;
end
if Month==1
    N=Date;
else
```

$$N=Date+sum(No\_Month(1:Month-1));$$

```
    end
```

输出的 N 为年积日。例如,在命令窗口输入 N=daycum(2018,10,1),则有 N= 274。

(3) 最后计算两个日期的间隔天数。当输入的两个日期年份相同时,间隔天数等于年积日之差的绝对值加 1;当两个年份不同时,需要分 3 部分计算:较早日期到年底的天数,较晚日期对应的年积日,两个日期跨越的完整年份对应的天数。建立脚本函数如下:

```
    d1=input('input the first vector:[year, month, date]——');
        %输入第一个年、月、日构成的 3 维向量
    d2=input('input the second vector:[year, month, date]——');
        %输入第二个年、月、日构成的 3 维向量
    R=0;                          %初始化间隔天数
    if d1(1)==d2(1)               %两日期年份相同
        R=abs(daycum(d2(1),d2(2),d2(3))-daycum(d1(1),d1(2),d1(3)))+1;
                                  %调用 daycum 函数
    end
    if d1(1)>d2(1)    %若第一个年份大于第二个年份,两个日期交换位置
        t=d1;
        d1=d2;
        d2=t;
    end
    if d1(1)<d2(1)
        R=daycum(d2(1),d2(2),d2(3))+365-daycum(d1(1),d1(2),d1(3));
            %日期 d2 对应的年积日+(365-日期 d1 对应的年积日)
            %未考虑 d1 的年份是否闰年
        if isleap(d1(1)), R=R+1; end        %判断 d1 的年份是否闰年
        s=0;                          %用于存储完整年份中闰年的年数
        for i=d1(1)+1:d2(1)-1
            if isleap(i), s=s+1; end   %年份 d1(1)+1 至年份 d2(1)-1 中共有多少个闰年
        end
        R=R+(d2(1)-d1(1)-1)*365+s;
    end
```

当输入 d1=[2000,1,1]、d2=[2000,12,31]时,天数 R=366;当 d1=[2000,1,1]、d2=[2018,5,1]时,天数 R=6695;当 d1=[2018,1,1]、d2=[1998,10,1]时,R=7032。

11.2　万年历的程序设计

万年历是根据输入的年份来输出该年的日历,包括 12 个月份及每天对应的星期。要求将日历存到 EXCEL 文件中,其格式如图 11.1 所示。

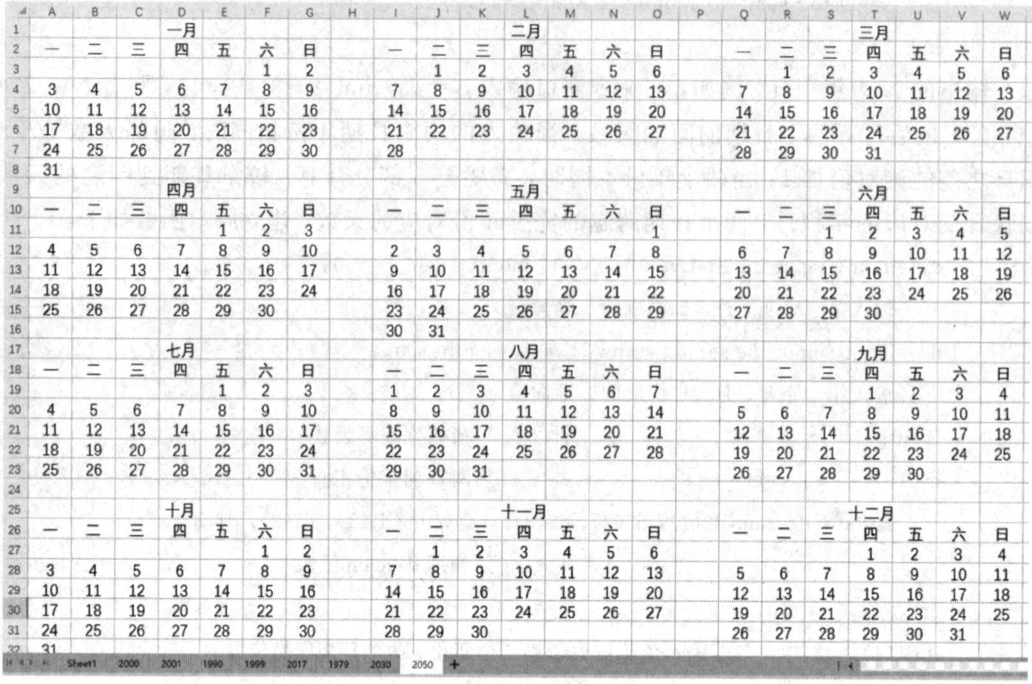

	A	B	C	D	E	F	G	H	I	J	K	L	M	N	O	P	Q	R	S	T	U	V	W
1				一月								二月								三月			
2	一	二	三	四	五	六	日		一	二	三	四	五	六	日		一	二	三	四	五	六	日
3						1	2			1	2	3	4	5	6			1	2	3	4	5	6
4	3	4	5	6	7	8	9		7	8	9	10	11	12	13		7	8	9	10	11	12	13
5	10	11	12	13	14	15	16		14	15	16	17	18	19	20		14	15	16	17	18	19	20
6	17	18	19	20	21	22	23		21	22	23	24	25	26	27		21	22	23	24	25	26	27
7	24	25	26	27	28	29	30		28								28	29	30	31			
8	31																						
9				四月								五月								六月			
10	一	二	三	四	五	六	日		一	二	三	四	五	六	日		一	二	三	四	五	六	日
11					1	2	3								1				1	2	3	4	5
12	4	5	6	7	8	9	10		2	3	4	5	6	7	8		6	7	8	9	10	11	12
13	11	12	13	14	15	16	17		9	10	11	12	13	14	15		13	14	15	16	17	18	19
14	18	19	20	21	22	23	24		16	17	18	19	20	21	22		20	21	22	23	24	25	26
15	25	26	27	28	29	30			23	24	25	26	27	28	29		27	28	29	30			
16									30	31													
17				七月								八月								九月			
18	一	二	三	四	五	六	日		一	二	三	四	五	六	日		一	二	三	四	五	六	日
19					1	2	3		1	2	3	4	5	6	7					1	2	3	4
20	4	5	6	7	8	9	10		8	9	10	11	12	13	14		5	6	7	8	9	10	11
21	11	12	13	14	15	16	17		15	16	17	18	19	20	21		12	13	14	15	16	17	18
22	18	19	20	21	22	23	24		22	23	24	25	26	27	28		19	20	21	22	23	24	25
23	25	26	27	28	29	30	31		29	30	31						26	27	28	29	30		
24																							
25				十月								十一月								十二月			
26	一	二	三	四	五	六	日		一	二	三	四	五	六	日		一	二	三	四	五	六	日
27						1	2			1	2	3	4	5	6					1	2	3	4
28	3	4	5	6	7	8	9		7	8	9	10	11	12	13		5	6	7	8	9	10	11
29	10	11	12	13	14	15	16		14	15	16	17	18	19	20		12	13	14	15	16	17	18
30	17	18	19	20	21	22	23		21	22	23	24	25	26	27		19	20	21	22	23	24	25
31	24	25	26	27	28	29	30		28	29	30						26	27	28	29	30	31	
	31																						

Sheet1　2000　2001　1990　1999　2017　1979　2030　**2050**

图 11.1　2050 年日历

已知 2000 年 1 月 1 日为星期六，根据该信息来设计任意一年的日历。要求日历格式如图 11.1 所示，即将 12 个月显示成 4×3 的形式。对于每个月份，第一行显示月份名称，第二行显示星期一至星期日，从第三行开始显示该月 1 日到最后一天。因为月份天数的最大值为 31，所以日期（1～31）的显示最多占 6 行。在设计日历时，每个月份可表示成 8 行 6 列的表格（含月份行、星期行），最后一行可为空。

对于输入的年份变量 Year，可以根据该年的总天数和 1 月 1 日对应的星期几来设计日历。依据 Year 的取值判断该年是否为闰年，从而确定总天数；根据 Year 对应的 1 月 1 日与 2000 年 1 月 1 日之间的天数来确定该年 1 月 1 日对应星期几。在设计程序时，需要判断 Year 与 2000 的大小关系。

当 Year＝2000 时，1 月 1 日为星期六，该年内每天的星期为 rem([1：365]＋5，7)，其中星期日对应数值 0。当 Year＞2000 时，需要先计算年份 2000 到 Year－1 共有的天数，再计算年份 Year 的 1 月 1 日对应星期几。当 Year＜2000 时，先计算年份 Year 到 1999 年共有的天数，再确定年份 Year 的 1 月 1 日对应星期几。计算年份 Year 的每天对应的星期的具体程序如下：

```
clear;
Year＝input('Please input year');              %输入日历对应的年份
No_Month＝[31，29，31，30，31，30，31，31，30，31，30，31];
if ～isleap(Year)                              %判断是否为闰年
    No_Month(2)＝28;
end
daycum＝0;                                      %初始化年积日
```

```
r1＝6－1;                                    ％2000 年 1 月 1 日为星期六
if Year＝＝2000
    Week＝rem([1：(365＋isleap(Year))]＋r1，7);
elseif Year＞2000
        for j＝2000：(Year－1)
            daycum＝daycum＋365＋isleap(j);
        end
        r1＝rem(daycum＋r1，7);
        Week＝rem([1：(365＋isleap(Year))]＋r1，7);
else
        for j＝Year：(2000－1)
            daycum＝daycum＋365＋isleap(j);
        end
        r1＝rem(daycum＋1，7);
        Week＝rem([1：(365＋isleap(Year))]＋6－r1，7);
end
```

其中 Year 需要人工输入；Week 为 365 维或 366 维向量，取值为 0～6，即对应的星期几。根据变量 Week 的值来输出相应的日历。

　　将日历输出到 EXCEL 文件时，一月、二月、三月占表格的第 1 行到第 8 行，其中第 1 行显示月份(居中)，第 2 行显示"一"，"二"，…，"日"；第 3 行至第 8 行显示该月的日期，不同的月份之间间隔一个空白列。对于四月到六月、七月到九月、十月到十二月，依次类推。使用 12×2 的元胞型变量 Mon_week 来保存数据信息，其中第一列存储 12 个月份对应的天数。对于第 i 个月份，使用 1×49 维的元胞型变量 temp 来存储日期及星期数据，然后将其转成 7×7 维的元胞型变量 temp，最后将 temp 保存到 Mon_week 中的第 i 行第 2 列元素。计算 Mon_week 的程序如下：

```
Mon_week＝cell(12，2);
    ％第 1 列的第 i 个元素存储第 i 个月的总天数
    ％第 2 列的第 i 个元素存储第 i 个月的 7×7 的数据(第 1 行均为"一"到"日")
for i＝1：12
        day＝No_Month(i);                         ％第 i 个月份的天数
        Mon_week{i，1}＝day;
        temp＝cell(1，49);
        temp(1：7)＝{'一'，'二'，'三'，'四'，'五'，'六'，'日'};
        for j＝1：day
            if Week(1)～＝0                         ％第 i 个月的第 1 天是否为周日
                temp(7＋Week(1)－1＋j)＝{j};       ％非周日；temp 的前 7 个元素已被赋值
            else
                temp(7＋Week(1)－1＋j＋7)＝{j};   ％周日
            end
        end
        Mon_week{i，2}＝[reshape(temp，7，7)]';
        Week(1：day)＝[];
```

```
        end
```

根据得到的变量 Mon_week 来输出日历，使用二重 for 循环将数据写入到 EXCEL 文件中。写数据时分两部分：一部分写入"一月"，"二月"，…，"十二月"；另一部分写入变量 Mon_week 的第二列元素。将日历保存到名称为"wannianli"的 EXCEL 文件中，其中工作表名称为年份对应的字符串。在 EXCEL 文件中，"一月"、"二月"、"三月"对应的位置分别为 D1、L1、T1，"四月"、"五月"、"六月"对应的位置分别为 D9、L9、T9，其他月份依次类推。一月份的日历保存在 A2：G8 中，二月份的日历保存在 I2：O8 中，三月份的日历保存在 Q2：W8 中，四月份的日历保存在 A10：G16 中，…。生成日历的程序如下：

```
        posi＝cell(4，3)；    %存储各月份对应的矩形区域
        pos_strat=[2，10，18，26]；
        %一、四、七、十月起始对应的行标，一月从第 2 行开始，四月从第 10 行开始，pos2_strat
='AGIOQW'；
        %一、二、三月起始对应的列标，一月对应 EXCEL 表格的 A～G 列
        %二月对应 EXCEL 表格的 I～O 列，三月对应 EXCEL 表格的 Q～W 列
        pos3_strat='DLT'；%"一月"～"十二月"在 EXCEL 表格的 D、L、T 列
        month={'一月','二月','三月';'四月','五月','六月';'七月','八月','九月';'十月',
'十一月','十二月'}；
        for i=1：4
            for j=1：3
             posi{i，j}＝strcat(pos2_strat((j−1)＊2+1)，num2str(pos_strat(i))，'：'，pos2_strat
((j−1)＊2+2)，num2str(pos_strat(i)+6))；
                    %命令 strcat 用于横向连接字符串，其中 posi{1，1}＝A2：G8
                    %第(i−1)×3+j 月对应 EXCEL 表格中的矩形区域(不含月份所在的行)
                xlswrite('wannianli.xls'，Mon_week{(i−1)＊3+j，2}，num2str(Year)，posi{i，j})；
                    %将第(i−1)×3+j 的信息(不含月份)写入到文件 wannianli.xls 中
                    %EXCEL 工作表格的名称为年份(num2str(Year))
                s2＝strcat(pos3_strat(j)，num2str((i−1)＊8+1))；
                    %第(i−1)×3+j 月的月份在 EXCEL 表格中的位置(只占 1 格)
                xlswrite('wannianli.xls'，month(i，j)，num2str(Year)，strcat(s2，'：'，s2))；
                    %将第(i−1)×3+j 月的月份(如"一月")写入到文件 wannianli.xls 中
            end
        end
```

当输入的年份为 2050 时，该年日历详见图 11.1。若再输入一个年份，则该年份对应的日历仍保存在 EXCEL 文件 wannianli.xls 中，且创建了一个以年份为名称的工作表。

练 习 题

1. 设计一个程序，计算两个日期之间共有多少周，余几天？
2. 重新设计万年历，将星期日作为每周的第一天。
3. 将万年历 12 个月的输出格式设置为 6 行 2 列。

第12章 万花筒曲线与折叠桌的设计

本章主要介绍万花筒曲线与折叠桌的设计两个绘图实验。

12.1 万花筒曲线

万花筒曲线可看成一条曲线绕另一条封闭曲线转动，前一条曲线上某点形成的轨迹。本节主要研究各种圆形螺纹齿状万花筒花纹。

1. 内切圆

例 12.1 假设有两个不同的圆，第一个圆（大圆）的半径为 R，曲线方程为 $x^2 + y^2 = R^2$；第二个圆（小圆）的半径为 r，曲线方程为 $[x-(R-r)]^2 + y^2 = r^2$，其中 $r < R$。两个圆相切于点 $Q(R, 0)$，现让小圆绕大圆按顺时针转动，求小圆上某个固定点在转动过程中形成的轨迹。

解 在初始状态，小圆的圆心 O_1 的坐标为 $(R-r, 0)$。不失一般性地，在小圆上选取定点 P，其坐标为 $(R-2r, 0)$。在转动过程中，O_1 的轨迹形成半径为 $R-r$ 的圆，对应的曲线方程为 $x^2 + y^2 = (R-r)^2$。下面用参数形式表示该圆

$$\begin{cases} x = (R-r)\cos t \\ y = (R-r)\sin t \end{cases} \quad t \geqslant 0$$

其中 $t=0$ 时的坐标为初始小圆的圆心坐标。

在初始位置 $(t=0)$，点 P 到切点 Q、按顺时针转动的圆弧长度为 $L = |\overparen{PQ}| = \pi r$。现在让小圆的圆心绕大圆按逆时针转动角度 Δt（单位为 rad），此时大圆上切点移动的长度为 $s = R\Delta t$，如图 12.1 所示。

注意：选取的 Δt 为比较小的正数，且满足 $s < \pi r$。因此点 P 到 Q 在小圆上按顺时针方向的长度为 $L-s$，弧 $\overparen{PQ}$ 对应的角度为 $\alpha = (L-s)/r$。设小圆的圆心坐标为 (x_{center}, y_{center})，其中 $x_{center} = (R-r)\cos\Delta t$，$y_{center} = (R-r)\sin\Delta t$，则点 P 对应的坐标为

$$\begin{cases} x = x_{center} + r\cos(\Delta t + \alpha) \\ y = y_{center} + r\sin(\Delta t + \alpha) \end{cases}$$

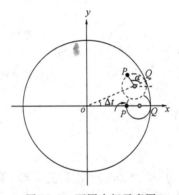

图 12.1 两圆内切示意图

接着讨论小圆的圆心再次按逆时针转动角度 Δt，此时需要更新点 P 到 Q 在小圆上按逆时针方向的长度

$$L := \begin{cases} L-s & L-s > 0 \\ 2\pi r + L-s & L-s \leqslant 0 \end{cases}$$

其中 s 为常数，不需要更新。

在实际绘图时，取 $R=1$。绘图过程按如下三步进行：

（1）绘制大圆的 MATLAB 程序如下：

```
clear;
R=1;
theta=0:0.01:2*pi;
x=R*cos(theta);Y=R*sin(theta);
plot(x,y,'r-','LineWidth',3);      %线的粗细设置为3
axis equal off;
hold on;
```

（2）在实验中取 $r=0.15$，$\Delta t=0.02$，参数设置与初始化的程序如下：

```
r=0.15;
t0=0;                %t 的初始值
delta=0.02;
xy=[R-2*r,0];      %用于存储 P 点的坐标
L=2*pi*r/2;
s=R*delta;
```

（3）以 Δt 为时间间隔，循环计算 P 点坐标，并绘出此点。程序如下：

```
for i=1:1000                            %迭代 1000 次
    x_center=(R-r)*cos(t0+delta);       %小圆圆心的 x 坐标
    y_center=(R-r)*sin(t0+delta);       %小圆圆心的 y 坐标
    alpha=(L-s)/r;
    x_new=x_center+r*cos(t0+delta+alpha);   %更新小圆上 P 点的 x 坐标
    y_new=y_center+r*sin(t0+delta+alpha);   %更新小圆上 P 点的 y 坐标
    xy=[xy;x_new,y_new];
    plot(x_new,y_new,'.');              %绘制 P 点
    %pause
    t0=t0+delta;                        %更新 t
    if L-s>=0
        L=L-s;                          %%更新 L
    else
        L=2*pi*r+(L-s);
    end
end
```

此外，也要考虑 $r=0.13$、0.33、0.53 三种取值情形。四种 r 的取值对应的图形如图 12.2 所示，其中实线为大圆，离散点为 P 的轨迹。

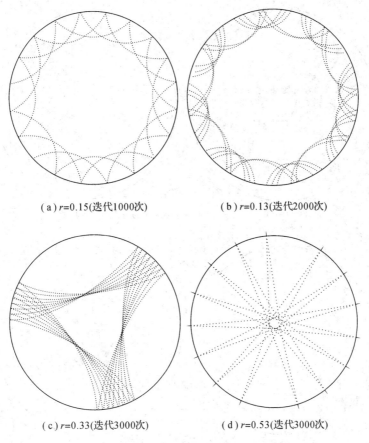

（a）$r=0.15$(迭代1000次)　　　　　　　（b）$r=0.13$(迭代2000次)

（c）$r=0.33$(迭代3000次)　　　　　　　（d）$r=0.53$(迭代3000次)

图 12.2　不同 r 取值下的万花筒曲线图（内切圆）

　　在上述实验中，点 P 在小圆上。下面考虑小圆域内某点 G 在运动中形成的轨迹。不妨设点 G 的初始坐标为 $(R-r-\rho r, 0)$，其中参数 $\rho \in [0, 1)$。在运动过程中，点 G、点 P 和小圆圆心三点共线。在绘制点 G 轨迹的程序中，只需要更改 x_new 和 y_new 的迭代公式即可：

　　　　x_new＝x_center＋rho * r * cos(t0＋delta＋alpha)；

　　　　y_new＝y_center＋rho * r * sin(t0＋delta＋alpha)；

　　在实验中，取 $\rho=2/3$，迭代次数为 5000，6 种 r 取值下的图形如图 12.3 所示。

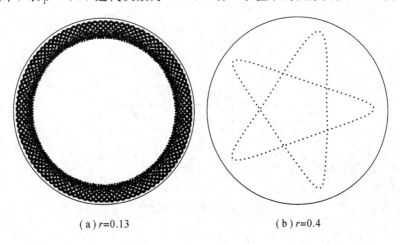

（a）$r=0.13$　　　　　　　　　　　（b）$r=0.4$

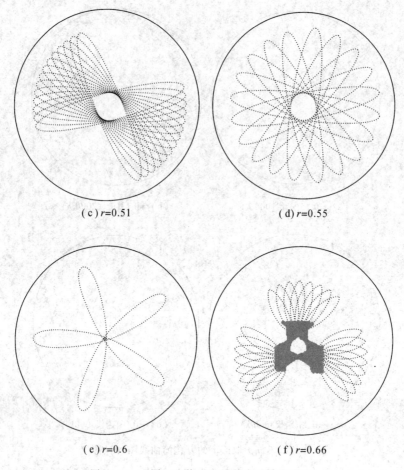

（c）r=0.51   （d）r=0.55

（e）r=0.6   （f）r=0.66

图 12.3　不同 r 取值下小圆域内 Q 点的轨迹

2. 外切圆

例 12.2　假设有两个圆，第一个圆（内圆）的方程仍为 $x^2+y^2=R^2$，第二个圆（外圆）的方程为 $[x-(R+r)]^2+y^2=r^2$。这两个圆外切于点 $Q(R，0)$，选取外圆的一点 P，其坐标为 $(R+2r，0)$，如图 12.4 所示。让外圆按逆时针绕内圆旋转，求点 P 形成的轨迹。

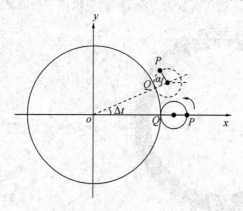

图 12.4　两圆外切示意图

解　外圆圆心所在的曲线是半径为 $R+r$ 的圆，参数方程为

$$\begin{cases} x=(R+r)\cos t \\ y=(R+r)\sin t \end{cases} \quad t\geqslant 0$$

在初始情形下，角度 t 对应的值为 0。当外圆的圆心对应的角度为 Δt 时，圆心坐标仍记为 (x_{center}, y_{center})，其中 $x_{center}=(R+r)\cos\Delta t$，$y_{center}=(R+r)\sin\Delta t$。仍令 $L=|\overset{\frown}{PQ}|=\pi r$，$s=R\Delta t$，$\alpha=(L-s)/r$，于是点 P 的坐标为

$$\begin{cases} x=x_{center}+(R+r)\cos(\Delta t+\pi-\alpha) \\ y=y_{center}+(R+r)\sin(\Delta t+\pi-\alpha) \end{cases}$$

L 和 t 的更新公式与内切圆情形相同。

在实验中取 $R=1$，$r=0.1$，$\Delta t=0.02$，绘制点 P 轨迹的 MATLAB 程序如下：

（1）初始化参数及内圆曲线的绘制，程序如下：

```
clear；
R=1；r=0.1；                        %内圆及外圆的半径
delta=0.02；
theta=0：0.01：2*pi；
x=R*cos(theta)；y=R*sin(theta)；    %内圆上的点
plot(x，y，'r-'，'LineWidth'，3)；    %绘制圆曲线
axis equal off；
hold on；
```

（2）绘制 P 点的轨迹，程序如下：

```
t0=0；
xy=[R+2*r，0]；                     %用于存储P点的坐标
L=2*pi*r/2；
s=R*delta；
for i=1：1000
    x_center=(R+r)*cos(t0+delta)；
    y_center=(R+r)*sin(t0+delta)；
    alpha=(L-s)/r；
    x_new=x_center+r*cos(t0+delta+pi-alpha)；
    y_new=y_center+r*sin(t0+delta+pi-alpha)；
    plot(x_new，y_new，'.')；
    t0=t0+delta；
    if L-s>=0
        L=L-s；
    else
        L=2*pi*r+(L-s)；
    end
end
```

图 12.5 给出了 $r=0.1$、0.15、0.33、0.8、1、1.5 时的曲线图，其中实线为第一个圆，离散点为 P 的轨迹。

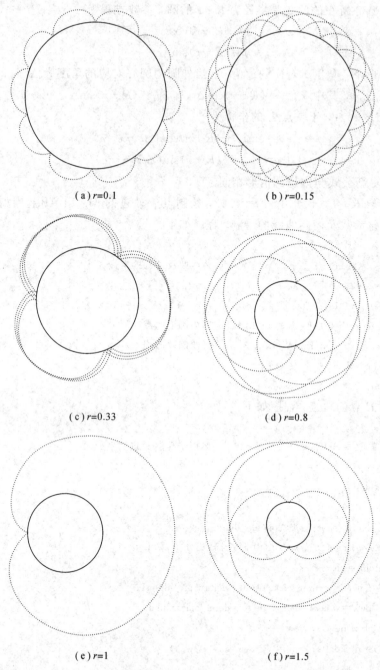

(a) $r=0.1$ (b) $r=0.15$

(c) $r=0.33$ (d) $r=0.8$

(e) $r=1$ (f) $r=1.5$

图 12.5　不同 r 取值下的万花筒曲线图(外切圆)

与内切圆类似,也可以考虑外圆域某点的运动轨迹。

12.2　折叠桌的设计

例 12.3　本实验取自 2014 年全国大学生数学建模竞赛 B 题:创意平板折叠桌。由尺寸为 120 cm×50 cm×3 cm 的长方形平板加工成可折叠的桌子,桌面呈圆形。桌腿由两组木条组成，每组各用一根钢筋将木条连接，钢筋两端分别固定在桌腿各组最外侧的两根木条的中心位置，并且沿木条有空槽以保证滑动的自由度，如图 12.6 所示。桌腿随着铰链的活动可以平摊成一张平板，每根木条宽 2.5 cm，折叠后桌子的高度为 53 cm。试建立模型描述此折叠桌的动态变化过程和桌脚边缘线。

图 12.6　折叠桌图片（图片来源于赛题）

　　解　虽然折叠桌设计是离散型的，但仍可以用连续型的方法进行建模。显然，圆形桌面在长方形木板的中心位置。基于圆形桌面下侧所在的平面建立直角坐标系 xoy，其中桌面圆心为原点 o，与长方形平板的长、宽平行的方向分别为 x 轴、y 轴，如图 12.7 所示，其中 y 轴右侧的两个黑点表示最外侧桌腿上钢筋所在的位置。桌面对应的圆的方程为 $x^2 + y^2 = r^2$，其中 r 为桌面的半径。记长方形的长为 $2l$，宽为 $2r$。过原点 o 且垂直于 xoy 平面、方向朝上的方向为 z 轴正向，建立空间坐标系 $oxyz$。设桌面底侧距离地面的高度为 h，最外侧桌腿与桌面的夹角为 α，图 12.8 给出了二者之间的关系，即有 $\sin \alpha = h/l$。为简便起见，以下实验仅考虑桌面右侧的桌腿。

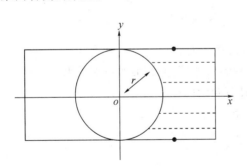

图 12.7　桌面所在平面的直角坐标系

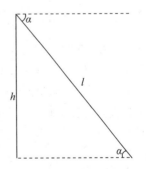

图 12.8　桌面高度与桌腿示意图

最外侧两个桌腿关于 xoz 平面对称，y 轴正向一侧的最外侧桌腿的线段方程为

$$\begin{cases} z = -x\tan\alpha \\ y = r \\ 0 \leqslant x \leqslant l\cos\alpha \end{cases}$$

此桌腿的中点 P_1 的坐标为 $\dfrac{1}{2}(l\cos\alpha,\ r,\ -l\sin\alpha)$，对应的另一条最外侧桌腿的中点 P_2 坐标为 $\dfrac{1}{2}(l\cos\alpha,\ -r,\ -l\sin\alpha)$，因此钢筋所在的线段（$P_1P_2$）方程为

$$\begin{cases} x=\dfrac{1}{2}l\cos\alpha \\[2mm] z=-\dfrac{1}{2}l\sin\alpha \\[2mm] -r\leqslant y\leqslant r \end{cases}$$

在桌面右侧边缘(半圆)上任选一点 Q_1,其坐标可表示为

$$\begin{cases} x=r\cos\theta \\ y=r\sin\theta \\ z=0 \end{cases}$$

其中 $-\pi/2\leqslant\theta\leqslant\pi/2$。

Q_1 点到 y 轴的距离为 $r\cos\theta$,过 Q_1 的桌腿与钢筋的交点 Q_2 的坐标为

$$\begin{cases} x=\dfrac{1}{2}l\cos\alpha \\[2mm] y=r\sin\theta \\[2mm] z=-\dfrac{1}{2}l\sin\alpha \end{cases}$$

向量 $\overrightarrow{Q_1Q_2}=\left(\dfrac{1}{2}l\cos\alpha-r\cos\theta,\ 0,\ -\dfrac{1}{2}l\sin\alpha\right)$,其长度为

$$|\overrightarrow{Q_1Q_2}|=\sqrt{\left(\dfrac{1}{2}l\cos\alpha-r\cos\theta\right)^2+\left(-\dfrac{1}{2}l\sin\alpha\right)^2}$$

Q_2 对应的桌腿长度为 $l-r\cos\theta$,它所在的线段方程为

$$\begin{cases} x=r\cos\theta+\dfrac{l-r\cos\theta}{|\overrightarrow{Q_1Q_2}|}\left(\dfrac{1}{2}l\cos\alpha-r\cos\theta\right)t \\[3mm] y=r\sin\theta \\[3mm] z=\dfrac{l-r\cos\theta}{|\overrightarrow{Q_1Q_2}|}\left(-\dfrac{1}{2}l\sin\alpha\right)t \end{cases}$$

其中 $t\in[0,1]$。$t=0$ 对应 Q_1 点,$t=1$ 对应桌腿的底端。

由已知数据知 $l=0.6$,$r=0.25$,$h=0.5$。假设折叠桌的每侧均有 N 条桌腿,在实验中需要计算每条桌腿两端的空间坐标。计算与绘图程序如下:

(1) 参数设置与变量初始化,程序如下:

```
clear;
L=0.6; r=0.25;
h=0.50;
N=21;                              % N 条桌腿
alpha=asin(h/L);
T=linspace(-pi/2, pi/2, N);        %右侧边缘对应角度的离散化
StartingPoint=zeros(N, 3);         %桌腿上端坐标
EndPoint=StartingPoint;            %桌腿底端坐标
Direction=zeros(1, 3);             %桌腿方向向量
```

(2) 绘制桌腿,程序如下:

```
for i=1: N
    theta=T(i);
```

```
StartingPoint(i,:)=[r*cos(theta),r*sin(theta),0];                %Q1 点坐标
Direction=[0.5*L*cos(alpha)-r*cos(theta),0,-0.5*L*sin(alpha)];   %向量 Q1Q2
EndPoint(i,:)=StartingPoint(i,:)+(L-r*cos(theta))*Direction/norm(Direction);
    %桌腿底端坐标
plot3([StartingPoint(i,1),EndPoint(i,1)],[StartingPoint(i,2),EndPoint(i,2)],...
        [StartingPoint(i,3),EndPoint(i,3)],'r-','LineWidth',2);    %绘制第i条桌腿
hold on;
end
```

(3) 分别绘制桌腿上端 N 个点的连线、下端 N 个点的连线、钢筋,程序如下:

```
plot3(StartingPoint(:,1),StartingPoint(:,2),StartingPoint(:,3),'.-b');
    %绘制桌腿上端 N 个点的连线
plot3(EndPoint(:,1),EndPoint(:,2),EndPoint(:,3),'.-b');
    %绘制桌腿底端 N 个点的连线
SteelPoint=[0.5*L*cos(alpha),r,-0.5*L*sin(alpha);
            0.5*L*cos(alpha),-r,-0.5*L*sin(alpha)]; %钢筋端点坐标
plot3(SteelPoint(:,1),SteelPoint(:,2),SteelPoint(:,3),'-k','LineWidth',2);
    %绘制钢筋对应的线段
view(-35,15);
axis off;
```

输出图形见图 12.9。在桌子折叠过程中,桌面高度 h 的变化范围为 0 cm～50 cm。对于不同的 h,可以绘制不同的桌腿及钢筋线段,从而动态地演示桌子的折叠过程。

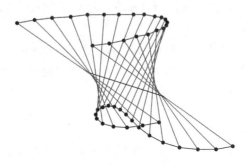

图 12.9　桌腿及钢筋线段

练　习　题

1. 在设计万花筒曲线的外切圆实验中,考虑不同 r 取值下外圆圆域内的点 $Q(R+5r/3,0)$ 的运动轨迹。

2. 一条直线与一个圆相切于点 P,现让该直线绕圆按逆时针方向旋转且相切于圆,求直线上定点 P 的运动轨迹(渐开线)。

3. 在折叠桌设计时,绘出完整的桌面和桌腿。

4. 将折叠桌的动态折叠过程制作成视频。

5. 当桌面为椭圆时,绘出指定高度下的桌腿(尺寸自己设定)。

第 13 章　随机模拟方法

随机模拟方法亦称 Monte Carlo 方法，是一种基于"随机数"的计算方法。很早以前人们已发现和利用其基本思想，例如，17 世纪人们用事件发生的"频率"来确定事件的"概率"；19 世纪数学家蒲丰(Buffon)用投针实验的方法来决定圆周率。本章主要讲述随机模拟方法的相关知识。

13.1　常用的随机变量及 MATLAB 生成

本节将介绍一些常用的随机变量及相应的 MATLAB 生成命令。

1. 连续型均匀分布

对于连续型随机变量 X，若其密度函数为

$$f(x) = \begin{cases} 1 & x \in (0, 1) \\ 0 & x \notin (0, 1) \end{cases}$$

则称 X 服从区间 $(0, 1)$ 上的均匀(uniform)分布，记为 $X \sim U(0, 1)$。若令 $Y = a + (b-a)X$ 且 $b > a$，则有 $Y \sim U(a, b)$。

在 MATLAB 中，推荐使用马特赛特旋转演算法(Mersenne Twister)来随机生成服从 $U(0, 1)$ 的伪随机数。随机生成 3×4 维的服从 $U(0, 1)$ 的伪随机矩阵 A 的格式如下：

```
rng('default'); %或者 rng(0, 'twister');
m=3; n=4;
A=rand(m, n);
```

其中"rng"控制随机数生成方式(Random Number Generation)，此处的默认值("default")为"Twister"。

类似地，当矩阵 A 的元素服从区间 $(1, 3)$ 上的均匀分布时，生成命令为：$A = 1 + 2 *$ rand(3, 4)。矩阵 A 的各元素之间近似相互独立。

若随机变量 $X \sim U(a, b)$，除了使用 rand 命令外，还可以使用 unifrnd(a, b, m, n)。例如：

```
rng('default');
a=1; b=3;
m=3; n=5;
A=unifrnd(a, b, m, n);
```

则生成的 3×5 维矩阵 A 的元素服从区间 $(1, 3)$ 上的均匀分布。

2. 离散型均匀分布

若离散型随机变量 X 有 N 个可能取值 $x_1, x_2, \cdots, x_N$，且取每个值的概率相同，则称 X 服从离散型的均匀分布。为简便起见，假设 x_k 的取值为整数(integer)k，则有

$$P\{X=k\}=\frac{1}{N}, \; K=1, \; 2, \; \cdots, \; N$$

MATLAB 随机生成离散型均匀分布的命令为 randi(N，m，n)。若随机生成 3×5 维矩阵 A，且 A 的每个元素的可能取值为 $1\sim10$ 之间的整数，则程序如下：

```
rng('default');
N=10；
m=3；n=5；
A=randi(N, m, n)
```

此外，若在 $-10\sim10$ 之间的所有整数中随机生成一个整数 a，程序为：

```
rng('default');
a=randi(21, 1, 1)-11；
```

则输出 a 的值为 7。

3. 一元正态分布

若随机变量 X 服从一元正态（高斯）分布，则其密度函数为

$$f(x; \; \mu, \; \sigma^2)=\frac{1}{\sqrt{2\pi}\sigma}\exp\left(-\frac{1}{2\sigma^2}(x-\mu)^2\right), \; -\infty<x<+\infty$$

其中 μ 为均值，σ 为标准差，可记为 $X\sim N(\mu, \; \sigma^2)$。

对于标准正态分布 $N(0, \; 1)$，随机生成 $m\times n$ 维矩阵 A 的命令为 randn(m，n)。若随机生成 3×5 维矩阵 A，且 A 的每个元素均服从标准正态分布，则使用的命令为：

```
rng('default');
m=3；n=5；
A=randn(m, n);
```

当 $X\sim N(0, \; 1)$ 时，$Y=\sigma X+\mu\sim N(\mu, \; \sigma^2)$，则随机生成服从 $N(1, \; 2)$ 的 MATLAB 命令为：

```
a=sqrt(2) * randn+1;
```

对于一般的正态分布 $N(\mu, \; \sigma^2)$，也可以用命令 normrnd(mu，sigma，m，n) 来生成 $m\times n$ 维的随机矩阵 A，其中 mu 为均值，sigma 为标准差。例如，随机生成 3×5 维矩阵，且每个元素均服从 $N(3, \; 4)$，则命令为：

```
rng('default');
mu=3；sigma=2；
m=3；n=5；
A=normrnd(mu, sigma, m, n) ;
```

例 13.1 对 MATLAB 图像处理工具箱的灰度图像"circlesBrightDark．png"添加高斯白噪声，其中均值为 0，标准差为 10。

解 添加噪声程序如下：

```
A=double(imread('circlesBrightDark. png'));
mu=0；sigma=10；
N=normrnd(mu, sigma, size(A));        ％高斯白噪声矩阵
AN=A+N;                               ％矩阵 A 加上高斯白噪声矩阵 N
subplot(1, 2, 1);
imshow(uint8(A));
```

```
subplot(1, 2, 2);
imshow(uint8(AN));
```

输出图像如图 13.1。

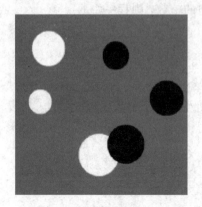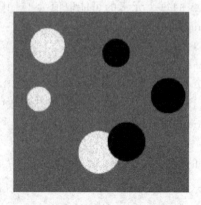

（a）原始图像   （b）高斯白噪声腐蚀后的图像

图 13.1　circlesBrightDark. png 加噪对比图像

4. 二项分布

若离散型随机变量 X 的分布率为

$$P\{X=k\}=C_N^k p^k (1-p)^{N-k} \quad k=0, 1, \cdots, N$$

则称 X 服从参数为 (N, p) 的二项分布（binomial），记为 $X \sim B(N, p)$。随机生成 $N=10$、$p=0.5$ 的二项分布的命令为：

```
rng('default');
N=10; p=0.5;
a=binornd(N, p);
```

输出的 a 值为 3。

若随机生成服从 $B(N, p)$ 的 10 维行向量，则命令为：

```
rng('default');
N=10; p=0.5;
m=1; n=10;
a=binornd(N, p, m, n);
```

输出的 a=[5, 6, 2, 4, 3, 7, 4, 6, 3, 6]。

当 $n=1$ 时，二项分布 X 就变成了伯努利分布（0－1 分布），其分布率为：

$$X \sim \begin{bmatrix} 0 & 1 \\ 1-p & p \end{bmatrix}$$

MATLAB 生成服从伯努利分布的命令为 binornd(1, p, m, n)。当然，也可以基于 rand 命令来生成服从伯努利分布的 $m \times n$ 维矩阵，格式为 A=rand(m, n)<=p。

5. 指数分布

若连续型随机变量 X 的密度函数为

$$f(x；\lambda)=\begin{cases}\dfrac{1}{\lambda}\cdot\exp\left(-\dfrac{1}{\lambda}x\right) & x>0\\0 & x\leqslant0\end{cases}$$

则称 X 服从参数为 λ 的指数（Exponential）分布。易知 X 的期望为 λ，随机生成服从指数分布的 $m\times n$ 维矩阵的 MATLAB 命令为 exprnd(lambda，m，n)。

6. 泊松分布

若离散型随机变量 X 的分布率为

$$P\{X=k\}=\dfrac{\lambda^k}{k！}\exp(-\lambda)\quad k=0，1，\cdots$$

则称 X 服从参数为 λ 的泊松（Poisson）分布。MATLAB 生成服从泊松分布的 $m\times n$ 维矩阵的命令为 poissrnd(lambda，m，n)。

若相继两个事件出现的时间间隔服从指数分布，则在某一时间间隔内事件出现的次数服从泊松分布（参数互为倒数）；反之亦然。

7. 多元正态分布

若 d 维随机向量 $\boldsymbol{X}$ 的密度函数为

$$N(\boldsymbol{x}|\boldsymbol{\mu}，\boldsymbol{\Sigma})=\dfrac{1}{(2\pi)^{d/2}|\boldsymbol{\Sigma}|^{1/2}}\exp\left\{-\dfrac{1}{2}(\boldsymbol{x}-\boldsymbol{\mu})^{\mathrm{T}}\boldsymbol{\Sigma}^{-1}(\boldsymbol{x}-\boldsymbol{\mu})\right\}$$

则称 $\boldsymbol{X}$ 服从均值向量为 $\boldsymbol{\mu}$、协方差矩阵为 $\boldsymbol{\Sigma}$ 的 d 元正态分布，记为 $\boldsymbol{X}\sim N(\boldsymbol{\mu}，\boldsymbol{\Sigma})$。在上述密度函数中，$|\boldsymbol{\Sigma}|$ 表示求 $\boldsymbol{\Sigma}$ 的行列式，且 $\boldsymbol{\Sigma}$ 为对称的正定矩阵。

在 MATLAB 中，随机生成服从多元正态分布（Multivariate Normal）的 n 组数据的命令为 A＝mvnrnd(mu，sigma，n)，输出的矩阵 A 共有 n 行，其中 mu 为均值向量，sigma 为协方差矩阵。

例 13.2 分别随机生成服从 $N(\boldsymbol{\mu}_1，\boldsymbol{\Sigma}_1)$ 和 $N(\boldsymbol{\mu}_2，\boldsymbol{\Sigma}_2)$ 的 500 个数据点，其中

$$\boldsymbol{\mu}_1=(2，3)^{\mathrm{T}}，\boldsymbol{\mu}_2=(4，1)^{\mathrm{T}}，\boldsymbol{\Sigma}_1=\begin{bmatrix}1 & 1.5\\1.5 & 3\end{bmatrix}，\boldsymbol{\Sigma}_2=\begin{bmatrix}2 & 1.2\\1.2 & 3\end{bmatrix}$$

绘出上述数据点的散点图，要求第一个正态总体用加号表示点，第二个正态总体用圆圈表示点。

解 MATLAB 命令为：

```
clear；
mu1＝[2；3]；
sigma1＝[1，1.5；1.5，3]；
mu2＝[4；1]；
sigma2＝[2，1.2；1.2，3]；
r1＝mvnrnd(mu1，sigma1，500)；
r2＝mvnrnd(mu2，sigma2，500)；
plot(r1(:,1)，r1(:,2)，'+'，r2(:,1)，r2(:,2)，'o')；
legend('正态总体一'，'正态总体二')；
axis equal；
```

输出图形如图 13.2 所示。

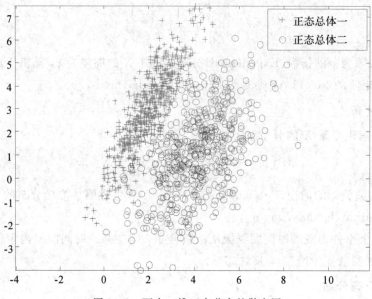

图 13.2　两个二维正态分布的散点图

8. 随机排列

对整数 $1, 2, \cdots, n$ 进行随机排列，排列方式共有 $n!$ 种。随机产生向量 $[1, 2, \cdots, n]$ 的一种排列，使用的命令为 randperm(n)，例如：

rng('default'); a＝randperm(4);

返回的向量 a＝[3，1，2，4]。

例 13.3　在学号 1~30 的 30 位同学中随机选择 5 位同学。

解　a＝randperm(30); b＝sort(a(1: 5));

向量 b 即为 5 位同学对应的学号。

例 13.4　对于 MATLAB 图像处理工具箱的灰度图像"cameraman. tif"，随机选取 $N=10\ 000$ 个像素，将其重新赋值为 255，并绘出前后两个图像。

解　程序如下：

```
A＝double(imread('cameraman. tif'));

[m, n]＝size(A);

N＝1e4;

rp＝randperm(m * n);

rp＝rp(1: N);

B＝A;

B(rp)＝255;

subplot(1, 2, 1);

imshow(A/255);

subplot(1, 2, 2);

imshow(B/255);
```

输出图像如图 13.3 所示。

（a）原始图像　　　　　　（b）部分像素值改变后的图像

图 13.3　cameraman.tif 对比图像

其他的随机生成数还有 gamrnd（伽马分布）、trnd（学生 t 分布）、chi2rnd（卡方分布）和 frnd（F 分布）等，本书不再一一赘述。

13.2　随机模拟举例

例 13.5　使用随机模拟方法近似计算圆周率 π。

解　根据扇形（或圆）的面积与正方形面积之间的关系来计算 π。如图 13.4 所示，边长为 1 的正方形的面积为 $S_1=1$，扇形的面积为 $S_2=\dfrac{\pi}{4}$。显然 $\dfrac{S_2}{S_1}=\dfrac{\pi}{4}$。

在正方形区域内随机产生 N_1 个点，其中落入扇形区域内的点数为 N_2，当 N_1 比较大时，有 $\dfrac{N_2}{N_1}\approx\dfrac{S_2}{S_1}$。所以，$\pi\approx\dfrac{4N_2}{N_1}$。

模拟计算圆周率的 MATLAB 程序如下：

```
rng('default');
N1=1e6;                %模拟次数
N2=0;                  %落入扇形区域内的次数
for i=1：N1
    t=rand(1，2)；      %随机生成正方形区域内的点（二维）向量
    if norm(t)<=1      %生成的点是否落入扇形区域
        N2=N2+1；
    end
end
pii=4 * N2/N1；
```

输出的 pii=3.1399 为圆周率的近似值。

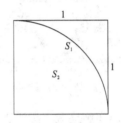

图 13.4　扇形与正方形示意图

例 13.6　考虑 101×101 个点构成的正方形区域上的整数点对组成的集合：

$$A=\{(i,j)\,|\,i=0,1,\cdots,100;\,j=0,1,\cdots,100\}$$

选取初始点 $\boldsymbol{X}_0=(10,80)$，按照如下步骤产生马尔科夫链：

（1）选择基准点 $(0,0)$、$(100,0)$、$(50,100)$；

（2）随机等可能地选择一个基准点，计算初始点与该基准点的中点坐标，对其四舍五入取整后作为新的初始点；

（3）重复步骤（1）和（2）。

将计算初始点的过程重复 2000 次，并绘出散点图。

解 记 r_n 为第 n 步选择的基准点，则 r_n 的状态空间为 $R=\{(0,0),(100,0),(50,100)\}$，即 $\{r_n\}_{n=1}^{\infty}$ 是马尔科夫链。在迭代过程中，三个基准点等可能地被选中，可采用 randi(3) 来随机选择基准点。MATLAB 程序如下：

```
clear all;
rng('default');
R=[0, 100, 50; 0, 0, 100];          %3 个基准点构成的 2×3 维的矩阵
x0=[10, 80]';                        %初始点
N=2000;                              %迭代次数
plot(x0(1), x0(2), '.');             %绘制初始点 x0
axis([0, 100, 0, 100]);              %坐标轴的取值范围[xmin, xmax, ymin, ymax]
hold on; grid on;
plot(R(1, [1:3, 1]), R(2, [1:3, 1]), 'ro-', 'LineWidth', 3); %绘制 3 个基准点构成的三角形
x=x0;
xn=zeros(2, N);                      %用于存储所有的初始点
for n=1:N
  j=randi(3);                        %在 3 个基准点中随机选择某个点(第 j 个)
  xn(:, n)=round((R(:, j)+x)/2);
  x=xn(:, n);                        %更新初始点
end
plot(xn(1,:), xn(2,:), '.');         %绘制 N 个初始点的散点图
```

输出图形如图 13.5 所示。可以看出，绝大多数点在三个基准点构成的三角形内，且离散点形成的图形对应一种分形(参见第 14 章的 Sierpinski 三角形)。

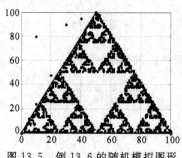

图 13.5 例 13.6 的随机模拟图形

例 13.7 敌坦克分队对我方阵地实施突袭，其到达规律服从泊松分布，平均每分钟到达 4 辆。试模拟：

（1）敌坦克在 3 分钟内到达目标区的数量，以及在每分钟内各到达几辆坦克？

（2）在 3 分钟内每辆敌坦克的到达时刻。

解　（1）由题意知泊松分布的参数 $\lambda = 4$。对于第 1、2、3 分钟，分别使用 poissrnd 命令生成敌坦克的数量。模拟程序如下：

```
N＝3；                    ％3分钟
lambda＝4；
A＝zeros(N，1)；
for i＝1：N
    A(i)＝poissrnd(lambda)；％A(i)为第i分钟内到达的坦克数量
end
s＝sum(A)；
```

输出的 s 为 3 分钟内到达的坦克总数量。

（2）两辆相邻到达的坦克的时间间隔服从参数为 $\lambda' = 1/4$ 的指数分布，模拟程序如下：

```
A＝0；                    ％初始化坦克数量
T＝0；                    ％初始化累积时间
Ti＝[]；                  ％用于记录各辆坦克到达的时间
while T＜3
        T＝T＋exprnd(1/4)；  ％第i辆坦克到达的时间
        Ti＝[Ti，T]；
        A＝A＋1；
end
A＝A－1；
Ti(end)＝[]；
```

在跳出 while 循环时，累积时间 T 已经大于 3，故实际的坦克数量 A 应该减去 1。

例 13.8　使用随机模拟方法计算 $I = \int_0^1 x^3 \, \mathrm{d}x$。

解　令随机变量 $X \sim U(0，1)$，$f(x)$ 为 X 的密度函数，则

$$I = \int_0^1 x^3 f(x) \, \mathrm{d}x = \mathbb{E}(X^3)$$

根据大数定律，可以用均值来近似期望，即

$$\widehat{I} = \frac{1}{N} \sum_{i=1}^{N} x_i^3$$

其中 $x_1，x_2，\cdots，x_N$ 为均匀分布总体 $U(0，1)$ 的样本观测值。

随机模拟程序如下：

```
clear；
rand('seed'，9999)；
N_samples ＝ 10000；
X_N ＝ rand(N_samples，1)；
X3_N ＝ zeros(N_samples，1)；
X3_N＝X_N.^3；
I_cap ＝ mean(X3_N)；
```

输出的 I_cap ＝0.2440，与 I＝0.25 接近。

13.3 作战打击模拟

例 13.9 在我方某前沿防守地域，敌人以一个炮排（含两门火炮）为单位对我方进行干扰和破坏。为躲避我方打击，敌方对其阵地进行了伪装并经常变换射击地点。经过长期观察发现，我方指挥所对敌方目标的指示有 50% 是准确的；而我方火力单位在指示正确时，有 1/3 的射击效果能毁伤敌人一门火炮，有 1/6 的射击效果能全部消灭敌人（即毁伤两门火炮）。现在希望能用某种方式把我方将要对敌人实施的 20 次打击结果显现出来，并确定有效射击的比率及毁伤敌方火炮的平均值。

解 准确发现敌人目标的可能性为 50%，可用 rand 命令来实现。当 rand<0.5 时，准确发现目标；否则，没有正确发现目标。是否准确发现敌人也可以用掷硬币的结果来表示，正面向上对应准确发现敌人，反面向上对应未能发现敌人。在指示正确时，击中敌人零门、一门、两门火炮的可能性分别为 3/6、2/6、1/6，故可以用随机数 randi(6) 来实现，也可以用掷骰子的结果来实现。若 randi(6) 生成的数为 1～3，对应毁伤零门火炮；若生成的数为 4～5，对应毁伤一门火炮；若生成的数为 6，对应毁伤两门火炮，即全部消灭敌人。

将 20 次模拟结果保存到 EXCEL 文件中，文件名为"作战打击模拟.xls"，模拟程序如下：

```
clear;
rng('default');
N=20;                    %模拟总次数
k0=0;                    %没击中敌人火炮的射击总次数
k1=0;                    %击中敌人一门火炮的射击总次数
k2=0;                    %击中敌人两门火炮的射击总次数
R=cell(N+1, 5);          %将模拟结果保存到元胞数组 R 中
R(1, :)={'实验序号','掷硬币结果','指示正确','掷骰子结果','消灭敌人火炮数'};
%第一行为标题行
for i=1: N
    R{i+1, 1}=i;
    if rand<=0.5         %指示正确
        t=randi(6);
        R{i+1, 2}='正'; R{i+1, 3}='Yes';
        R{i+1, 4}=t;
        if t<=3          %没能击中敌人
            k0=k0+1;
            R{i+1, 5}=0;
        elseif t<=5      %毁伤敌人一门火炮
            k1=k1+1; R{i+1, 5}=1;
        else             %毁伤敌人两门火炮
            k2=k2+1; R{i+1, 5}=2;
        end
    else                 %指示错误
```

```
            R{i+1, 2}='反'; R{i+1, 3}='No';
            R{i+1, 5}=0;
            k0=k0+1;
        end
    end
    xlswrite('作战打击模拟.xls', R);
    E=(k1+k2)/N;
    E1=(k1+2*k2)/N;
```

输出 E=0.2(有效射击的比率)，E1=0.35(平均每次毁伤敌方火炮的门数)。20 次作战的详细结果保存在 EXCEL 文件"作战打击模拟.xls"中，结果显示如表 13.1 所示。

表 13.1 作战打击模拟

实验序号	掷硬币结果	指示正确	掷骰子结果	消灭敌人火炮数
1	反	No		0
2	反	No		0
3	正	Yes	6	2
4	反	No		0
5	正	Yes	2	0
6	反	No		0
7	反	No		0
8	反	No		0
9	正	Yes	6	2
10	反	No		0
11	正	Yes	5	1
12	正	Yes	3	0
13	反	No		0
14	反	No		0
15	反	No		0
16	反	No		0
17	正	Yes	6	2
18	反	No		0
19	反	No		0
20	反	No		0

13.4　报童卖报模拟

例 13.10　某报童以每份 0.03 元的价格买进报纸，以 0.05 元的价格出售。根据长期统计，报纸每天的销售量及百分率为：

销售量	200	210	220	230	240	250
百分率/%	10	20	40	15	10	5

已知当天销售不出去的报纸，将以每份 0.02 元的价格退还报社。试用随机模拟方法确定报童每天买进多少份报纸，才能使平均总收入最大？

解　假设报童每天买进报纸的数量为常数，用 Amount 表示，显然 Amount 的取值范围为 200～250。每天报纸的销量 Sale(市场需求量)有 6 种情形：200、210、220、230、240 和 250，根据随机生成数 rand 来确定哪种情形会发生，即分别对应 6 个区间(依据百分率)：

$$[0, 0.1), [0.1, 0.3), [0.3, 0.7), [0.7, 0.85), [0.85, 0.95), [0.95, 0.1]$$

当买入报纸数量 Amount 小于 Sale 时，报纸供不应求，盈利按数量 Amount 来计算；当 Amount 大于 Sale 时，报纸供过于求，实际卖出量为 Sale，未卖完的数量为 Amount − Sale。

随机模拟 10 年(即 3650 天)，程序如下：

```
clear;
N=3650;                          %模拟 10 年，共 3650 天
Sale=200:10:250;                 %销售量的 6 种情形，即市场的实际需求
p=[10, 20, 40, 15, 10, 5]/100;   %每种销售量对应的百分率
cp=cumsum(p);                    %百分率的累积求和，对应 6 个区间的端点
Amount=200:250;                  %每天买进报纸的量
M=zeros(length(Amount), 1);      %用于存储报纸买进量对应的日平均收入
rng('default');
for s=1:length(Amount)
    m=0;                         %净收入
    S=Amount(s);                 %买进报纸的量
    for i=1:N                    %模拟 3650 天
    r=rand;
    if r<=cp(1)                  %销售量为 200
        m=m+Sale(1)*(0.05-0.03)-(S-Sale(1))*(0.03-0.02);
    elseif r<=cp(2)              %销售量为 210
        if S>=Sale(2)            %供大于求
            m=m+Sale(2)*(0.05-0.03)-(S-Sale(2))*(0.03-0.02);
        else                     %供不应求
            m=m+S*(0.05-0.03);
        end
    elseif r<=cp(3)              %销售量为 220
        if S>=Sale(3)
            m=m+Sale(3)*(0.05-0.03)-(S-Sale(3))*(0.03-0.02);
```

```
                else
                    m=m+S*(0.05-0.03);
                end
            elseif r<=cp(4)              %销售量为 230
                if S>=Sale(4)
                    m=m+Sale(4)*(0.05-0.03)-(S-Sale(4))*(0.03-0.02);
                else
                    m=m+S*(0.05-0.03);
                end
            elseif r<=cp(5)              %销售量为 240
                if S>=Sale(5)
                    m=m+Sale(5)*(0.05-0.03)-(S-Sale(5))*(0.03-0.02);
                else
                    m=m+S*(0.05-0.03);
                end
            else                         %销售量为 250
                m=m+S*(0.05-0.03);
            end
        end
    M(s)=m/N;
    end
    x=Amount(M==max(M));        %最大的日平均净收入对应的报纸买进量
    disp(max(M));
```

输出的 x 为 220，即每日买进报纸 220 份，平均每天净收入最大，其值为 4.2869 元。

13.5　排队模型模拟

例 13.11　在某商店有一个售货员，顾客陆续到来，售货员逐个接待顾客。当到来的顾客较多时，一部分顾客便须排队等待，被接待后的顾客便离开商店。假设：

(1) 顾客到来的时间服从参数为 10 的指数分布(单位为 min)；

(2) 对顾客的服务时间长度服从 $[4,15]$ 上的均匀分布(单位为 min)；

(3) 排队按先到先服务的规则，队长无限制，排队顾客在未被服务前不会离开。

假定一个工作日按 8 小时计算，模拟如下问题：

(1) 一个工作日内完成服务的顾客数量及顾客平均等待时间；

(2) 对于 100 个工作日，求每日平均完成服务的顾客数量及顾客的等待时间。

解　(1) 用 w 表示一个工作日内所有顾客的总等待时间；

a_i 表示第 i 个顾客的到达时间；

s_i 表示对第 i 个顾客开始服务的时间；

e_i 表示对第 i 个顾客服务结束的时间；

x_i 表示第 $i-1$ 个顾客与第 i 个顾客到达的时间间隔；

y_i 表示对第 i 个顾客的服务时间。

上述变量之间存在如下关系

$$\begin{cases} a_{i+1} = a_i + x_{i+1} \\ s_{i+1} = \max(a_{i+1}, e_i) \\ e_{i+1} = s_{i+1} + y_{i+1} \end{cases}$$

其中第 i 个顾客的等待时间为 $s_i - a_i$。排队系统示意图如图 13.6 所示。

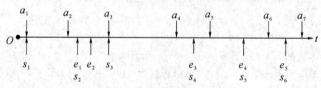

图 13.6　排队系统示意图

在随机模拟时，先建立 MATLAB 函数文件：

```
function [n, t]=queuing
%n：顾客总人数
%t：顾客平均等待时间
w=0;  %初始化总等待时间
i=1;
x(1)=exprnd(10);
a(1)=x(1);            %第一个顾客到达时间
s(1)=x(1);            %第一个顾客开始服务时间
while a(i)<=480       %8 小时共计 480 min
    y(i)=unifrnd(4, 15);
    e(i)=s(i)+y(i);
    w=w+s(i)-a(i);
    i=i+1;
    x(i)=exprnd(10);
    a(i)=a(i-1)+x(i);
    s(i)=max(a(i), e(i-1));
end
n=i-1;
t=w/n;
```

再编写主函数：

```
rng('default');
[n, t]=queuing;
```

则输出 n＝57，t＝ 67.0224 min。

(2) 100 个工作日的模拟程序如下：

```
N=zeros(1, 100);     %100 个工作日的顾客人数
T=N;                 %100 个工作日的顾客平均等待时间
rng('default');
for d=1: 100
    [n, t]=queuing;
    N(d)=n;
```

```
    T(d)=t;
  end
  Nm=mean(N);
  Tm=mean(T);
```

输出平均每天人数 Nm 为 47.4，平均等待时间 Tm 为 26.0458 min。

练 习 题

1. 分别随机生成服从 $N(\boldsymbol{\mu}_1, \boldsymbol{\Sigma}_1)$ 和 $N(\boldsymbol{\mu}_2, \boldsymbol{\Sigma}_2)$ 的 100 个数据点，并绘出散点图，其中

$$\boldsymbol{\mu}_1=(1, 1, 1)^{\mathrm{T}}, \boldsymbol{\mu}_2=(-1, -1, -1)^{\mathrm{T}}, \boldsymbol{\Sigma}_1=\begin{bmatrix}2 & 1 & 1\\1 & 3 & -1.5\\1 & -1.5 & 4\end{bmatrix}, \boldsymbol{\Sigma}_2=\begin{bmatrix}1.5 & -0.5 & 0.5\\-0.5 & 2 & 0.5\\0.5 & 0.5 & 2.5\end{bmatrix}$$

2. 使用随机模拟方法计算积分 $I=\dfrac{1}{\sqrt{2\pi}}\int_{-\infty}^{2}\exp\left(-\dfrac{x^2}{2}\right)\mathrm{d}x$。

提示：$I=\int_{-\infty}^{\infty}h(x)\dfrac{1}{\sqrt{2\pi}}\exp\left(-\dfrac{x^2}{2}\right)\mathrm{d}x$，当 $x<2$ 时，$h(x)=1$；否则 $h(x)=0$。令 $X\sim N(0, 1)$，则 $I=\mathbb{E}[h(X)]$。

3. 某消防部门现有三辆消防车，需要决定是否应该增配消防车。假定是否增配消防车主要依据经济因素来决定，其他假设条件如下：

(1) 一辆消防车可以而且只能同时处理 1 起火警；

(2) 无论是否出警，一辆消防车一天的运行费用为 500 元；

(3) 如果出现一起火警而没有消防车到场，则损失 2000 元。

现有过去 200 天的火警记录，其中 200 天内没有火警的有 20 天，一天只出现 1 起火警的有 30 天，同时出现 2 起火警的有 70 天；依次类推，一天同时出现 3 起、4 起、5 起火警的天数分别为 40、30、10。根据随机模拟方法讨论是否需要新增 1 辆消防车。

4. 在排队模型中，假设顾客到来的时间服从参数为 5 的指数分布，对顾客的服务时间服从均值为 3、标准差为 0.6 的正态分布(取负值时，按 0 计算)，单位均为 min。模拟 50 位顾客的排队过程。

5. 假设股票在 t(单位为年)时刻的价格为 $S(t)$(单位为元)，且满足随机微分方程

$$\mathrm{d}S(t)=S(t)(\mu\mathrm{d}t+\sigma\mathrm{d}Z(t))$$

其中 $\mathrm{d}Z(t)=\varepsilon\sqrt{\mathrm{d}t}$；$Z(t)$ 是维纳过程或布朗运动；$\varepsilon\sim N(0, 1)$；μ 为股票价格的期望收益率；σ 为股票价格的波动率。

又假设股票在 $t=t_0$ 时刻的价格为 $S_0=S(t_0)=20$，期望收益率为 $\mu=0.031$(单位为元/年)，波动率 $\sigma=0.6$。试用随机模拟方法确定未来 90 天的价格曲线，在模拟时取 $\mathrm{d}t=1/365$。提示：求解随机微分方程的迭代公式为 $S(t+\mathrm{d}t)=S(t)+S(t)(\mu\mathrm{d}t+\sigma\mathrm{d}Z(t))$。

第14章 分　　形

分形(Fractal)是一种自然现象或一种数学集合，它在每个尺度上显示重复的模式。本章主要介绍几种常见的分形图形、图像的绘制。

14.1　Weierstrass 函数

德国数学家卡尔·特奥多尔·威廉·魏尔斯特拉斯(Karl Theodor Wilhelm Weiers-trass)于 1872 年构造了一个处处连续但处处不可微的函数，即

$$W(x) = \sum_{k=0}^{\infty} \lambda^{(s-2)k} \sin(\lambda^k x) \quad -\infty < x < \infty$$

其中 $\lambda > 1$ 且 $1 < s < 2$。Weierstrass 函数 $W(x)$ 是一种特殊的分形。

考虑函数 $W(x)$ 的有限取值区间为 $[a, b]$，且用有限项(前 $n+1$ 项)来逼近它。绘制 $W(x)$ 曲线的 MATLAB 函数文件如下：

```
function Weierstrass(lambda, s, n, a, b, m)
x=linspace(a, b, m);              %将区间[a, b]离散化，得 m 维向量
y=zeros(1, m);                    %初始化 W(x)
i=1;
for t=x
    y(i)=sum(lambda.^((s-2)*[0: n]).*sin((lambda.^[0: n])*t));
    % x(i)对应的函数值，即前 n+1 项之和
    i=i+1;
end
plot(x, y);
end                              %对应 function，可删除此行
```

在实验中，取 $\lambda=2$，$s=1.5$，$n=100$，$m=100$。比较 $W(x)$ 的逼近函数在 3 个区间 $[0, 10]$，$[0, 10^{-3}]$，$[0, 10^{-6}]$ 上的函数曲线，执行如下脚本函数：

```
subplot(1, 3, 1);
Weierstrass(2, 1.5, 100, 0, 10, 100);
xlabel('(a)');
subplot(1, 3, 2);
Weierstrass(2, 1.5, 100, 0, 1e-3, 100);
xlabel('(b)');
subplot(1, 3, 3);
Weierstrass(2, 1.5, 100, 0, 1e-6, 100);
xlabel('(c)');
```

输出图形如图 14.1 所示。可以看出子图(b)和(c)的形状相似，且也与子图(a)的部分

形状相似。

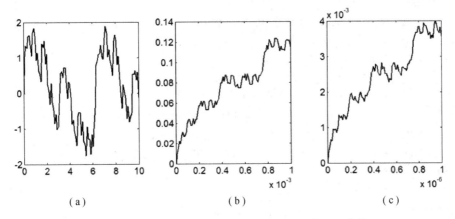

（a）   （b）   （c）

图 14.1 不同定义区间上的 Weierstrass 函数逼近曲线

14.2 Cantor 集合

  1883 年，德国数学家格奥尔格·康托尔（Georg Cantor）提出了另一种分形——Cantor 集合，其绘制方法为选取一条直线段，将其三等分，删掉中间一段，保留其余两段，如图 14.2 所示。对剩余的两段再分别三等分，各删掉中间一段，这样就剩余四段。将上述过程操作无穷多次，可得到一个离散的点集，称此点集为 Cantor 集合。显然 Cantor 点集的长度（测度）为 0，但元素个数比有理数多。

  将直线段三等分的过程重复 n 次，并设计程序来绘出此过程。

图 14.2 线段三等分示意图

  在程序设计过程中采用递归调用的思想。考虑平面上平行于 x 轴的直线段的两个端点 a 和 b，此处 a 和 b 也表示直线段端点的二维坐标向量，即 $a=(a_1, a_2)$，$b=(b_1, b_2)$。记线段 ab 的三分点分别为 c 和 d，则 $c=a+(b-a)/3$，$d=a+2(b-a)/3$。在绘制 Cantor 集合对应的线段时，令线段的 y 坐标分量随迭代次数的增加而单调递减。为编程简单起见，要求点 a 和点 b 的 y 坐标分量相同，即线段 ab 平行于 x 轴。绘制 Cantor 集合的 MATLAB 程序如下：

```
function cantor(a, b)
e=0.0001;                    %线段长度的下限
f=0.02;                      %每次迭代，线段的 y 坐标分量的减小值
if norm(a－b)>e
    x=[a(1), b(1)];          %两个端点的 x 坐标分量
    y=[a(2), b(2)];          %两个端点的 y 坐标分量
    plot(x, y, 'LineWidth', 1);   %绘制线段
```

```
hold on;
axis off;
%端点 a，b，c，d 的 y 坐标分量分别减小 f
a(2)=a(2)−f;
b(2)=b(2)−f;
c=[a(1)+(b(1)−a(1))/3, a(2)+(b(2)−a(2))/3−f];
d=[a(1)+2*(b(1)−a(1))/3, a(2)+2*(b(2)−a(2))/3−f];
cantor(a, c);                    %递归调用函数
cantor(d, b);
    end
```

执行如下主函数：

```
a=[0, 0]; b=[1, 0];
cantor(a, b);
```

则得到线段集合如图 14.3 所示。从该图可以看出共绘制了 9 行线段，当迭代次数较大时，因线段长度较短而显示的不够清晰。

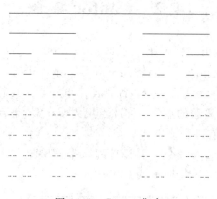

图 14.3　Cantor 集合

14.3　Koch 曲线

1904 年，瑞典数学家海里格·冯·科赫（Helge von Koch）提出了一类复杂的平面曲线——Koch 曲线（也称为雪花曲线），它比 Weierstrass 函数在几何上更直观。绘制 Koch 曲线的方法如下：将给定的一条直线段 F0 三等分，以中间的一段为边作等边三角形，然后删掉中间的那一段，得到如图 14.4 的图形 F1（由四条直线段构成）；对于 F1 中的每一直线段重复之前的过程，得到新的图形 F2；将前述方式重复无穷多次，最终得到的极限曲线为 Koch 曲线。若 F0 的长度为 1，则 Fn 的长度为 $(4/3)^n$，这也就是说 Koch 曲线的长度为无穷大。

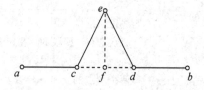

图 14.4　迭代次数为 1 时的曲线 F1

记 F0 线段的两个端点分别为 a 和 b，c、d 为线段 ab 的两个三等分点，c、d 和 e 构成等边三角形，此处也用 a、b、c、d、e 表示 5 个点的坐标构成的二维向量。容易计算 c、d、f 为

$$c=a+\frac{1}{3}(b-a), \quad d=a+\frac{2}{3}(b-a), \quad f=\frac{1}{2}(a+b)$$

其中 f 为线段 cd 的中点。

记 $a=(a_1, a_2)$，$b=(b_1, b_2)$，则与线段 ab 垂直的向量为 $(-(b_2-a_2), b_1-a_1)$，因此点 e 的坐标向量为

$$e=f+\frac{\sqrt{3}\,\|d-c\|_2}{2}\times\frac{(-(b_2-a_2), b_1-a_1)}{\|a-b\|_2}=\frac{1}{2}(a+b)+\frac{\sqrt{3}\,(-(b_2-a_2), b_1-a_1)}{6}$$

使用递归方法绘制 Koch 曲线，MATLAB 函数文件如下：

```
function koch(a, b, n)
% n：绘制 Fn 曲线
axis equal;              %将横轴纵轴的定标系数设成相同值
if n==0                  %只有 n=0 时才绘制直线段
    plot([a(1), b(1)], [a(2), b(2)], 'LineWidth', 1, 'Color', 'red');
    hold on;
else
    c=a+(b-a)/3;
    d=a+2*(b-a)/3;
    f=(a+b)/2;
    e=f+3^0.5*[-(b(2)-a(2)), b(1)-a(1)]/6;
    %ac、ce、ed、db 四条线段
    koch(a, c, n-1);     %递归调用函数
    koch(c, e, n-1);
    koch(e, d, n-1);
    koch(d, b, n-1);
end
```

考虑 n 的取值从 1 到 4，运行如下程序：

```
for i=1:4
    subplot(2, 2, i);
    koch([0, 0], [1, 0], i);
    xlabel(['n=', num2str(i)]);
end
```

输出图形见图 14.5。

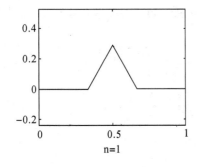
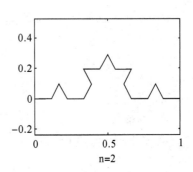

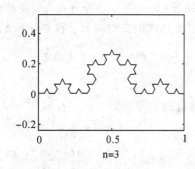
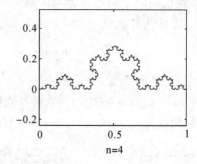

图 14.5   不同迭代次数下的 Koch 曲线

14.4   Sierpiński 三角形

波兰数学家瓦茨瓦夫·弗朗西斯克·谢尔宾斯基（Waclaw Franciszek Sierpiński）于 1915 年提出了另一种分形——Sierpiński 三角形。构造 Sierpiński 三角形的方法如下：先给定一个三角形 S0（填充黑色），连接各边的中点，构成一个小的相似三角形（填充白色），得到图形 S1，S1 由 3 个黑色小三角形和 1 个白色小三角形组成；对于 S1 中每个小的黑色三角形，连接各边的中点，将构成的更小的三角形填充白色。重复上述操作以至无穷，最终得到的图形即为 Sierpinski 三角形。

用 a、b、c 表示初始三角形三个顶点的坐标向量，n 表示操作的次数，绘制 Sierpiński 三角形的 MATLAB 函数文件为：

```
function sierpinski(a, b, c, n)
if n == 0
    fill ([a(1), b(1), c(1)], [a(2), b(2), c(2)], [0, 0, 0]);
    %当 n=0 时填充三角形，[0, 0, 1]表示黑色
    hold on;
    axis off;
else
    %将三角形 abc 分成 3 个小三角形(不含中心的小三角形)
    sierpinski(a, (a + b)/2, (a + c)/2, n−1);    %递归调用函数
    sierpinski(b, (b + a)/2, (b + c)/2, n−1);
    sierpinski(c, (c + a)/2, (c + b)/2, n−1);
end
```

对于一个边长为 1 的等边三角形，分别绘制 n 从 1 到 6 的图形，MATLAB 程序如下：

```
a=[0; 0]; b=[1; 0];
c=[0.5; 3^0.5/2];                        %等边三角形的三个顶点坐标
for i=1:6
    subplot(2, 3, i);
    sierpinski(a, b, c, i);
    title(['n=', num2str(i)], 'FontSize', 18);
end
```

输出图形如图 14.6 所示。

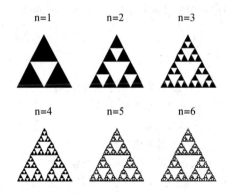

图 14.6 不同迭代次数下的 Sierpinski 三角形

14.5 IFS 分形

迭代函数系统(Iterated Function System，IFS)是一种构造分形的方法，所构造的结果往往是自相似的。以二维平面上的点为例，考虑如下形式的 k 个迭代函数系统：

$$\begin{pmatrix} x \\ y \end{pmatrix} = \boldsymbol{A}^{(i)} \begin{pmatrix} x \\ y \end{pmatrix} + \begin{pmatrix} b_1^{(i)} \\ b_2^{(i)} \end{pmatrix}, \quad i=1, 2, \cdots, k$$

其中 $\boldsymbol{A}^{(i)} = \begin{bmatrix} a_{11}^{(i)} & a_{12}^{(i)} \\ a_{21}^{(i)} & a_{22}^{(i)} \end{bmatrix}$ 为二阶方阵；$(b_1^{(i)}, b_2^{(i)})^{\mathrm{T}}$ 为常数向量。

对于给定的初始点 $(x_0, y_0)^{\mathrm{T}}$，随机选取上述 k 个迭代公式中的某一个，第 i 个迭代公式被选中的概率为 p_i，显然有 $p_i > 0$，$\sum_{i=1}^{k} p_i = 1$，我们称点集 $\{(x_j, y_j)\}_{j=1}^{\infty}$ 的聚点为 IFS 吸引子。

采用如下方式选取迭代函数：在 $(0, 1]$ 区间内按均匀分布随机产生一个数 ξ，如果 $\xi \in (0, p_1]$，则采用第 1 个迭代公式；如果 $\xi \in (p_1, p_1+p_2]$，则采用第 2 个迭代公式，往后依次类推，如图 14.7 所示。

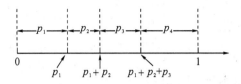

图 14.7 $k=4$ 时迭代函数的选取

为编程方便，将 k 个迭代公式中的 $\boldsymbol{A}^{(i)}$ 和 $(b_1^{(i)}, b_2^{(i)})^{\mathrm{T}}$ 保存到一个 $k \times 6$ 维的矩阵 $\boldsymbol{M}$ 中，记为

$$\boldsymbol{M} = \begin{pmatrix} a_{11}^{(1)} & a_{21}^{(1)} & a_{12}^{(1)} & a_{22}^{(1)} & b_1^{(1)} & b_2^{(1)} \\ a_{11}^{(2)} & a_{21}^{(2)} & a_{12}^{(2)} & a_{22}^{(2)} & b_1^{(2)} & b_2^{(2)} \\ \vdots & \vdots & \vdots & \vdots & \vdots & \vdots \\ a_{11}^{(k)} & a_{21}^{(k)} & a_{12}^{(k)} & a_{22}^{(k)} & b_1^{(k)} & b_2^{(k)} \end{pmatrix}, \quad \boldsymbol{p} = \begin{pmatrix} p_1 \\ p_2 \\ \vdots \\ p_k \end{pmatrix}$$

根据 IFS 绘制图形的 MATLAB 函数如下：

```
function IFS_draw(M, p)
```

```
N=10000;                    %迭代次数
a=cell(length(p),1);        %将 M 转化为若干个 2×3 维的矩阵,由 2 阶方阵和常数向量组成
for i=1: length(p)
    a{i}=reshape(M(i,:),2,3);
end
xy=zeros(2, N);             %用于存储 N 次迭代的数据点
pp=cumsum(p);               %概率向量累积求和
for i=1: N−1;               %迭代次数
    t=rand−pp;              %随机数减去向量 pp
    d=find(t<=0);           %选取第 d(1)个迭代函数
    xy(:, i+1)=a{d(1), 1}(:,1:2) * xy(:,i)+a{d(1), 1}(:,3);
    %a{d(1),1}(:,1:2)对应 A^(i), a{d(1), 1}(:,3)对应 b^(i)
end
plot(xy(1,:), xy(2,:), 'k.', 'MarkerSize',1); %绘制散点图
```

例 14.1　绘出

$$\boldsymbol{M}=\begin{bmatrix} -0.64 & 0 & 0 & 0.5 & 0.86 & 0.25 \\ -0.04 & -0.47 & 0.07 & -0.02 & 0.49 & 0.51 \\ 0.2 & 0.33 & -0.49 & 0.43 & 0.44 & 0.25 \\ 0.46 & -0.25 & 0.41 & 0.36 & 0.25 & 0.57 \\ -0.06 & 0.45 & -0.07 & -0.11 & 0.59 & 0.1 \end{bmatrix}, \quad \boldsymbol{p}=\begin{bmatrix} 0.06 \\ 0.22 \\ 0.23 \\ 0.24 \\ 0.25 \end{bmatrix}$$

时的分形图形。

解　MATLAB 程序如下:

```
clc; clear;
close all;
M=[−0.64, 0, 0, 0.5, 0.86, 0.25;
    −0.04, −0.47, 0.07, −0.02, 0.49, 0.51;
    0.2, 0.33, −0.49, 0.43, 0.44, 0.25;
    0.46, −0.25, 0.41, 0.36, 0.25, 0.57;
    −0.06, 0.45, −0.07, −0.11, 0.59, 0.1];
p=[0.06, 0.22, 0.23, 0.24, 0.25];
IFS_draw(M, p);
axis off;
```

输出的图形如图 14.8 所示,该图形状像一棵树。

图 14.8　例 14.1 的分形图形

下面考虑其他三种迭代系统：

$$M^{(1)} = \begin{bmatrix} 0.06 & 0 & 0 & 0.6 & 0 & 0 \\ 0.04 & 0 & 0 & -0.5 & 0 & 1 \\ 0.46 & -0.34 & 0.32 & 0.38 & 0 & 0.6 \\ 0.48 & 0.17 & -0.15 & 0.42 & 0 & 1 \\ 0.43 & -0.26 & 0.27 & 0.48 & 0 & 1 \\ 0.42 & 0.35 & -0.36 & 0.31 & 0 & 0.8 \end{bmatrix}, \quad p^{(1)} = \begin{bmatrix} 0.1 \\ 0.1 \\ 0.1 \\ 0.23 \\ 0.23 \\ 0.24 \end{bmatrix}$$

$$M^{(2)} = \begin{pmatrix} 0.5 & 0.5 & -0.5 & 0.5 & 1 & 0 \\ 0.5 & 0.5 & -0.5 & 0.5 & -1 & 0 \end{pmatrix}, \quad p^{(2)} = \begin{pmatrix} 0.5 \\ 0.5 \end{pmatrix}$$

$$M^{(3)} = \begin{pmatrix} 0.8 & -0.2 & 0.3 & 0.9 & -1.9 & -0.1 \\ 0.1 & -0.5 & 0.5 & -0.4 & 0.8 & 7 \end{pmatrix}, \quad p^{(3)} = \begin{pmatrix} 0.7 \\ 0.3 \end{pmatrix}$$

它们对应的分形图形分别如图 14.9、图 14.10 和图 14.11 所示，称这些图形为树或龙曲线。

图 14.9　$M^{(1)}$ 和 $p^{(1)}$ 对应的分形图形

图 14.10　$M^{(2)}$ 和 $p^{(2)}$ 对应的分形图形　　　图 14.11　$M^{(3)}$ 和 $p^{(3)}$ 对应的分形图形

14.6　Julia 集与 Mandelbrot 集

1. Julia 集

对于复数迭代序列

$$Z_{k+1} = Z_k^2 + c \quad k = 0, 1, 2, \cdots$$

固定复数 c，给定不同的初始值 Z_0，就会得到不同的迭代序列 $\{Z_k\}_{k=1}^{\infty}$。我们称集合

$$J_c = \{Z_0 \mid \{Z_k\}_{k=1}^{\infty} \text{有界}\}$$

为 Julia 集。令复数 $Z_0 = x + y \times i$，在实际计算时考虑 x 所在的区间 $[a_1, b_1]$ 和 y 所在的区间 $[a_2, b_2]$；分别将区间 $[a_1, b_1]$ 和 $[a_2, b_2]$ 等间隔离散化，得到两个分点集合 $\{x_l\}_{l=1}^{n}$ 和

$\{y_h\}_{h=1}^m$；则产生 $n\times m$ 个初始点 $Z_0^{(l,h)}=x_l+y_h\times \mathrm{i}$，并判断此初始点对应的迭代序列是否收敛，其中 $l=1,2,\cdots,n$；$h=1,2,\cdots,m$。

在实验中，设 $a_1=a_2=-M$，$b_1=b_2=M$，$m=n$，其中 $M=\max(|c|,2)$，$|c|$ 为复数 c 的模。对于给定的初始点 $Z_0^{(l,h)}$，在 K 次迭代过程中，满足 $|Z_k|\leqslant M$ 的次数记为 a_{lh}，最后绘制矩阵 $A=(a_{lh})_{n\times m}$ 对应的图像。

绘制 Julia 集的 MATLAB 函数如下：

```
function Julia(c,K, n)
%c：迭代公式中固定的复数
%K：迭代次数
%n：区间[a1, b1]、[a2, b2]等间隔离散化，得到 n 个分点
M = max(abs(c), 2);
x=linspace(-M, M, n);
[X, Y]=meshgrid(x);
Z=X+i*Y; %Z_{0}^{1, h}
A = zeros(n);          %用于统计|Zk|<=M 的次数
for s = 1：K
  A = A+(abs(Z)<=M);
  Z = Z.^2+c;
end
imagesc(A);
axis equal off；
```

下面考虑 3 组取值下的 Julia 集，即 $c=0.1+0.5\mathrm{i}$、$0.2+0.65\mathrm{i}$、1，$K=10$、14、14，$n=1000$、500、500。绘图结果如图 14.12 所示，其中颜色越深，对应的 a_{lh} 值越大。

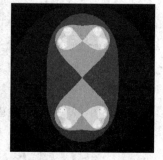

（a）Julia(0.1+0.5i,10,1000)　　　（b）Julia(0.2+0.65i, 14, 500)　　　（c）Julia(1, 14, 500)

图 14.12　3 组不同取值下的 Julia 集

2. Mandelbrot 集

现在考虑第二类迭代序列，即 Mandelbrot 集（曼德勃罗特集）。在 Julia 集中，迭代规则是给定参数 c，寻求使迭代序列 $\{Z_k\}_{k=1}^{\infty}$ 有界的初始点。现更改上述规则，即固定初始值 Z_0，寻求使迭代序列 $\{Z_k\}_{k=1}^{\infty}$ 有界的参数 c 在复平面上的分布图形，即

$$J_{Z_0}=\{c\,|\,\{Z_k\}_{k=1}^{\infty}\text{有界}\}$$

该集合称为 Mandelbrot 集。Mandelbrot 集对应的图形曾被称为"上帝的指纹"，是人类有史

以来做出的最奇特、最瑰丽的几何图形。

记 $c=p+q\times\mathrm{i}$，迭代公式仍为

$$Z_{k+1}=Z_k^2+c \quad k=0,1,2,\cdots$$

考虑 p 的取值区间 $[p_1,p_2]$，q 的取值区间 $[q_1,q_2]$，绘制 Mandelbrot 集的方法如下：

（1）初始化最大迭代次数 K、初始点 Z_0、图形的高度 N_1、宽度 N_2 以及阈值 M。

（2）将区域 $[p_1,p_2]\times[q_1,q_2]$ 等分为 $(N_1-1)\times(N_2-1)$ 个等大小的网格，网格点的数量为 $N_1\times N_2$。

（3）记每个网格点 (x_l,y_h) 对应的复值为 $c^{(l,h)}=x_l+y_h\times\mathrm{i}$，根据 $c^{(l,h)}$ 和 Z_0 进行迭代。当迭代次数小于等于 K，且 Z_k 的实部和虚部分别满足 $|\mathrm{Real}(Z_k)|<M$、$|\mathrm{Imag}(Z_k)|<M$ 时，进行计数；否则终止迭代。

（4）对于计数值构成的网格矩阵，用图像显示。

在实验中，取 $p_1=-2$，$p_2=1$，$q_1=-1.1$，$q_2=1$，$K=500$，$Z_0=0$，$N_1=N_2=200$，$M=2$。绘制 Mandelbrot 集的 MATLAB 程序如下：

```
clear;
p1=-2；p2=1；
q1=-1.1；q2=1；
K=500；                      %最大迭代次数
N1=200；N2=200；
M=2；
Z0=0；
x=linspace(p1, p2, N1)；     %将 c 的实部取值离散化，得到 N1 维向量
y=linspace(q1, q2, N2)；     %将 c 的虚部取值离散化，得到 N2 维向量
A=zeros(N1, N2)；            %用于保存统计次数的对数
for L=1：N1                  %小写字母 l 与数字 1 不易区分，故采用大写 L
    for h=1：N2
        c=x(L)+y(h)*1i；
        Z=Z0+c；
        n=1；
        a=real(Z)；b=imag(Z)；
        while real(Z)<M&&imag(Z)<M&&(n<K)
            Z=Z^2+c；
            n=n+1；
        end
        A(L, h)=log10(n)；   %对统计次数 n 取以 10 为底的对数，便于绘图
    end
end
imagesc(A)；
axis off equal；
```

运行结果如图 14.13(a)所示，图(b)显示了 $Z_0=0.1+0.1\mathrm{i}$ 时的图像。

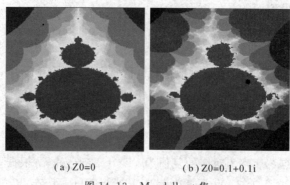

（a）Z0=0　　　　　　　　　　（b）Z0=0.1+0.1i

图 14.13　Mandelbrot 集

练 习 题

1. 对于函数 $f(x) = x\sin\dfrac{1}{x}$，分别绘制下列 4 个定义区间上的曲线：$[-1, 1]$，$[-0.1, 0.1]$，$[-0.01, 0.01]$，$[-0.0001, 0.0001]$。

2. 给定三角形的三个顶点 $a = (0, 0)$，$b = (2, 0)$，$c = (1, \sqrt{3})$，分别以线段 ab、bc、ca 为生成元生成 Koch 曲线，并将其绘制在同一窗口中（取 $n = 5$）。

3. 给定一个矩形 S0（内部填充成黑色），将每条边三等分，可得 9 个大小相同的矩形，再将中间的一个填充成白色，得到图形 S1；对 S1 中的 8 个黑色的矩形分别进行同样的操作，得到图形 S2；继续上面的操作，最后得到的图形称为 Sierpinski 地毯。编制 MATLAB 程序，绘制 S5。

4. Barnsley Fern 属于 IFS 的一类分形，它对应的矩阵与概率向量如下

$$\boldsymbol{M} = \begin{bmatrix} 0 & 0 & 0 & 0.16 & 0 & 0 \\ 0.85 & -0.04 & 0.04 & 0.85 & 0 & 1.60 \\ 0.20 & 0.23 & -0.26 & 0.22 & 0 & 1.60 \\ -0.15 & 0.26 & 0.28 & 0.24 & 0 & 0.44 \end{bmatrix}, \quad \boldsymbol{p} = \begin{bmatrix} 0.01 \\ 0.85 \\ 0.07 \\ 0.07 \end{bmatrix}$$

请绘出此分形图形。

5. 将 Mandelbrot 集的迭代公式作如下修改

$$Z_{k+1} = (|\mathrm{Real}(Z_k)| + |\mathrm{Imag}(Z_k)| \times \mathrm{i})^2 + c \quad k = 0, 1, 2, \cdots$$

其中 $Z_0 = 0$，得到的分形称为 Burning Ship 分形。使用 MATLAB 绘制出它的分形图形。

6. 平面上 3 个点 $a = (0, 0)$、$b = (2, 0)$、$c = (1, \sqrt{3})$ 构成一个三角形 $\triangle abc$。选取该三角形的中心 d，可构成三个三角形 $\triangle abd$、$\triangle bcd$、$\triangle cad$。选取每个小三角形的中心，再构成三个三角形。重复上述步骤 5 次，绘出所有的三角形。

第 15 章 混 沌

混沌（Chaos）是指混乱或无序的状态，它是确定性动力学系统因对初始值敏感而表现出的不可预测的、类似随机性的运动。混沌行为存在于许多自然系统中，如气象和气候。本章主要介绍 Logistic 映射和洛伦茨方程两个混沌例子。对于 Logistic 映射，考虑线性连接图、蛛网图、费根鲍姆图三种绘图形式。

15.1 线性连接图

Logistic 映射是一个二次多项式映射，即 $f(x)=ax(1-x)$，其中参数 a 满足 $0<a\leqslant4$。对于给定的初始值 $x_1\in(0,1)$，迭代公式为

$$x_{k+1}=f(x_k) \quad k=1,2,\cdots$$

在二维平面上，将 N 个离散点 $\{(k,x_k)\}_{k=1}^N$ 绘制出来，并将相邻的点用直线段连接，即得线性连接图，这里的最大迭代次数为 $N-1$。根据绘制的线性连接图可知 $\{x_k\}_{k=1}^\infty$ 的敛散性。

在实验中，考虑 a 的四种取值：0.5、2.5、3.1 和 3.5，取初始点 x_1 均为 0.5，令 $N=20$。迭代及绘制线性连接图的程序如下：

（1）初始化变量。将 a 的 4 种取值对应的第 k 次迭代结果保存到矩阵 X 的某列中，命令如下：

```
clear;
a=[0.5; 2.5; 3.1; 3.5];
N=20;
X=zeros(4, N);              %X 的每行对应 a 的一个取值
X(:,1)=ones(4, 1)/2;        %初始化 X 的第一列，元素均为 0.5
```

（2）通过 for 循环，更新矩阵 X 的各列，程序如下：

```
for k=2: N
    X(:,k)=a. * X(:,k-1). * (1-X(:,k-1));
end
```

（3）通过 for 循环和 subplot 绘出 a 的四种取值下的图形，并添加标题，其中向量 x 为 1: N，向量 y 为矩阵 X 的某行。程序如下：

```
for i=1: 4
  subplot(2, 2, i);
  plot(1: N, X(i,:));
  title(['a=', num2str(a(i)), ',   x_1=', num2str(X(i, 1))]);
end
```

输出结果如图 15.1 所示。从此图可以看出，在 $x_1=0.5$ 条件下，$a=0.5$ 和 2.5 对应的

迭代序列收敛；当 $a=3.1$ 时，迭代序列以 2 为周期；当 $a=3.5$ 时，迭代序列以 4 为周期。

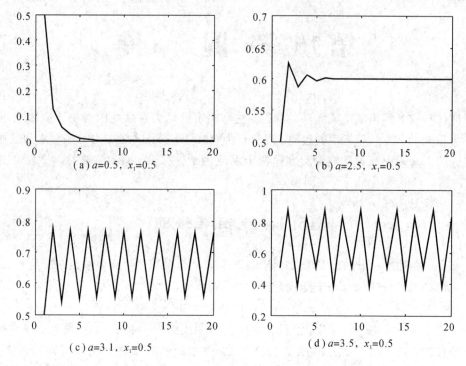

（a）$a=0.5$，$x_1=0.5$ （b）$a=2.5$，$x_1=0.5$

（c）$a=3.1$，$x_1=0.5$ （d）$a=3.5$，$x_1=0.5$

图 15.1　不同 a 值下的迭代序列

　　下面再考虑其他的 a 值及初始值 x_1。若取 $a=2.7$、2.9，x_1 均为 0.4，$N=50$，则这两种情形的对比图形如图 15.2 所示。若取 $a=3.7$ 和 3.9，x_1 均为 0.4，$N=100$，则得到对比图形如图 15.3 所示。

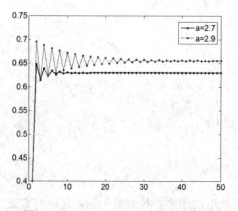

图 15.2　$a=2.7$ 和 2.9 时的迭代序列

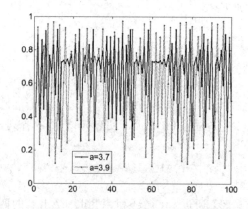

图 15.3　$a=3.7$ 和 3.9 时的迭代序列

　　从图 15.2 可以看出迭代序列收敛于两个不同的值。而对于图 15.3，可知二次函数对应的迭代序列没有规则性，这种不可预测性就是混沌，但混沌不是随机的。此外，混沌行为对初始条件极度敏感。以 $a=4$，$N=50$，$x_1=0.199\,999$、0.2、$0.200\,001$ 为例，这三种初始值非常接近，迭代结果如图 15.4 所示。从该图可以看出，当迭代次数小于 15 时，三种初始值对应的迭代结果非常接近；但当 N 比较大时，三种初始值对应的迭代结果差距非常大。这说明混沌现象往往对初始值极其敏感。

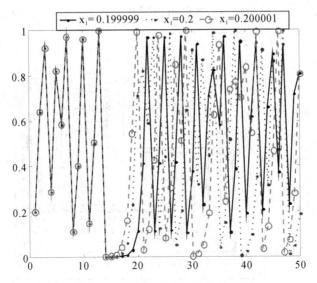

图 15.4　不同初始值下的迭代序列

15.2　蛛 网 图

对于 Logistic 映射，也可以使用蛛网图绘制迭代过程。给定初始迭代点 x_1，先在二维直角坐标系中绘出点 $A_1(x_1,x_1)$ 到点 $B_1(x_1,x_2)$ 的垂直于 x 轴的线段，其中 $x_2=f(x_1)$；再从 $B_1(x_1,x_2)$ 到点 $A_2(x_2,x_2)$ 作出平行于 x 轴的线段。重复上述过程，最终绘出的图形即为蛛网图。

下面以 $a=3.9$ 和初始值 $x_1=0.2$ 为例，取 $N=50$，计算与绘图过程如下：

（1）初始化变量，程序如下：

```
clear;
a=3.9；N=50;
x=zeros(N,1);
x(1)=0.2;
```

（2）绘制线性函数 $y=x$ 和二次函数 $y=ax(1-x)$，其中 $x\in[0,1]$。程序如下：

```
xi=linspace(0,1);
yi=a.*xi.*(1-xi);
plot(xi,xi,'k:',xi,yi,'k:','LineWidth',2);
axis([0,1,0,1]);
```

（3）通过 for 循环，更新向量 x 的各分量，并绘制垂直和水平线段。程序如下：

```
hold on;
for i=2:N
    x(i)=a*x(i-1)*(1-x(i-1));
    plot([x(i-1),x(i-1)],[x(i-1),x(i)],[x(i-1),x(i)],[x(i),x(i)],'LineWidth',2);
end
title(['a=',num2str(a),',   x_1=',num2str(x(1))]);
xlabel('x');ylabel('y');
```

输出的蛛网图如图 15.5 所示。从此图可以看出，当 $a=3.9$、$x_1=0.2$ 时，二次函数迭代序列发散。

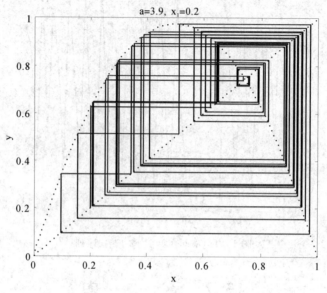

图 15.5　$a=3.9$ 和初始值为 0.2 下的蛛网图

下面考虑 a 的 4 种取值：1.5、2.5、3.4、3.7，对应的初始值分别为 0.1、0.1、0.2、0.2。取 N=50，上述四组取值下的蛛网图如图 15.6 所示。从该图可以看出，图(a)和图(b)的二次函数迭代序列收敛到直线 $y=x$ 与抛物线 $y=ax(1-x)$ 的非零交点；图(c)对应的迭代序列的周期为 2；图(d)对应的迭代序列发散。

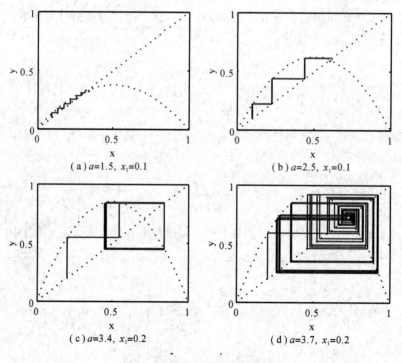

图 15.6　四组取值下的蛛网图

15.3 费根鲍姆图

现在考虑 a 的不同取值情形下的二次函数迭代序列的敛散性。为此，需要先将 $a \in (0, 4]$ 离散化。对于固定的 a，只考虑 $m-1$ 次迭代后的 x 值，并在平面上绘出点 (a, x_m)，(a, x_{m+1})，$\cdots$。我们称前述离散点构成的图为费根鲍姆图（Feigenbaum 图）。

先讨论 a 从 0.1 到 2.8 的取值，间隔为 0.1，并取初始值 $x_1 = 0.2$。对于每个给定的 a，执行 $N-1$ 次迭代，得到数列 $\{x_i\}_{i=1}^{N}$。选取小于 N 的某个适当的整数 m，绘出 $N-m+1$ 个离散点 (a, x_m)，(a, x_{m+1})，$\cdots$，(a, x_N)。在实验中，取 $N = 500$，$m = 200$，迭代及绘图程序如下：

（1）初始化变量，程序如下：

```
clear;
A=0.1:0.1:2.8;    %a 的取值从 0.1 到 2.8
N=500;
m=200;
x=zeros(N, 1);
x(1)=0.2;
```

（2）通过 for 循环，绘出每个 a 下数列的后 $N-m+1$ 个点。程序如下：

```
for a=A
    for i=2:N
        x(i)=a*x(i-1)*(1-x(i-1));
    end
    plot(a, x(m:end), 'r.', 'MarkerSize', 20);
    hold on;
end
xlabel('a');
ylabel('x');
```

输出图形如图 15.7 所示，其中每个 a 对应 301 个点。观察此图，可以看出迭代序列均收敛，当 $a \leqslant 1$ 时，迭代序列均收敛到 0；当 $1 < a \leqslant 2.8$ 时，迭代序列收敛于某个正数，且收敛值随 a 的增加而增加。

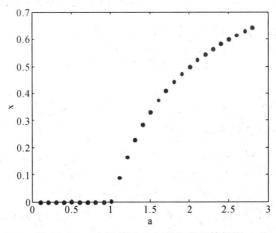

图 15.7 a 小于等于 2.8 时的费根鲍姆图

在随后的实验中，考虑 a 的取值从 2.8 增加到 4，间隔为 0.01。此时的费根鲍姆图如图 15.8 所示。观察此图可以看出，当 a 增加到 3 时，迭代序列开始产生倍 2 分岔现象；当 a 近似等于 3.45 时，分枝数变为 4；当近似等于 3.54 时，分枝数变为 8；依次类推。

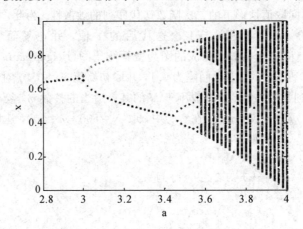

图 15.8 a 大于等于 2.8 时的费根鲍姆图

15.4 洛伦茨方程

1963 年，美国气象学家爱德华·洛伦茨(Edward Lorenz)建立了大气对流的一个简单数学模型。该模型由常微分方程组构成，即洛伦茨方程

$$\begin{cases} \dfrac{\mathrm{d}x}{\mathrm{d}t} = \sigma(y-x) \\[2mm] \dfrac{\mathrm{d}y}{\mathrm{d}t} = x(\rho-z)-y \\[2mm] \dfrac{\mathrm{d}z}{\mathrm{d}t} = xy-\beta z \end{cases}$$

其中 σ、ρ、β 为常数，取初值条件为 $x(0)=y(0)=z(0)=1$。

该常微分方程组是非线性的，下面采用欧拉折线法近似求解。以微分方程 $\dfrac{\mathrm{d}x}{\mathrm{d}t}=\sigma(y-x)$ 为例，当自变量的增量 Δt 较小时，该方程近似表示为

$$\frac{x(t+\Delta t)-x(t)}{\Delta t} \approx \sigma[y(t)-x(t)]$$

即

$$x(t+\Delta t) \approx x(t)+\sigma[y(t)-x(t)]\Delta t$$

于是求解洛伦茨方程数值解的迭代公式为

$$\begin{cases} x(t+\Delta t)=x(t)+\sigma[y(t)-x(t)]\Delta t \\ y(t+\Delta t)=y(t)+[x(t)(\rho-z(t))-y(t)]\Delta t \\ z(t+\Delta t)=z(t)+[x(t)y(t)-\beta z(t)]\Delta t \end{cases}$$

在实验中，取 $\sigma=10$，$\beta=8/3$，$\rho=28$，$\Delta t=0.01$，迭代次数为 5000(即 t 对应的取值区间为 $[0,50]$)，具体求解程序如下：

（1）初始化变量，并记 $u=(x, y, z)^{\mathrm{T}}$，程序如下：

```
clear;
sigma=10；beta=8/3；rho=28;
delta_t=0.01;
u=[1；1；1]；    ％初始条件
N=5000；        ％最大迭代次数
```

（2）绘出初始点，程序如下：

```
plot3(u(1), u(2), u(3), '.', 'MarkerSize', 5);
hold on;
```

（3）通过 for 循环，更新向量 u，并绘出对应的点。程序如下：

```
for i=1：N
    u=u+[sigma*(u(2)−u(1))；u(1)*(rho−u(3))−u(2)；u(1)*u(2)−beta*u(3)]*delta_t;
    plot3(u(1), u(2), u(3), '.', 'MarkerSize', 5);
end
view(30, 40);
```

输出的图形如图 15.9 所示。从此图可以看出，对于所给定的参数和初始条件，洛伦茨方程具有混沌解，解的图形像一只蝴蝶或数字 8。

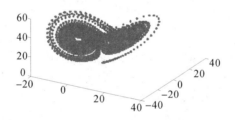

图 15.9　洛伦茨方程数值解图形

练　习　题

1. 对于 Logistic 映射对应的迭代公式，绘出 $a=3.9$、$x_1=0.2$ 时的蛛网图。

2. 已知函数 $f(x)=a(1-|2x-1|)$，构造迭代公式 $x_{k+1}=f(x_k)$，$k=1, 2, \cdots$。取 $x_1=0.2$，绘出 $a=0.5$ 时的线性连接图和蛛网图，以及 $a\in(0, 1]$ 对应的费根鲍姆图。

3. 已知函数 $f(x)=a\sin(\pi x)$，构造迭代公式 $x_{k+1}=f(x_k)$，$k=1, 2, \cdots$。取 $x_1=0.1$，绘出 $a=3$ 时的线性连接图和蛛网图，以及 $a\in(0, 6]$ 对应的费根鲍姆图。

4. 已知函数 $f(x)=a-(x-\sqrt{a})^2$，构造迭代公式 $x_{k+1}=f(x_k)$，$k=1, 2, \cdots$。取 $x_1=0.1$，绘出 $a=2$ 时的线性连接图和蛛网图，以及 $a\in[0, 4]$ 对应的费根鲍姆图。

5. Henon 吸引子是混沌和分形的著名例子，迭代模型为

$$\begin{cases} x_{k+1}=1-1.4x_k^2+y_k \\ y_{k+1}=0.3x_k \end{cases} \quad k=1, 2, \cdots$$

取初值 $x_1=0$，$y_1=0$，进行 2000 次迭代。当 $k>1000$ 时，绘出点 (x_k, y_k)（不要连线），可得所谓的 Henon 引力线图。编写程序，绘出 Henon 引力线图。

6. 使用数值方法求解常微分方程组

$$\begin{cases} \dfrac{\mathrm{d}x}{\mathrm{d}t} = -\dfrac{8}{3}x - yz \\[2mm] \dfrac{\mathrm{d}y}{\mathrm{d}t} = -10y + 10z \quad t \in [0, 50] \\[2mm] \dfrac{\mathrm{d}z}{\mathrm{d}t} = xy + 28y - z \end{cases}$$

并绘出图形，其中初始条件为 $x(0) = y(0) = z(0) = 1$。

第 16 章 最短路与最小生成树

本章简要介绍图论中的最短路算法、最小生成树算法以及它们的应用。

16.1 图的基本概念

要想掌握最短路算法、最小生成树算法以及它们的应用,首先要引入图的概念。

定义 16.1 称有序对 $G=(V,E)$ 为一个图,其中 $V=\{v_1,v_2,\cdots,v_n\}$ 为非空顶点集,$E=\{e_1,e_2,\cdots,e_m\}$ 为非空边集,且 E 的每条边与 V 中的两个顶点相关联。

例 16.1 根据图 16.1,写出 V、E 以及每条边相关联的顶点。

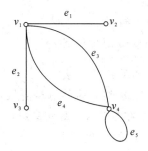

图 16.1 四顶点图

解 $V=\{v_1,v_2,v_3,v_4\}$,$E=\{e_1,e_2,e_3,e_4,e_5\}$,与边 e_1、e_2、e_3、e_4、e_5 相关联的顶点对分别为 (v_1,v_2)、(v_1,v_3)、(v_1,v_4)、(v_1,v_4)、(v_4,v_4)。

在图 16.1 中,称 e_5 为环(起点与终点相同),e_3 和 e_4 为平行边(一对顶点之间有两条及以上的边连接)。若图 G 的每条边均为无向边(与之关联的顶点对无序),则称该图为无向图;若每条边都是有向边(与之关联的顶点对有序),则称该图为有向图。本章主要考虑无环、无平行边的图。

定义 16.2 在图 $G=(V,E)$ 中,称顶点与边相互交错的有限非空序列 $v_{i_1} e_{i_1} v_{i_2} e_{i_2} \cdots v_{i_{k-1}} e_{i_{k-1}} v_{i_k}$ 为一条从 v_{i_1} 到 v_{i_k} 的通路;边不重复但顶点可重复的通路称为道路;边与顶点均不重复的通路称为路径,记为 $P(v_{i_1},v_{i_k})$,其中 v_{i_1} 为起点,v_{i_k} 为终点。

对于图 $G=(V,E)$,若两顶点 v_i 与 v_j 之间存在一条边 e,且对其赋予非负权 w_{ij},则称 G 为赋权图。若 v_i 与 v_j 之间不存在边,则令 $w_{ij}=+\infty$。

定义 16.3 在赋权图 $G=(V,E)$ 中,若 $P(u,v)$ 是从顶点 u 到 v 的路径,则称 $w(P)=\sum_{e\in E(P)} w(e)$ 为路径 $P(u,v)$ 的权,其中 $w(e)$ 表示边 e 的权,$E(P)$ 为路径 P 的边集;从顶点 u 到 v 的具有最小权的路径 $P^*(u,v)$ 称为顶点 u 到 v 的最短路。

求解最短路的经典方法是 Dijkstra 算法和 Floyd 算法。

16.2 Dijkstra 算法

设 $G=(V,E)$ 为一赋权图，计算顶点 v_1 到其余顶点的最短路径。在迪杰斯特拉(Dijkstra)算法中，把顶点集 V 分成两组，第一组为已求出最短路径的顶点集合，用 S 表示；第二组为其余未确定最短路径的顶点集合，用 $\bar{S}=V-S$ 表示。在初始化时，S 中只有一个源点 $\{v_1\}$，计算此点到 $\bar{S}=\{v_2,v_3,\cdots,v_n\}$ 中所有顶点的路径的权，由最小权确定 $\bar{S}$ 中的某个顶点进入 S 中。使用类似的方法，S 中的顶点越来越多，直到包含所有的顶点为止。

在更新顶点集 S 的过程中，它的每个顶点都对应一个权，即顶点 v_1 到该顶点的最短路径的权(长度)。记图 G 的赋权矩阵为 $W=(w_{ij})_{n\times n}$，其中 w_{ij} 为顶点 v_i 与 v_j 对应边的权。用 $l(v)$ 表示顶点 v_1 到 v 的最短路(可经过 S 中的顶点)的权，$z(v)$ 为最短路中 v 的父亲顶点。

Dijkstra 算法步骤如下所示：

(1) 初始化：$S=\{v_1\}$，$\bar{S}=V-S$；$l(v_i)=w_{1i}$，$z(v_i)=v_1$，$i=1,2,\ldots,n$；$u:=v_1$。

(2) 更新 $l(v)$、$z(v)$：$\forall v \in \bar{S}$，若 $l(v)>l(u)+w_{uv}$，则 $l(v):=l(u)+w_{uv}$，$z(v):=u$。

(3) 更新 S、$\bar{S}$、u：记 $v^*=\arg\min\limits_{v\in\bar{S}}l(v)$，$S:=S\bigcup\{v^*\}$，$\bar{S}:=\bar{S}-\{v^*\}$，$u:=v^*$。

(4) 若 $\bar{S}\neq\phi$(空集)，转(2)；否则终止算法。

上述算法求出的 $l(v)$ 就是顶点 v_1 到 v 的最短路的权，可从 v 的父亲顶点 $z(v)$ 追溯到 v_1，即得 v_1 到 v 的最短路的路径。在 Dijkstra 算法的第(2)步中，需要判断两边之和是否大于第三边，如图 16.2 所示。Dijkstra 算法也可以求任一顶点到其余顶点的最短路。

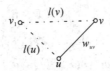

图 16.2 Dijkstra 算法更新条件涉及的边

记 W 为赋权矩阵，使用 Dijkstra 算法求第 k 个顶点到其他顶点的最短路的 MATLAB 函数文件如下：

```
function [L, z]=dijk(W,k)
%输出变量 L 为第 k 个顶点到所有顶点的最短路径长度构成的向量
%输出变量 z 的第 i 个分量为 vk 到 vi 的最短路径中顶点 vi 的父亲顶点
[m, n]=size(W);
%判断 W 是否为方阵
if m~=n
    error('W is not square');
end
%初始化变量
S=[k];
Sbar=[1: k-1, k+1: n];
L=W(k,:);
```

```
        z=k * ones(1, n); u=k;
        %采用 while 循环更新 S
        while length(S)<n
            for v=Sbar
                if L(v)>L(u)+W(u, v)
                    L(v)=L(u)+W(u, v);
                    z(v)=u;
                end
            end
            [val, pos]=min(L(Sbar));     %pos 为 L(Sbar)中最小值所在的位置
            u=Sbar(pos);                 %更新 u
            S=[S, u];                    %更新 S
            Sbar(Sbar==u)=[];            %更新 Sbar
        end
```

例 16.2 对于如图 16.3 所示的无向图，求顶点 v_1 到 v_5 的最短路径及长度。

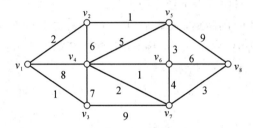

图 16.3　例 16.2 的 8 顶点图

解 （1）初始化赋权矩阵 W，且 W 为对称矩阵。程序如下：

```
N=8;                             %顶点个数
W=inf(N);
for i=1:N, W(i, i)=0; end;       %W 的对角线元素为 0, 此行可省略
W(1, [2, 3, 4])=[2, 1, 8]; W(2, [4, 5])=[6, 1];
W(3, [4, 7])=[7, 9]; W(4, 5: 7)=[5, 1, 2];
W(5, [6, 8])=[3, 9]; W(6, [7, 8])=[4, 6];
W(7, 8)=3;
for i=1: N−1
    for j=i+1: N
        if W(i, j)~=inf
            W(j, i)=W(i, j);     %无向图 W 的对称化
        end
    end
end
```

（2）调用 Dijkstra 算法的函数文件，程序如下：

```
k=1;
[L, z]=dijk(W,k);
```

输出结果为：

L=

  0   2   1   7   3   6   9   12

z =

  1   1   1   6   2   5   4   5

由 L 知顶点 v_1 到 v_2，v_3，$\cdots$，v_8 的最短路径长度分别为 2、1、7、3、6、9、12。顶点 v_5 的父亲点为 v_2（向量 z 中的第 5 个分量），顶点 v_2 的父亲点为 v_1（向量 z 中的第 2 个分量），故顶点 v_1 到 v_5 的最短路径为 $v_1 \rightarrow v_2 \rightarrow v_5$。

16.3　Floyd 算法

弗洛伊德（Floyd）算法是第二种计算任意两顶点之间最短路的重要方法，它本质上是一种插点法。在 Floyd 算法的第一次迭代中，任意两顶点之间的最短距离允许经过顶点 v_1，并更新任意两点之间的距离；在第二次迭代中，任意两顶点之间的最短距离允许经过顶点 v_2（已包含 v_1），再更新任意两顶点之间的距离。将上述迭代过程重复 n 次，最终可得任意两顶点之间的最短距离，其中 n 表示顶点的个数。

用 d_{ij} 表示顶点 v_i 到 v_j 的距离，r_{ij} 表示顶点 v_i 与 v_j 之间的插入点，i，$j = 1, 2, \cdots, n$。对于给定的带权邻接矩阵 $\boldsymbol{W} = (w_{ij})_{n \times n}$，Floyd 算法步骤如下所示：

（1）初始化：$d_{ij} := w_{ij}$，　$r_{ij} := j$，$k = 1$；

（2）For i=1：n

　　　　For j=1：n

　　　　如果 $d_{ik} + d_{kj} < d_{ij}$，则 $d_{ij} := d_{ik} + d_{kj}$，$r_{ij} := k$。

　　　　End

　　End

（3）如果 $k = n$，终止算法；否则，$k := k + 1$，转第（2）步。

上述算法输出的 d_{ij} 即为顶点 v_i 到 v_j 的最短路径距离，且其最短路径通过顶点 $v_{r_{ij}}$。从顶点 $v_{r_{ij}}$ 分别向前和向后追溯可得顶点 v_i 与 v_j 之间的最短路径。以向前追溯为例，易知顶点 v_i 到 $v_{r_{ij}}$ 的最短路径经过的顶点序号为 $r_{ir_{ij}}$，再由此顶点分别向前和向后追溯，直到不能追溯为止。在上述算法的第（2）步中，需要判定两边之和是否大于第三边，三条边的关系如图 16.4 所示。

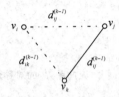

图 16.4　Floyd 算法更新条件涉及的边

对于 Floyd 算法，可编写两个 MATLAB 函数文件。第一个函数文件如下：

```
function [D，R]=floyd1(W)
[m，n]=size(W);
    %判断 W 是否为方阵
if m~=n
```

```
        error('W is not square');
    end
%初始化 D 和 R
D=W;
R=repmat(1：n, n, 1);
%三重 for 循环,最外层循环用于更新插入点,两重内循环用于更新 D 的元素
for iter=1：n
    for i=1：n
        for j=1：n
            if D(i, j)>D(i, iter)+D(iter, j);      %两边之和小于第三边
                D(i, j)=D(i, iter)+D(iter, j);     %更新 D(i, j)
                R(i, j)=iter;                       %更新 R(i, j)
            end
        end
    end
end
```

在上述程序中,命令 repmat(1：n, n, 1)表示将行向量 1：n 复制成 n 行 1 列。如果不考虑追溯路径,可以建立更简单的函数文件。Floyd 算法中 d_{ij} 的更新公式可表示为 $d_{ij}:=\min\{d_{ij}, d_{ik}+d_{kj}\}$。因此,可以只用一重 for 循环来更新矩阵 $\boldsymbol{D}$。Floyd 算法的第二个函数文件如下:

```
function D=floyd2(W)
D=W;
N=size(D, 1);
for k=1：N
    D = min(D, repmat(D(:,k), [1, N])+repmat(D(k,:), [N, 1]));
        %repmat(D(:,k), [1, N])表示将向量 D(:,k)复制成 1 行 N 列
end
```

例 16.3　某城市要建立一个消防站,为该市所属的七个区服务。这七个区的位置关系如图 16.5 所示,其中边上的数字表示该边的长度。问应设在哪个区,才能使它至最远区的路径最短。

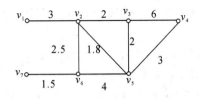

图 16.5　七个区服务的示意图

解　求解方法如下:

(1) 构造赋权矩阵 $\boldsymbol{W}$。

(2) 用 Floyd 算法求最短距离矩阵 $\boldsymbol{D}=(d_{ij})_{7\times7}$。

(3) 计算顶点 v_i 对应的最大服务距离 $S(v_i)=\max\limits_{j} d_{ij}$,　$i=1, 2, \cdots, 7$。

(4) $v_k:=\arg\min\limits_{v_i} S(v_i)$, v_k 即为待求的消防站点。

MATLAB 求解程序如下：

（1）初始化赋权矩阵 W，程序如下：

```
N=7;
W=inf(N);
for i=1：N，W(i, i)=0；end；
W(1, 2)=3；W(2, [3, 5, 6])=[2, 1.8, 2.5]；
W(3, [4, 5])=[6, 2]；W(4, 5)=3；
W(5, 6)=4；W(6, 7)=1.5；
%使用二重 for 循环将 W 对称化
for i=1：N-1
    for j=i+1：N
        if W(i, j)~=inf
            W(j, i)=W(i, j)；
        end
    end
end
```

（2）调用第二个 Floyd 算法的函数文件，并计算最优的消防站点。程序如下：

```
D=floyd2(W)；
[R, v]=min(max(D))；
```

输出的 R=4.8，v=2，即将第二个顶点作为消防站点，它到其他顶点的最短路径长度的最大值为4.8。

16.4　最小生成树

无环的连通无向图称为树。考虑无向连通图 $G=(V, E)$ 的顶点数目为 n，如果 G 的某个子图（V 和 E 的子集构成的图）是包含 n 个顶点的树，则称该子图为 G 的生成树。生成树是原图 G 的极小连通子图，且有 $n-1$ 条边。最小生成树是在所有生成树中，边的权值之和最小的生成树。下面给出求最小生成树的普里姆（Prim）算法。

（1）初始化顶点集 U 和边集 TE：$U=\{u_0\}$，$TE=\phi$，其中 $u_0 \in V$，ϕ 为空集。

（2）在所有的 $u \in U$，$v \in \bar{U}=V-U$ 的边 $(u, v) \in E$ 中，寻找一条权值最小的边，记作 (u^*, v^*)。

（3）更新 U 和 TE：$U=U \bigcup \{v^*\}$，$TE=TE \bigcup (u^*, v^*)$。

（4）如果 $U=V$，终止算法；否则转第（2）步。

上述算法输出的 $T=(V, TE)$ 为 G 的最小生成树。对于给定图 G 的赋权矩阵 W，Prim 算法的 MATLAB 函数如下：

```
function [Edge, weight]=Prim(W)
n=length(W)；                          %顶点个数
%初始化 U 和 Ubar
U=1；Ubar=2：n；
%求第 1 个顶点到其他顶点的最小权
[v1, pos1]=min(W(U, Ubar))；
```

```
weight＝v1;                                        %权值
Edge＝[1；Ubar(pos1)];                             %第一条边
%更新 U 和 Ubar
U＝[U，Ubar(pos1)]; Ubar(pos1)＝[];
%采用 for 循环，按上述方式继续更新 U 和 Ubar
for i＝1：n－2
    [v1，pos1]＝min(W(U，Ubar));
    [v2，pos2]＝min(v1);
    Edge＝[Edge，[U(pos1(pos2));Ubar(pos2)]];
    weight＝weight＋v2;                             %更新 weight
    U＝[U，Ubar(pos2)]; Ubar(pos2)＝[];            %更新 U 和 Ubar
end
```

Prim 函数输出的变量 Edge 为 $2×(n-1)$ 的矩阵，每列对应一条边的两个顶点；weight 为最小生成树的权之和。

例 16.4　图 16.6 给出了含有 6 个顶点的无向图，求此图的最小生成树。

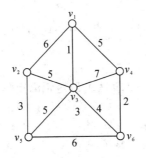

图 16.6　例 16.4 的图

解　先对 W 进行赋值，再调用 Prim 算法，程序如下：

```
W＝[0, 6, 1, 5, inf, inf;
    6, 0, 5, inf, 3, inf;
    1, 5, 0, 7, 5, 4;
    5, inf, 7, 0, inf, 2;
    inf, 3, 5, inf, 0, 6;
    inf, inf, 4, 2, 6, 0];
[Edge, weight]＝Prim(W);
```

输出结果为 Edge＝[1, 3, 6, 3, 2; 3, 6, 4, 2, 5]，weight＝15。故最小生成树的权和为 15，对应的边集为 $\{(v_1, v_3), (v_3, v_6), (v_6, v_4), (v_3, v_2), (v_2, v_5)\}$。

16.5　城市道路网络实验

例 16.5　本实验数据取材于 2009 年中国研究生数学建模竞赛 D 题：110 警车配置及巡逻方案。该题附有一个 EXCEL 文件"地图数据.xls"，它包含"地图数据"和"道路数据"两个工作表。"地图数据"工作表给出了 307 个交叉路口的经纬坐标（单位为 m），"道路数据"工作表给出了交叉路口之间的连接信息。

根据前述 EXCEL 文件，完成如下实验：

（1）绘制道路全景图；

（2）计算任两个交叉路口之间的最短距离；

（3）计算最小生成树，并绘出该树。

解 使用 MATLAB 执行上述实验，过程如下：

（1）clear; clc;

```
%读取 EXCEL 文件的两个工作表
Data1 = xlsread('E:\数学实验\地图数据.xls','地图数据','B3:C309');
Data2 = xlsread('E:\数学实验\地图数据.xls','道路数据','A3:B460');
%Data1 的维数为 307×2，表示 307 个顶点的 x 与 y 坐标
%Data2 的维数为 458×2，表示 458 条边对应的顶点
figure(1);
scatter(Data1(:,1), Data1(:,2), 50, 'filled');    %绘制 307 个顶点对应的散点图
hold on;
%使用 for 循环来绘制 458 条边
for i=1: size(Data2, 1)
    plot(Data1(Data2(i,:), 1), Data1(Data2(i,:), 2), 'r-', 'LineWidth', 2);
end
xlabel('(a)道路全景图');
```

（2）先初始化 W，再使用 Floyd 算法求最短距离矩阵，程序如下：

```
W = inf(size(Data1, 1));
%将 W 的对角线元素赋值为 0
for i=1: size(Data1, 1), W(i, i)=0; end
%使用 for 循环进一步对 W 赋值，并对称化
for i=1: size(Data2, 1)
    temp=Data1(Data2(i,:),:);
    W(Data2(i, 1), Data2(i,2))=norm(temp(1,:)-temp(2,:));
    W(Data2(i, 2), Data2(i,1))=W(Data2(i,1), Data2(i,2));
end
%调用 Floyd 函数文件
D=floyd2(W);
```

（3）使用 Prim 算法求最小生成树，程序如下：

```
[Edge, weight]=Prim(W);
figure(2);
scatter(Data1(:,1), Data1(:,2), 50, 'filled')
hold on;
%使用 for 循环绘制最小生成树
for i=1: size(Edge, 2)
    plot(Data1(Edge(:,i), 1), Data1(Edge(:,i), 2), 'r-', 'LineWidth', 2);
end
xlabel('(b)最小生成树');
```

输出最小生成树的权和为 weight＝1.2650e＋05，道路全景图与最小生成树如图 16.7

所示。

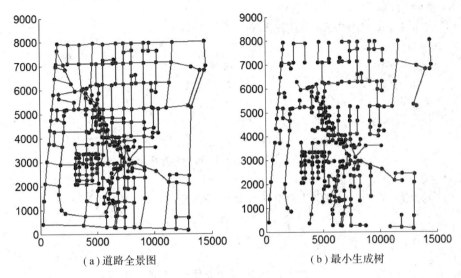

（a）道路全景图　　　　　　　　　　（b）最小生成树

图 16.7　道路全景图与最小生成树

16.6　泊松分酒实验

现有一只装满 12 斤酒的瓶子和三只分别装 10 斤、6 斤和 3 斤酒的空瓶，如何才能将这 12 斤酒分成三等份。此问题即为泊松分酒问题。

泊松分酒问题的建模过程如下：在分酒过程中，四个瓶中酒量分别用 x_1、x_2、x_3、x_4 表示（依照瓶子容量从大到小排列），并称向量 (x_1, x_2, x_3, x_4) 为一个状态。每经过一步倒酒操作（装满一个瓶子或倒空一个瓶子），状态就会发生改变。若 (x_1, x_2, x_3, x_4) 为一个状态，则它满足下列条件：

（1）$0 \leqslant x_1 \leqslant 12$，$0 \leqslant x_2 \leqslant 10$，$0 \leqslant x_3 \leqslant 6$，$0 \leqslant x_4 \leqslant 3$，且 x_i 为整数；

（2）$x_1 + x_2 + x_3 + x_4 = 12$；

（3）x_1、x_2、x_3、x_4 中至少有一个变量取得最大值（装满，到达容量上限）或最小值 0（倒空）。

将第 i 个状态看作一个顶点 v_i，因此所有可能的状态构成一个有限的顶点集 $V = \{v_i\}$。若状态 v_i 经一步操作可到达状态 v_j，则由顶点 v_i 到顶点 v_j 添加一条有向边，并记其长度为 1，即可构造一个有向图 $G = (V, E)$，其中 E 为边集。将 12 斤酒三等分等价于求由初始状态 $(12, 0, 0, 0)$ 到终止状态 $(4, 4, 4, 0)$ 的一条路径。寻找最短路径的 MATLAB 程序由以下几部分组成：

（1）使用穷举法求出所有的状态，并将状态保存到矩阵 State 中，且 State 的第一行为初始状态 $(12, 0, 0, 0)$。程序如下：

```
clear;
%初始化状态集合
State=[];
% 4 个酒瓶的最大容量为向量 s0，终止状态为向量 s_end
```

```
        s0＝[12，10，6，3];
        s_end＝[4，4，4，0];
        %使用三重 for 循环求所有可能的状态
        iter＝1;
        for x＝0：s0(2)                    % x2 的取值
            for y＝0：s0(3)                % x3 的取值
                for z＝0：s0(4)            % x4 的取值
                    if x＋y＋z＜＝s0(1)
                        temp＝[s0(1)－x－y－z，x，y，z];
                            %向量[x1，x2，x3，x4]，对应各瓶中酒的容量
                        if  ～all(temp)|～all(temp－s0)
                            %判断是否至少有一个变量达到上限或取值为 0
                            State＝[State；temp];
                            if ～any(temp－s_end)
                                n＝iter;
                                %第 n 个状态为终止状态 s_end
                            end
                            iter＝iter＋1;
                        end
                    end
                end
            end
        end
```

输出矩阵 State 的维数为 169×4，$n＝93$，即可能的状态总数为 169 个，且第 93 个状态（State 的第 93 行）为终止状态 $(4，4，4，0)$。

(2) 求 169 个顶点(状态)构成图的赋权矩阵 $\boldsymbol{W}$，程序如下:

```
        W＝inf(length(State));              %初始化 W 的每个元素均为无穷大
        for i＝1：length(State)，W(i，i)＝0；end；  %W 的对角线元素为 0，可忽略此行
        for i＝1：length(State)              %1：169
            for j＝1：length(State)          %1：169
                s1＝State(i，：);             %s1：第一状态
                s2＝State(j，：);             %s2：第二状态
                s3＝s1～＝s2;
                    %s3：4 维 0－1 逻辑向量，用于指示 s1、s2 的对应分量是否相等
                s4＝find(s3);                  %s4：s1、s2 不相等分量所在的位置
                %在每次状态转移时，4 个瓶子中只能有 2 个瓶子的酒量改变
                if i～＝j&sum(s3)＝＝2
                    %改变酒量的 2 个瓶子中至少有一个达到最大值或最小值
                    if ～all(s2(s4))|～all(s2(s4)－s0(s4))
                        W(i，j)＝1;
                    end
                end
            end
        end
```

```
        end
```

由于所构造的图为有向图，因此矩阵 W 不是对称的。

（3）调用 Dijkstra 函数，计算第 1 个顶点到其他顶点之间的最短路径距离。程序如下：

```
        k＝1;
        [L，Z]＝dijk(W,k);
```

输出的 L 为 169 维行向量，且 L(93)＝10，即经过 10 步操作可完成分酒过程。L 中有部分元素为无穷大，使用命令 find(isinf(L)) 输出无穷大元素对应的序号为 11，23，49，53，54，59，60，63，102，106，107，112，113，146，150，151。这说明顶点 v_1 不能到达上述顶点，可以考虑删除这些顶点对应的状态。

（4）根据向量 Z，计算最短路径。程序如下：

```
        P＝State(n,:);          %对应终止状态(4，4，4，0)，n＝93
        zn＝Z(n);               %求第 n 个状态的父亲顶点
        while zn～＝1
            P＝[State(zn,:)；P];  %向前追溯路径
            zn＝Z(zn);
        end
        P＝[State(1,:)；P];       %补充初始状态(12，0，0，0)
```

最终的矩阵 P 为：

```
        12   0   0   0
         2  10   0   0
         2   4   6   0
         2   1   6   3
         5   1   6   0
         5   0   6   1
        11   0   0   1
         1  10   0   1
         1   4   6   1
         1   4   4   3
         4   4   4   0
```

输出的矩阵 P 共有 11 行，即最少经过 10 步操作可完成酒的等分。当然，操作过程不唯一。

练　习　题

1. 本题取材于 2010 年西北工业大学"工大正禾杯"数学建模竞赛 B 题：送货路线设计问题(http://lxy.nwpu.edu.cn/info/1361/3147.htm)。现有一快递公司，一送货员需将货物送至城市内 50 个位置，坐标见表 16.1（单位为 m）。库房（第 51 个位置）的坐标为 (11 000，8250)，各点位置连通信息见表 16.2。若两个顶点有一条边与之关联，则它们的距离为欧氏距离。试解决以下问题：

（1）绘出所有顶点和边构成的地图，并在每个顶点附近标上序号（使用 text 命令）；

（2）计算任意两个顶点之间的最短距离；

（3）求最小生成树。

表 16.1　50 个位置点的坐标

序号	x	y	序号	x	y	序号	x	y	序号	x	y	序号	x	y
1	9185	500	11	7850	3545	21	12 770	8560	31	9395	10 100	41	4930	13 650
2	1445	560	12	6585	4185	22	2200	8835	32	14 835	10 365	42	13 265	14 145
3	7270	570	13	7630	5200	23	14 765	9055	33	1250	10 900	43	14 180	14 215
4	3735	670	14	13 405	5325	24	7790	9330	34	7280	11 065	44	3030	15 060
5	2620	995	15	2125	5975	25	4435	9525	35	15 305	11 375	45	10 915	14 235
6	10 080	1435	16	15 365	7045	26	10 860	9635	36	12 390	11 415	46	2330	14 500
7	10 025	2280	17	14 165	7385	27	10 385	10 500	37	6410	11 510	47	7735	14 550
8	7160	2525	18	8825	8075	28	565	9765	38	13 915	11 610	48	885	14 880
9	13 845	2680	19	5855	8165	29	2580	9865	39	9510	12 050	49	11 575	15 160
10	11 935	3050	20	780	8355	30	1565	9955	40	8345	12 300	50	8010	15 325

表 16.2　相互到达信息

序号	起点	终点	序号	起点	终点	序号	起点	终点	序号	起点	终点	序号	起点	终点	序号	起点	终点	序号	起点	终点
1	1	3	13	8	12	25	14	18	37	21	36	49	30	41	61	38	36	73	45	50
2	1	8	14	9	14	26	14	16	38	21	17	50	31	26	62	39	27	74	45	42
3	2	20	15	9	10	27	14	17	39	22	30	51	31	34	63	40	34	75	46	48
4	2	4	16	10	18	28	14	21	40	23	17	52	32	35	64	40	45	76	47	40
5	3	8	17	10	7	29	15	22	41	24	31	53	32	23	65	41	44	77	48	44
6	3	4	18	11	12	30	15	25	42	25	41	54	33	46	66	41	37	78	49	50
7	4	1	19	12	3	31	16	23	43	25	19	55	33	28	67	41	46	79	49	42
8	5	15	20	12	25	32	17	23	44	26	40	56	34	40	68	42	43	80	50	40
9	5	2	21	12	15	33	18	31	45	27	31	57	35	38	69	42	49	81	51	18
10	6	1	22	13	18	34	19	24	46	28	33	58	36	45	70	43	38	82	51	21
11	7	18	23	13	19	35	20	22	47	29	22	59	36	27	71	44	48	83	51	26
12	7	1	24	13	11	36	21	26	48	30	28	60	37	40	72	44	50			

2. 有一只装满 8 斤酒的瓶子和两只分别装 5 斤和 3 斤酒的空瓶，如何才能将这 8 斤酒分成两等份？编写等分酒的程序。

第17章 ISOMAP算法及应用

流形学习可用来实现维数约简和数据可视化。本章引入一类重要的非线性流形学习方法：ISOMAP。

17.1 ISOMAP算法

在传统的数据分析与处理中，通常假设所研究的数据存在于一个潜在的低维线性子空间中。常用的线性维数约简方法包括主成分分析和线性判别分析等，它们均采用欧氏距离来度量任意两点之间的距离。而在实际应用中，所提供的数据往往具有一个非线性流形结构。而人们的感知可能以流形方式存在，流形学习可从高维采样数据中恢复低维流形结构，发现数据间的相关性和数据集的内在规律性。

2000年，Tenenbaum等学者提出了一种流形学习算法——等度规映射（Isometrical Mapping，ISOMAP）。该算法先根据局部近邻法创建一个图，再使用流形距离（或测地线距离）来度量数据间的间隔。由于数据所在的空间不是欧氏空间，所以任意两点之间的流形距离与欧氏距离可能有较大的差异。对于数据集合 $\{ \boldsymbol{x}_i \in \Re^d \}_{i=1}^n$，考虑这 n 个点的 r 维表示，其中 $r < d$。为了近似计算任意两点之间的流形距离，下面列出 ISOMAP 算法的三个步骤。

（1）构造近邻图 $G=(V, E)$，此处顶点集 V 中的第 i 个顶点 v_i 对应数据点 $\boldsymbol{x}_i$，E 为边集。通过构造 k 近邻图可得图 G 的边集，具体过程如下：① 计算任意一对顶点 v_i 和 v_j 之间的欧氏距离 $d_{ij}^0 = \| \boldsymbol{x}_i - \boldsymbol{x}_j \|_2$；② 根据 d_{ij}^0 的大小，计算顶点 v_i 的 k 近邻点，即距它最近的 k 个顶点；③ 如果两个顶点互为 k 近邻，则连接它们，并对相应的边赋权重 $w_{ij} = d_{ij}^0$；否则 $w_{ij} = +\infty$。

（2）根据 Floyd 或 Dijkstra 算法，计算赋权图 G 中任意一对顶点 v_i 和 v_j 之间的最短路径距离 d_{ij}，并记距离矩阵 $\boldsymbol{D} = (d_{ij})_{n \times n}$。

（3）令 $\boldsymbol{S} = (d_{ij}^2)_{n \times n}$，先计算矩阵 $\tau(\boldsymbol{D}) = -\boldsymbol{HSH}/2$，其中

$$\boldsymbol{H} = (h_{ij})_{n \times n}, \quad h_{ij} = \begin{cases} 1 - 1/n & i=j \\ -1/n & i \neq j \end{cases}$$

再求矩阵 $\tau(\boldsymbol{D})$ 的前 r 个最大特征值 $\lambda_1, \lambda_2, \cdots, \lambda_r$（按降序排列），它们对应的单位特征向量分别为 $\boldsymbol{u}_1, \boldsymbol{u}_2, \cdots, \boldsymbol{u}_r$（均为列向量）；最后构造低维嵌入矩阵 $\boldsymbol{Y} = (\sqrt{\lambda_1} \boldsymbol{u}_1, \sqrt{\lambda_2} \boldsymbol{u}_2, \cdots, \sqrt{\lambda_r} \boldsymbol{u}_r) \in \Re^{n \times r}$。

矩阵 $\boldsymbol{Y}$ 的第 i 行即为向量 $\boldsymbol{x}_i$ 的低维（r 维）表示。

17.2 瑞士卷曲面实验

考虑如下形式的瑞士卷曲面：

$$\begin{cases} x = t\cos t \\ 0 \leqslant y \leqslant 20 \quad t \in [\pi, 9\pi/2] \\ z = t\sin t \end{cases}$$

该曲面上的点是 3 维的，但曲面本质上是 2 维的，即 $d=3$，$r=2$。在瑞士卷曲面上随机生成 n 个点，求它们的 2 维表示。

在实验中，取 $n=1000$，$k=7$，数据集的低维表示实验由下面几个部分组成：

（1）随机产生曲面上的 n 个点，称此过程为随机采样。瑞士卷曲面的参数形式为：

$$\begin{cases} x = t\cos t \\ y = y \quad t \in [\pi, 9\pi/2], \ y \in [0, 20] \\ z = t\sin t \end{cases}$$

随机生成 n 个点的 MATLAB 程序如下：

```
clear;
n=1000;
Data=zeros(n, 3);              %用于存储 n 个数据点
T=zeros(n, 1);                 %用于存储 t
rand('seed', 0);
%使用 for 循环随机生成 n 个点
for i=1: n
    t=unifrnd(pi, 4.5 * pi);   %随机生成 t
    T(i)=t;
    y=unifrnd(0, 20);          %随机生成 y
    Data(i, : )=[t * cos(t), y, t * sin(t)];
end
%绘制 3 维散点图
figure(1);
scatter3(Data(:, 1), Data(:, 2), Data(:, 3), 20, T);%圆圈大小为 20，颜色矩阵为 T
view(-10, 10);
```

输出图形如图 17.1 所示。

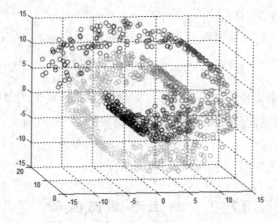

图 17.1　瑞士卷曲面上的随机采样点

（2）计算任意两点之间的欧氏距离，程序如下：

```
D＝zeros(n);           ％ 初始化距离矩阵 D
％采用 2 重 for 循环对 D 的元素进行赋值
for i＝1：n－1
    for j＝i+1：n
        D(i,j)＝norm(Data(i,：)－Data(j,：));
        D(j,i)＝D(i, j);
    end
end
```

（3）计算各个点的 k 近邻点，并构造 k 近邻图。程序如下：

```
k＝7;
％对 D 的各列分别从小到大排序
[Val, Pos]＝sort(D);
％ Pos 的第 2 行至第 k+1 行对应各顶点的 k 近邻点
Neighbor＝Pos(2：k+1, ：);   ％n×k 维矩阵，表示 n 个点的 k 近邻点
figure(2);
scatter3(Data(：,1), Data(：,2), Data(：,3), 50, T, 'filled'); ％绘制 3 维散点图
hold on;
％继续绘制 k 近邻图，共 n＊k 条边
for i＝1：n
    for j＝1：k
        temp＝Neighbor(j, i);
        plot3(Data([i, temp], 1), Data([i, temp], 2), Data([i, temp], 3), 'k－');
            ％绘制边
    end
end
view(－10, 10);
```

k 近邻图如图 17.2 所示。

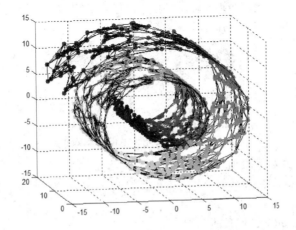

图 17.2　瑞士卷采样点的 k 近邻图

(4) 根据 Floyd 算法计算任意两个顶点之间的最短距离，程序如下：

```
%初始化赋权矩阵 W
W=inf(n);
for i=1:n, W(i, i)=0; end;
for i=1:n
        W(i, Neighbor(:, i))=Val(2:k+1, i);
        W(Neighbor(:, i), i)=W(i, Neighbor(:, i));    %将矩阵 W 对称化
end
%调用 Floyd 函数
Dist=floyd2(W);
```

输出的 Dist 变量即为任意两顶点之间的最短距离构成的矩阵。

(5) 进行二维可视化，程序如下：

```
H=eye(n)-1/n;
HD=-H*Dist.^2*H/2;                    %对应 tau(D)
%特征分解
[U, V]=eigs(HD, 2);      %返回矩阵 HD 的 2 个最大的特征值、特征向量
[v2, pos2]=sort(diag(V), 'descend');    %将特征值按降序排列
u1=U(:, pos2(1))*v2(1)^0.5;          %u1 和 u2 为数据点的二维表示
u2=U(:, pos2(2))*v2(2)^0.5;
figure(3);
scatter(u1, u2, 50, T, 'filled');        %绘制平面散点图
```

瑞士卷曲面上 n 个点的二维表示如图 17.3 所示。

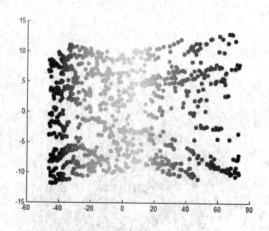

图 17.3   瑞士卷采样点的 2 维表示

(6) 绘制降维后的 k 近邻图，程序如下：

```
%先绘制 2 维散点图
figure(4);
scatter(u1, u2, 50, T, 'filled');
hold on;
%再绘制 k 近邻图，共 n*k 条边
```

```
for i=1: n
    for j=1: k
        temp=Neighbor(j, i);    %第 i 个点的第 j 个近邻
        plot(u1([i, temp]), u2([i, temp]), 'k-');
    end
end
```

上述程序的输出结果见图 17.4。

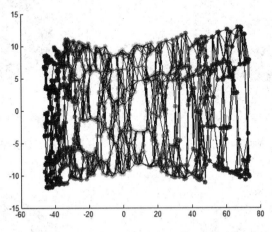

图 17.4　瑞士卷采样点的 2 维 k 近邻图

17.3　球面二维可视化实验

在单位球面 $x^2+y^2+z^2=1$ 上随机产生 1000 个点，并将其降维到二维平面上。为了均匀地生成球面上的点，需要先将球面方程表示成参数形式

$$
\begin{cases}
x=\sin\alpha\cos\beta \\
y=\sin\alpha\sin\beta \quad \alpha\in[0, \pi], \beta\in[0, 2\pi] \\
z=\cos\alpha
\end{cases}
$$

根据该参数方程，再随机产生 1000 个点，MATLAB 程序如下：

```
clear;
rand('seed', 0);
n=1000;
Data=zeros(n, 3);              %用于存储 n 个点
A=zeros(n, 1);                 %对应 alpha
for i=1: n
    a=unifrnd(0, pi);          %随机生成 a
    A(i)=a;
    b=unifrnd(0, 2 * pi);      %随机生成 b
    Data(i, :)=[sin(a) * cos(b), sin(a) * sin(b), cos(a)];
end
scatter3(Data(:, 1), Data(:, 2), Data(:, 3), 50, A);
```

绘图结果如图 17.5 所示。

下面计算任意两点之间的欧氏距离，构造 k 近邻图，计算最短路距离，进行维数约简及可视化，这些程序与瑞士卷曲面实验的程序相同，此处不再赘述。实验结果如图 17.6～图 17.8 所示。从图 17.7 和图 17.8 可以看出球面上点的 2 维表示近似在一个圆内。

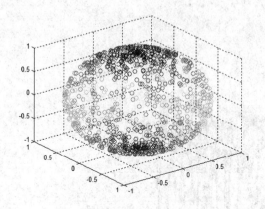

图 17.5　单位球面的随机采样点

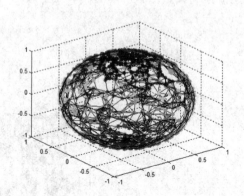

图 17.6　单位球面采样点的 k 近邻图

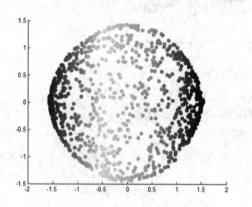

图 17.7　单位球面采样点的 2 维表示

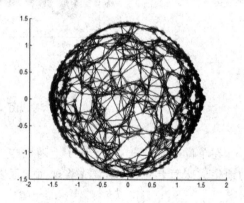

图 17.8　单位球面采样点的 2 维 k 近邻图

17.4　COIL－20 图像集实验

图像数据集 COIL－20(Columbia University Image Library)是包含 20 个物体的灰度图像库。该数据集的获取方式如下：

（1）进入 COIL－20 网页 http：//www.cs.columbia.edu/CAVE/software/softlib/coil－20.php；

（2）在上述网页上点击"processed"，将压缩的数据集"coil－20－proc.zip"保存到个人电脑上；

（3）将"coil－20－proc.zip"解压缩，得到文件夹"coil－20－proc"，该文件夹包括 20 个物体的 1440 幅图像。

在 COIL－20 中，将每个物体旋转 360°，并且每间隔 5°拍摄一幅图像，共得到 72 幅图像。本实验选取第一个物体 Obj1(鸭子玩具)，72 幅图像的名称分别为"obj1__0"、"obj1__1"、

…、"obj1__71"，扩展名为"png"，部分图像如图 17.9 所示。每幅图像的分辨率均为 128 ×
128，在实验中用 16 384(128×128)维的向量(矩阵逐列排列)表示每幅图像，将高维向量用
2 维向量近似表示，并将其可视化。实验过程如下：

（a）obj1__0

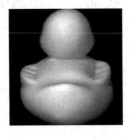

（b）obj1__18

（c）obj1__36

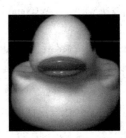

（d）obj1__54

图 17.9　COIL - 20 中部分鸭子玩具图像

（1）使用 MATLAB 读取文件夹"coil - 20 - proc"下的"obj1__0.png"、"obj1__1.png"、
…、"obj1_71.png"，程序如下：

```
%添加文件夹所在的路径
addpath E：\数学实验\coil - 20 - proc\coil - 20 - proc
N＝72；
A＝cell(N，1)；
%使用 for 循环读取 72 幅图像，并保存到元胞变量 A 中
for i＝0：N－1
    s＝['obj1__'，num2str(i)，'.png']；
        %第 i+1 幅图像的名称，注意 obj1 后是两个下划线连接
    A{i+1}＝double(imread(s))；    %uint8 型转成 double 型
end
```

在实际计算时，不需要将 A 中的每个矩阵向量化。

（2）计算元胞数组 A 的 72 个矩阵中任两个矩阵之间的距离(采用 Frobenius 范数)，得
到每个矩阵的 k 近邻。此处取 $k＝3$，程序如下：

```
k＝3；
D＝zeros(N)；
for i＝1：N－1
    for j＝i+1：N
        D(i，j)＝norm(A{i}－A{j}，'fro')；
        D(j，i)＝D(i，j)；
    end
end
%对距离矩阵的各列按从小到大的顺序排列
[Val，Pos]＝sort(D)；
Neighbor＝Pos(2：k+1，：)；    %k × N 维矩阵，第 i 列对应第 i 个矩阵的 k 近邻
```

（3）根据变量 Neighbor，得到 k 近邻图的赋权矩阵，并使用 Floyd 算法计算最短路。程
序如下：

```
W＝inf(N)；
```

```
for i=1: N, W(i, i)=0; end;
for i=1: N
    W(i, Neighbor(:, i))=Val(2: k+1, i);
    W(Neighbor(:, i), i)=W(i, Neighbor(:, i));    %将 W 对称化
end
Dist=floyd2(W);
```

(4) 使用 ISOMAP 算法进行非线性降维，并将其可视化。程序如下：

```
H=eye(N)−1/N;
HD=−H * Dist.^2 * H/2;
[U, V]=eigs(HD);
[v2, pos2]=sort(diag(V), 'descend');
u1=U(:, pos2(1)) * v2(1)^0.5;
u2=U(:, pos2(2)) * v2(2)^0.5;
scatter(u1, u2, 100, 1: N, 'filled');
hold on;
%对于 2 维平面上的点，用方向朝左的箭头标注序号 0～71
for i=0: N−1
    text(u1(i+1)+600, u2(i+1)+600, ['\leftarrow', num2str(i)], 'FontSize', 16);
    %在点(u1(i+1), u2(i+1))的右上方标注文本，纵横坐标的间距均为 600
end
axis equal;
```

向量 u1 和 u2 是 72 幅图像的 2 维表示。将鸭子玩具图像在高维空间中的分布转化为在 2 维平面上的分布，输出图形如图 17.10 所示。从该图可以看出，随着图像的转动，数据点也随之变化，且 2 维平面上的点大致呈圆形分布，这反映了数据点在低维空间中的分布规律。

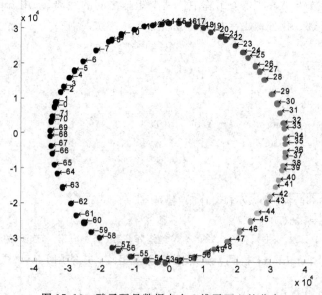

图 17.10　鸭子玩具数据点在 2 维平面上的分布

练 习 题

1. 北京及东北主要城市间公路里程如表 17.1 所示，试在 2 维平面上绘出它们之间的相对位置。

表 17.1　北京及东北主要城市间的公路里程　　　　　km

	北京	天津	锦州	沈阳	长春	哈尔滨	齐齐哈尔	牡丹江	吉林	丹东
天津	118									
锦州	483	470								
沈阳	717	704	234							
长春	1032	1019	549	315						
哈尔滨	1392	1379	909	675	360					
齐齐哈尔	1739	1726	1256	1022	707	347				
牡丹江	1582	1569	1099	865	550	344	691			
吉林	1142	1129	659	425	110	250	597	440		
丹东	965	962	482	285	600	930	1277	1048	680	
大连	903	890	420	419	734	1094	1441	1284	844	323

提示：由表 17.1 可得到任意两城市之间的距离矩阵，再根据 ISOMAP 算法的第（3）步进行降维。

2. S 型曲面的方程为

$$\begin{cases} x = \cos t \\ z = \sin t \qquad t \in [-\pi, 0.5\pi] \\ 0 \leqslant y \leqslant 5 \end{cases} \text{和} \begin{cases} x = \cos t \\ z = 2 - \sin t \qquad t \in [0.5\pi, -\pi] \\ 0 \leqslant y \leqslant 5 \end{cases}$$

在上述曲面上随机取 1000 点，并求这些点在 2 维空间中的近似表示。

3. 将 COIL-20 图像库中 Obj2 的 72 幅图像进行 3 维可视化。

第 18 章 k 均值聚类

聚类分析是将一个数据集合划分成若干个子集，并使同一子集内的数据具有较高的相似度，而不同子集的数据之间具有较低的相似度。通常假设所研究的数据存在于一个线性子空间或非线性流形结构中。因此，数据间的距离常采用欧氏距离、马氏距离或流形距离来度量。本章使用平方欧氏距离来建立 k 均值（$k-\text{means}$）聚类的数学模型。

18.1 k 均值聚类的模型与算法

设 $X=\{\boldsymbol{x}_i\in\mathfrak{R}^d\}_{i=1}^{n}$ 为 n 个样例构成的集合，欲将 X 聚成 k 类，即 $C_1,C_2,\cdots,C_k$。第 j 类的中心（形心）记为 $\boldsymbol{c}_j\in\mathfrak{R}^d$，第 i 个样例 $\boldsymbol{x}_i$ 到中心 $\boldsymbol{c}_j$ 的平方欧氏距离为 $\|\boldsymbol{x}_i-\boldsymbol{c}_j\|^2$。其中：$\|\cdot\|$ 表示向量的 l_2 范数，$j=1,2,\cdots,k$；$i=1,2,\cdots,n$。因此总误差可表示为

$$\text{Jerr}=\sum_{i=1}^{n}\sum_{j=1}^{k}b_j^i\|\boldsymbol{x}_i-\boldsymbol{c}_j\|^2$$

其中

$$b_j^i=\begin{cases}1 & \text{如果 } \boldsymbol{x}_i\in C_j \\ 0 & \text{否则}\end{cases}$$

为了获得最优的聚类中心，可求解下列最优化问题：

$$\min\sum_{i=1}^{n}\sum_{j=1}^{k}b_j^i\|\boldsymbol{x}_i-\boldsymbol{c}_j\|^2$$

在该优化问题中，$\boldsymbol{c}_j$ 和 b_j^i 为变量，且 $b_j^i\in\{0,1\}$，因此它属于 NP 难问题（NP 指非确定性多项式）。下面考虑求解此问题的启发式方法。

使用交替式方法求解前述混合优化问题，即交替更新 $\boldsymbol{c}_j$ 和 b_j^i。当 $\boldsymbol{c}_1,\boldsymbol{c}_2,\cdots,\boldsymbol{c}_k$ 给定时，判断样例 $\boldsymbol{x}_i$ 所属的类别，方法如下：如果 $\|\boldsymbol{x}_i-\boldsymbol{c}_t\|=\min\limits_{j}\|\boldsymbol{x}_i-\boldsymbol{c}_j\|$，则 $b_t^i=1,b_l^i=0$ （$l\neq t$）。当所有的 b_j^i 给定时，重新计算各类的中心，第 j 个聚类中心 $\boldsymbol{c}_j$ 的更新公式为

$$\boldsymbol{c}_j=\frac{\sum\limits_{i=1}^{n}b_j^i\boldsymbol{x}_i}{\sum\limits_{i=1}^{n}b_j^i}$$

k 均值聚类算法如下。

（1）初始化聚类中心：从 n 个样例中选择 k 个作为聚类中心。

（2）计算每个样例到 k 个聚类中心的距离，并根据最小距离更新此样例的类标。

（3）根据所有样例的类标，更新聚类中心。

（4）如果满足收敛条件，终止算法；否则转第（2）步。

在算法的第（1）步中，可以随机选择 k 个样例作为聚类中心，使用 MATLAB 的

randperm(n) 命令来实现；第(2)步使用 min 命令求最小距离；第(3)步采用 mean 命令更新聚类中心；第(4)步的终止条件可设置为 $\text{Jerr}^{(\text{iter})} - \text{Jerr}^{(\text{iter}+1)} \leqslant \varepsilon$ 或迭代次数达到上限 T，其中 ε 是比较小的正数，iter 表示迭代次数，$\text{Jerr}^{(\text{iter})}$ 表示第 iter 次迭代的总误差。

18.2 k 均值聚类的 MATLAB 程序

本节将设计 k 均值聚类算法的两个 MATLAB 程序。在程序设计中，用 n 表示样例数目；data 表示数据集矩阵，其每行表示 1 个样例；k 为类别数目。程序的输出变量 idx 表示所有样例的类标，其取值是 1～k 的整数；centers 表示聚类中心矩阵，共有 k 行。

记最大迭代次数为 NumIter，以最大迭代次数作为算法的终止条件，k 均值聚类算法的第一个程序如下：

```
function [centers, idx] = kmeansI(data,k, NumIter)
%centers：聚类中心构成的 k×d 维矩阵
%idx：n 维类标向量
[n, dim] = size(data);              %n 为样例数目，dim 为样例维数(d)
idx = zeros(n,1);                   %初始化 n 个样例的类标
dex = randperm(n);                  %将 1～n 随机排序
centers = data(sort(dex(1:k)),:);   %选取 dex 的前 k 个指标对应的样例作为聚类中心
a = zeros(k, 1);                    %初始化某样例到 k 个聚类中心的距离
for iter = 1: NumIter
    %===更新各样例的类标===%
    for i = 1: n
        for j = 1: k
            a(j) = norm(data(i, :) − centers(j,:));
                %计算样例 xi 到聚类中心 cj 的欧氏距离
        end
        [val, pos]= min(a);         %计算 xi 到 k 个聚类中心距离的最小值
        idx(i) = pos(1);            %更新 xi 的类标
    end
    %===更新聚类中心===%
    for i = 1: k
        centers(i,:) = mean(data(idx == i,:));   %更新第 i 类的聚类中心
    end
end
```

上述程序涉及计算每个样例到各聚类中心的欧氏距离 $\| x_i - c_j \|$。为降低计算量，下面讨论平方欧氏距离矩阵的等价形式。记平方欧氏距离矩阵 $\boldsymbol{D} = (d_{ij})_{n \times k}$，其中 $d_{ij} = \| x_i - c_j \|^2$。不妨设 x_i 和 c_j 均为行向量，记 $\boldsymbol{X} = (x_1^{\mathrm{T}}, x_2^{\mathrm{T}}, \cdots, x_n^{\mathrm{T}})^{\mathrm{T}}$，$\boldsymbol{C} = (c_1^{\mathrm{T}}, c_2^{\mathrm{T}}, \cdots, c_k^{\mathrm{T}})^{\mathrm{T}}$。因为 $d_{ij} = \| x_i \|^2 + \| c_j \|^2 - 2x_i c_j^{\mathrm{T}}$，所以

$$\boldsymbol{D} = \begin{pmatrix} \| x_1 \|^2 & \| x_1 \|^2 & \cdots & \| x_1 \|^2 \\ \| x_2 \|^2 & \| x_2 \|^2 & \cdots & \| x_2 \|^2 \\ \vdots & \vdots & \ddots & \vdots \\ \| x_n \|^2 & \| x_n \|^2 & \cdots & \| x_n \|^2 \end{pmatrix} + \begin{pmatrix} \| c_1 \|^2 & \| c_2 \|^2 & \cdots & \| c_k \|^2 \\ \| c_1 \|^2 & \| c_2 \|^2 & \cdots & \| c_k \|^2 \\ \vdots & \vdots & \ddots & \vdots \\ \| c_1 \|^2 & \| c_2 \|^2 & \cdots & \| c_k \|^2 \end{pmatrix} - 2\boldsymbol{X}\boldsymbol{C}^{\mathrm{T}}$$

在 k 均值聚类算法的第二个程序中，算法的终止条件设置如下：迭代次数达到上限 NumIter 或连续两次迭代的目标函数之差小于给定的阈值 t。程序如下：

```
function [centers, idx] = kmeansII(data, k, NumIter, t)
%centers：聚类中心构成的 k×d 维矩阵
%idx：n 维类标向量
[n, dim] = size(data);
idx = zeros(n, 1);
dex = randperm(n);
centers = data(sort(dex(1：k)),：);
change = t+1;                    %初始化两次迭代的目标函数之差，要求 change>t
E = sum(data.^2, 2);             %xi 范数平方构成的向量
Jerr = Inf;                      %目标函数初始化
itercount = 0;                   %迭代次数
while (change > t) & (itercount < NumIter)
    F = sum(centers.^2, 2);      %ci 范数平方构成的向量
    D = E * ones(1, k) + ones(n, 1) * F' − 2 * data * centers';
    [mind, minc] = min(D');      %求 D 的各行的最小值
    change = Jerr − sum(mind);   %sum(mind)为目标函数
    Jerr = sum(mind);            %更新目标函数(总误差)
    for i = 1：k
        centers(i,:) = mean(data(minc==i, :));    %更新第 i 个聚类中心
    end
    itercount = itercount+1;     %更新迭代次数
end
idx = minc;
```

该程序比第一个程序少一重循环，故运行时间更短。

18.3　k 均值聚类实验

例 18.1　考虑两个 2 维正态分布总体 $N(\boldsymbol{\mu}_1, \boldsymbol{\Sigma}_1)$ 和 $N(\boldsymbol{\mu}_2, \boldsymbol{\Sigma}_2)$，其中 $\boldsymbol{\mu}_1 = (1, 1)^T$，$\boldsymbol{\mu}_2 = (−1, −1)^T$，$\boldsymbol{\Sigma}_1$，$\boldsymbol{\Sigma}_2$ 均为二阶单位矩阵。现分别从这两个正态总体中随机抽样，样本容量均为 100。采用 k 均值聚类方法将所生成的 200 个样例聚成 2 类。

解　实验过程如下：

(1) 生成数据，MATLAB 程序为：

```
rand('seed', 0);
data = [randn(100, 2)+repmat([1, 1], 100, 1);
        randn(100, 2)+repmat([−1, −1], 100, 1)];
% data 的前 100 行对应第一个正态总体，后 100 行对应第二个正态总体
% repmat([−1, −1], 100, 1)表示将向量[−1, −1]复制成100行1列，它对应均值构成
  的矩阵
subplot(1, 2, 1);
plot(data(1：100, 1), data(1：100, 2), 'rs');    %绘制第一个正态总体的散点图
```

```
hold on;
plot(data(101:200, 1), data(101:200, 2), 'bv');        %绘制第二个正态总体的散点图
xlabel('(a) 原始数据');
axis square;
```

（2）不妨使用第二个 k 均值聚类的 MATLAB 程序进行聚类，程序如下：

```
k＝2；NumIter＝100；t＝0.1;                          %初始化输入变量
[centers, idx] = kmeansII(data,k, NumIter, t);
```

（3）绘制聚类结果，程序如下：

```
subplot(1, 2, 2);
scatter(centers(:, 1), centers(:, 2), 200, [0, 1], 'filled');
    %聚类中心散点图，实心圆圈表示
hold on;
plot(data(idx==1, 1), data(idx==1, 2), 'bv');         %聚类后类标为 1 的样例散点图
plot(data(idx==2, 1), data(idx==2, 2), 'rs');         %聚类后类标为 2 的样例散点图
xlabel('(b)聚类结果');
axis square;
```

实验结果如图 18.1 所示，可以看出 k 均值聚类算法取得了较好的聚类结果。

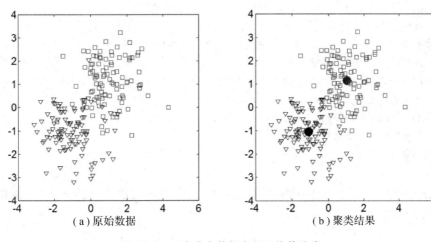

（a）原始数据　　　　　　　　　　　（b）聚类结果

图 18.1　正态分布数据点的 k 均值聚类

　　例 18.2　英国统计与遗传学家罗纳德・艾尔默・费希尔（Ronald Aylmer Fisher）于 1936 年研究了三种鸢尾花（Setosa、Versicolour 和 Virginica），建立了 Iris 数据。由于这三种鸢尾花很像，人们试图建立数学模型来对这 3 种花进行分类。Iris 数据包含 150 个鸢尾花的萼片长、萼片宽、花瓣长、花瓣宽以及这些花分别属于的种类等共五个变量，其中每个种类的花有 50 组观测值。萼片和花瓣的长宽为 4 个定量变量，种类为分类变量（即 Setosa、Versicolor、Virginica）。试根据 k 均值算法进行聚类。

　　解　（1）数据读取。MATLAB 自带 Iris 数据（fisheriris.mat），它包含特征矩阵 meas（150 行 4 列），类属向量 species（150×1 的元胞型数组，每个分量为字符串）。在实际编程中，可以将 species 转变成 150 维的数值向量，即 Setosa、Versicolor 和 Virginica 分别对应 1、2、3。MATLAB 读取数据程序如下：

```
clear;
```

load fisheriris;

（2）绘制散点图。每个样例的特征是 4 维的，在绘图时只选取前 3 个特征，即萼片长、萼片宽和花瓣长。分别绘制每类数据的散点图，程序如下：

```
subplot(1, 2, 1);
plot3(meas(1：50, 1), meas(1：50, 2), meas(1：50, 3), 'rs');        %第一类数据散点图
hold on;
plot3(meas(51：100, 1), meas(51：100, 2), meas(51：100, 3), 'bv');     %第二类数据散点图
plot3(meas(101：150, 1), meas(101：150, 2), meas(101：150, 3), 'gp');   %第三类数据散点图
title('(a)原始数据');
axis square;
```

（3）使用第二个 k 均值聚类的 MATLAB 程序进行聚类，程序如下：

```
rand('seed', 0);
k=3; NumIter=100; t=0.1;
[centers, idx] = kmeansII(meas,k, NumIter, t);
```

（4）绘制聚类中心及各类的散点图（只取前 3 个特征），程序如下：

```
subplot(1, 2, 2);
scatter3(centers(:, 1), centers(:, 2), centers(:, 3), 200, [0, 1, 2]', 'filled');
        %聚类中心散点图，实心圆圈
hold on;
plot3(meas(idx==1, 1), meas(idx==1, 2), meas(idx==1, 3), 'rs');
    %聚类后第一类数据散点图
plot3(meas(idx==2, 1), meas(idx==2, 2), meas(idx==2, 3), 'bv');
    %聚类后第二类数据散点图
plot3(meas(idx==3, 1), meas(idx==3, 2), meas(idx==3, 3), 'gp');
    %聚类后第三类数据散点图
title('(b)聚类结果');
axis square;
```

绘图结果如图 18.2 所示。从图中可以看出，对于数据的前 3 个特征，k 均值聚类算法取得了较好的聚类效果。

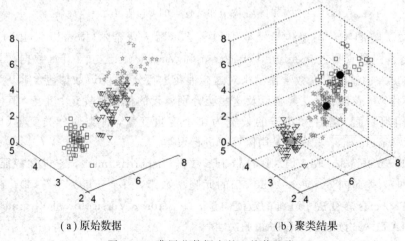

（a）原始数据　　　　　　　　　　（b）聚类结果

图 18.2　鸢尾花数据点的 k 均值聚类

18.4 k 均值聚类的性能评价

例 18.1 和例 18.2 都使用 k 均值聚类方法进行聚类，但没有给出评价聚类性能的指标。在实际应用中，只有事先知道各个样例的类标，才能判断聚类方法的优劣。对于 k 类样例构成的集合，不妨使用 $1, 2, \cdots, k$ 来表示类标。下面考虑用于评价聚类性能的两个指标。

1. 所有匹配下的聚类误差

k 均值聚类算法得到的类标与最初的类标未必一致。为此，需要考虑对聚类前后类标进行匹配。以 $k=3$ 为例，所有可能的匹配形式如图 18.3 所示。从图中可以看出共有 6 种匹配形式，再从这 6 种匹配中选择一个最佳的匹配。

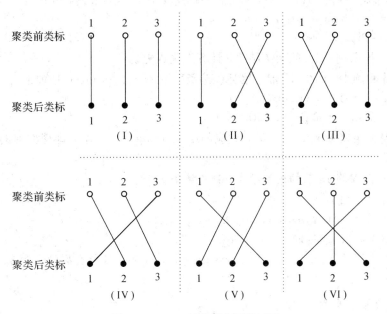

图 18.3　$k=3$ 时的所有可能匹配

当匹配形式确定时，聚类误差（或误分率）可以按如下形式进行计算：

$$\text{Error}=1-\frac{\sharp \text{正确分类}}{n}$$

其中"$\sharp$"表示满足其后条件的数目；n 为样例数目。

对于图 18.3 中的各种匹配，可逐一计算聚类误差，最终在这些聚类误差中选取最小值及对应的匹配。对于给定的聚类数目 k，所有匹配形式共有 $k!$ 种。在 MATLAB 中，可使用命令 perms(1：k)给出 1～k 的所有排列，例如，执行 P=perms(1：3)，则将 1、2、3 的所有 6 种排列保存到 6×3 维矩阵 P 中。

记 n 个样例的类标为 n 维向量 o，聚类后的类标为向量 s。计算聚类误差的 MATLAB 程序如下：

```
function [ratio, assign]=misclass_ratio(o, s)
%ratio 为误分率，assign 为对应的匹配
k=length(unique(o));          %根据类标向量 o 统计类数
```

```
P＝perms(1: k);                        %1~k 的所有排列组成的矩阵
N＝size(P, 1);                         %N 为所有的排列数目，即 k!
R＝zeros(N, 1);                        %初始化 N 种排列下的正确分类数目
%采用 for 循环，逐一计算各种排列下的正确分类数目
for i＝1: N
    t＝0;                              %初始化正确聚类的样例数目
    for j＝1: k
        t＝t＋sum(o==j & s==P(i, j));
    end
    R(i)＝t;
end
[val, pos]＝max(R);    %计算最大的正确分类数目 val 及在 R 或 P 中所处的行 pos
ratio＝1-val/length(o);
assign＝P(pos, :);
```

例 18.3   根据例 18.1 的聚类结果，计算聚类误差。

解   将 o 和例 18.1 的 idx 带入聚类误差函数 misclass_ratio，程序如下：

```
o＝[ones(1, 100), 2 * ones(1, 100)];
[ratio, assign]＝misclass_ratio(o, idx);
```

输出的聚类误差为 ratio＝0.07，对应的匹配 assign＝[1, 2]，即聚类前的类标与聚类后的类标一致。

例 18.4   根据例 18.2 的聚类结果，计算聚类误差。

解   求解程序如下：

```
o＝[ones(1, 50), 2 * ones(1, 50), 3 * ones(1, 50)];
[ratio, assign]＝misclass_ratio(o, idx);
```

输出的聚类误差为 ratio＝0.0133，assign＝[3, 1, 2]，即聚类后的类标 3、1、2 分别对应聚类前的 1、2、3。

2. 标准交互信息熵

MATLAB 的排列命令 perms 只适用于类数 k 不超过 10 的情形。当 k＞10 时，perms 失效，不能再用 misclass_ratio 来计算聚类误差。另一方面，11!＝39 916 800，进行匹配时会消耗大量时间。为此，下面给出评价聚类性能的另一个指标——标准交互信息熵。

在信息论中，熵是表示随机变量不确定性的度量。设离散型随机变量 Y 的分布律为

$$P\{Y=y_i\}=p_i \quad i=1, 2, \cdots, N$$

则 Y 的熵为

$$H(Y)=-\sum_{i=1}^{N} p_i \log_2 p_i$$

易于证明 $0 \leqslant H(Y) \leqslant \log_2 N$。熵越大，随机变量的不确定性就越大；当 $H(Y)=0$ 时，随机变量完全没有不确定性。若 Y 为连续型随机变量，则 $H(Y)=-\int_{-\infty}^{\infty} p(y) \log_2 p(y) \mathrm{d}y$，其中 $p(y)$ 为 Y 的概率密度函数。

对于二维离散型随机变量 (Y, Z)，若其联合分布概率为

$$P\{Y=y_i, Z=z_j\}=p_{ij} \quad i=1, 2, \cdots, N, j=1, 2, \cdots, M$$

则可定义联合熵为

$$H(Y, Z) = -\sum_{i=1}^{N}\sum_{j=1}^{M} p_{ij} \log_2 p_{ij}$$

基于此，定义 Y 和 Z 的交互信息熵为

$$MI = H(Y) + H(Z) - H(Y, Z)$$

对 MI 进行标准化，得到标准交互信息熵为

$$NMI = \frac{MI}{\sqrt{H(Y)H(Z)}} \text{ 或 } NMI = \frac{2MI}{H(Y) + H(Z)}$$

对于聚类问题，采用标准交互信息熵 NMI 来评价聚类性能，NMI 取值越大（接近 1），聚类性能越好；取值越小（接近 0），聚类性能越差。下面考虑 NMI 的计算。假设 o 为实际的类标向量，s 为 k 均值聚类得到的类标向量，聚类数目为 $k=3$。以 $o=(2, 3, 3, 2, 1, 2, 3, 3, 1)$ 为例计算它的熵。先统计每类出现的频率，得到它对应的概率分布为

$$\begin{bmatrix} 1 & 2 & 3 \\ \dfrac{2}{9} & \dfrac{3}{9} & \dfrac{4}{9} \end{bmatrix}$$

因此 o 对应的熵为

$$H(o) = -\left(\frac{2}{9} \times \log_2\left(\frac{2}{9}\right) + \frac{3}{9} \times \log_2\left(\frac{3}{9}\right) + \frac{4}{9} \times \log_2\left(\frac{4}{9}\right) \right) = 1.5305$$

类似可计算 $H(s)$。为了计算 (o, s) 的联合熵，先统计 $\{o=i, s=j\}$ 的总次数 C_{ij}，其中 $i, j = 1, 2, 3$。(o, s) 的联合熵为

$$H(o, s) = -\sum_{i=1}^{3}\sum_{j=1}^{3} p_{ij} \log_2 p_{ij}$$

其中 $p_{ij} = C_{ij}/n$；$n=9$ 为样例总数目。

计算交互信息熵的 MATLAB 程序如下：

```
function nmi = evalcl_nmi(o, s)
k=max(o);                    %o 的取值为 1~k
N=length(o);                 %N 为样例数目
Po=zeros(k, 1);    %初始化 o 的分布律。不考虑随机变量的取值，只考虑取值对应的概率
Ps=zeros(k, 1);              %初始化 s 的分布律
%通过 for 循环，分别计算 o 和 s 的分布律
for i=1: k
    Po(i)=sum(o==i)/N;
    Ps(i)=sum(s==i)/N;
end
%分别计算 o 和 s 的信息熵
Ho=-sum(Po. * log2(Po+eps)); %eps=1.2e-16，其目的是避免出现 log2(0)
Hs=-sum(Ps. * log2(Ps+eps));
M=zeros(k);                  %(o, s)联合取值对应的频数
for i=1: N
    M(o(i), s(i))=M(o(i), s(i))+1;
end
```

```
m=M(:)/N;                    %联合取值对应的频率
Hos=-sum(m. * log2(m+eps));  %(o, s)的联合熵
nmi = (Ho+Hs-Hos)/sqrt( Ho * Hs);
%也可以选取第二种定义 nmi = 2 * (Ho+Hs-Hos)/( Ho + Hs);
```

输出的 nmi 介于 0 到 1 之间。

对于例 18.1 和例 18.2 的 k 均值聚类结果，使用 evalcl_nmi 函数计算的 nmi 值分别为 0.6350 和 0.7582。

练 习 题

1. 分别生成服从正态分布 $N(\boldsymbol{\mu}_1, \boldsymbol{\Sigma}_1)$ 和 $N(\boldsymbol{\mu}_2, \boldsymbol{\Sigma}_2)$ 的 100 个数据点，其中

$$\boldsymbol{\mu}_1=(1, 1)^T, \quad \boldsymbol{\mu}_2=(-1, -1)^T, \boldsymbol{\Sigma}_1=\begin{pmatrix} 2 & 1 \\ 1 & 2 \end{pmatrix}, \boldsymbol{\Sigma}_2=\begin{pmatrix} 1.5 & 0.4 \\ 0.4 & 1.2 \end{pmatrix}$$

完成下列任务：

(1) 绘出 2 维散点图，其中第一类点用圆圈表示，第二类点用叉号表示；

(2) 使用 k 均值算法进行聚类，并分别求出聚类误差和标准交互信息熵。

2. 模糊 c 均值聚类是 k 均值聚类的推广。它用 u_{ij}^m 代替 b_j^i，其中 $m>1$ 为加权指数，u_{ij} 表示第 i 个样例 $\boldsymbol{x}_i$ 属于第 j 类的隶属度，且满足 $u_{ij}\geqslant 0$，$\sum_{j=1}^k u_{ij}=1$，其中 k 为类别数目。模糊 c 均值聚类等价于求解下列最优化问题：

$$\min \sum_{i=1}^n \sum_{j=1}^k u_{ij}^m \| \boldsymbol{x}_i - \boldsymbol{c}_j \|^2$$

求解上述最优化问题的迭代公式为

$$\boldsymbol{c}_j = \sum_{i=1}^n u_{ij}^m x_i \Big/ \sum_{i=1}^n u_{ij}^m, \quad u_{ij} = 1 \Big/ \sum_{l=1}^k (\| \boldsymbol{x}_i - \boldsymbol{c}_j \|^2 / \| \boldsymbol{x}_i - \boldsymbol{c}_l \|^2)^{2/(m-1)}$$

最终根据 $\max_j u_{ij}$ 得到 $\boldsymbol{x}_i$ 的类标。试编写模糊 c 均值聚类的程序，并使用 fisheriris 数据进行实验。

第 19 章　高斯混合模型及 EM 算法

在统计学中，混合模型是一类概率模型，用来表示总种群内的子种群，而不要求观测数据归属于哪个子种群。本章介绍高斯混合模型以及求解它的期望最大化（EM）算法。

19.1　高斯混合模型与 EM 算法

考虑一个 d 维正态总体 $\boldsymbol{X} \sim \boldsymbol{N}(\boldsymbol{\mu}, \boldsymbol{\Sigma})$，其中 $\boldsymbol{\mu}$ 为均值向量，$\boldsymbol{\Sigma}$ 为协方差矩阵。$\{\boldsymbol{X}_1, \boldsymbol{X}_2, \cdots, \boldsymbol{X}_n\}$ 为 $\boldsymbol{X}$ 的一个简单随机样本，$\{\boldsymbol{x}_1, \boldsymbol{x}_2, \cdots, \boldsymbol{x}_n\}$ 为相应的样本观测值。由极大似然估计法易得参数 $\boldsymbol{\mu}$ 和 $\boldsymbol{\Sigma}$ 的估计。

若总体 $\boldsymbol{X}$ 的密度函数含有多个极大值或比较复杂时，总体服从正态分布这一假设不再适用。为了研究数据的生成方式，可以采用高斯混合模型（Gaussian Mixture Model，GMM），即将总体 $\boldsymbol{X}$ 看作 K 个正态分布的凸组合。假设第 k 个正态分布为 $\boldsymbol{N}(\boldsymbol{\mu}_k, \boldsymbol{\Sigma}_k)$，对应的线性表示系数为 π_k，$k = 1, 2, \cdots, K$。则总体 $\boldsymbol{X}$ 的分布密度函数为

$$f(\boldsymbol{x} \mid \boldsymbol{\theta}) = \sum_{k=1}^{K} \pi_k N(\boldsymbol{x} \mid \boldsymbol{\mu}_k, \boldsymbol{\Sigma}_k)$$

其中 $\boldsymbol{\theta} = \{\pi_k, \boldsymbol{\mu}_k, \boldsymbol{\Sigma}_k\}_{k=1}^{K}$；非负系数 π_k 满足 $\sum_{k=1}^{K} \pi_k = 1$。

对于上述 GMM 模型，也可以按如下方式理解：先以一定的概率在 K 个正态分布中随机选择一个，第 k 个正态总体被选中的概率为 π_k；再按被选中的正态分布随机产生观测值。在 GMM 模型中，需要估计的参数为 $\boldsymbol{\theta}$。样本 $\{\boldsymbol{x}_1, \boldsymbol{x}_2, \cdots, \boldsymbol{x}_n\}$ 的对数似然函数为

$$L(\boldsymbol{\theta}) = \log \prod_{i=1}^{n} f(\boldsymbol{x}_i \mid \boldsymbol{\theta}) = \sum_{i=1}^{n} \log \sum_{k=1}^{K} \pi_k N(\boldsymbol{x}_i \mid \boldsymbol{\mu}_k, \boldsymbol{\Sigma}_k)$$

可以通过极大化 $L(\boldsymbol{\theta})$ 来估计参数 $\boldsymbol{\theta}$，但不能获得参数 $\boldsymbol{\theta}$ 的解析表达式。为此，可以使用期望最大化（ExpectationMaximization，EM）算法来估计参数。

对于某个观测数据 $\boldsymbol{x}_i$，无法得知它来自哪一个正态分布，为此引入隐变量 γ_{ki}。当 $\boldsymbol{x}_i$ 来自第 k 个正态分布 $\boldsymbol{N}(\boldsymbol{\mu}_k, \boldsymbol{\Sigma}_k)$ 时，$\gamma_{ki} = 1$；否则，$\gamma_{ki} = 0$。记 $\boldsymbol{\gamma}_i = (\gamma_{1i}, \gamma_{2i}, \cdots, \gamma_{Ki})^{\mathrm{T}}$，则 $\boldsymbol{\gamma}_i$ 为 K 维 0-1 二值随机变量（一个分量取值为 1，其余分量取值为 0），且它的分布律为

$$p(\boldsymbol{\gamma}_i \mid \boldsymbol{\theta}) = \prod_{l=1}^{K} \pi_l^{\gamma_{li}}$$

当 $\gamma_{ki} = 1$ 时，$\boldsymbol{x}_i$ 来自第 k 个正态总体，对应的概率为 $p(\boldsymbol{\gamma}_i \mid \boldsymbol{\theta}) = \pi_k$。此时，$\boldsymbol{x}_i$ 的条件概率密度函数为

$$p(\boldsymbol{x}_i \mid \gamma_{ki} = 1, \boldsymbol{\theta}) = N(\boldsymbol{x}_i \mid \boldsymbol{\mu}_k, \boldsymbol{\Sigma}_k) = \prod_{l=1}^{K} N(\boldsymbol{x}_i \mid \boldsymbol{\mu}_l, \boldsymbol{\Sigma}_l)^{\gamma_{li}}$$

记矩阵 $\boldsymbol{\gamma} = (\boldsymbol{\gamma}_1, \boldsymbol{\gamma}_2, \cdots, \boldsymbol{\gamma}_n)$，则称 $\{\boldsymbol{x}_1, \boldsymbol{x}_2, \cdots, \boldsymbol{x}_n, \boldsymbol{\gamma}\}$ 为完全数据。因此，完全数据的似然函数为

$$p(\boldsymbol{x}_1, \boldsymbol{x}_2, \cdots, \boldsymbol{x}_n, \boldsymbol{\gamma} | \boldsymbol{\theta}) = \prod_{i=1}^{n} p(\boldsymbol{x}_i, \boldsymbol{\gamma}_i | \boldsymbol{\theta})$$

$$= \prod_{i=1}^{n} p(\boldsymbol{\gamma}_i | \boldsymbol{\theta}) p(\boldsymbol{x}_i | \boldsymbol{\gamma}_i, \boldsymbol{\theta}) = \prod_{i=1}^{n} \prod_{l=1}^{K} (\pi_l \boldsymbol{N}(\boldsymbol{x}_i | \boldsymbol{\mu}_l, \boldsymbol{\Sigma}_l))^{\gamma_{li}}$$

EM 算法由 E(期望)步和 M(最大化)步构成。在 E 步中,对随机变量 $\boldsymbol{\gamma}_{ki}$ 求期望的公式为

$$\hat{\boldsymbol{\gamma}}_{ki} = \mathbb{E}(\boldsymbol{\gamma}_{ki} | x_i, \boldsymbol{\theta}) = p(\boldsymbol{\gamma}_{ki} = 1 | x_i, \boldsymbol{\theta}) = \frac{p(x_i, \boldsymbol{\gamma}_{ki} = 1 | \boldsymbol{\theta})}{p(x_i | \boldsymbol{\theta})}$$

$$= \frac{p(\boldsymbol{\gamma}_{ki} = 1 | \boldsymbol{\theta}) p(x_i | \gamma_{ki} = 1, \boldsymbol{\theta})}{p(x_i | \boldsymbol{\theta})} = \frac{\pi_k N(\boldsymbol{x}_i | \boldsymbol{\mu}_k, \boldsymbol{\Sigma}_k)}{\sum_{j=1}^{K} \pi_j N(\boldsymbol{x}_i | \boldsymbol{\mu}_j, \boldsymbol{\Sigma}_j)}$$

在 M 步中,先根据完全数据的对数似然函数构造 Q 函数为

$$Q(\boldsymbol{\theta}, \boldsymbol{\theta}^{(t)}) = \mathbb{E}_{\boldsymbol{\gamma}}(\log p(\boldsymbol{x}_1, \boldsymbol{x}_2, \cdots, \boldsymbol{x}_n, \boldsymbol{\gamma} | \boldsymbol{\theta}) | \boldsymbol{x}_1, \boldsymbol{x}_2, \cdots, \boldsymbol{x}_n, \boldsymbol{\theta}^{(t)})$$

其中 $\mathbb{E}_{\boldsymbol{\gamma}}$ 表示关于 $\boldsymbol{\gamma}$ 求期望;$\boldsymbol{\theta}^{(t)}$ 为第 t 次迭代时参数 $\boldsymbol{\theta}$ 的估计值。

将所有 $\hat{\boldsymbol{\gamma}}_{ki}$ 带入 Q 函数中,并求 $Q(\boldsymbol{\theta}, \boldsymbol{\theta}^{(t)})$ 关于 $\boldsymbol{\theta}$ 的极大值,即

$$\boldsymbol{\theta}^{(t+1)} := \arg \max_{\boldsymbol{\theta}} Q(\boldsymbol{\theta}, \boldsymbol{\theta}^{(t)})$$

求解上述最优化问题,可以得到参数 $\boldsymbol{\mu}_k$、$\boldsymbol{\Sigma}_k$ 和 π_k 的解析解。

GMM 的 EM 算法由交替求解 E 步和 M 步组成,具体步骤如下:

(1) 初始化均值向量 $\boldsymbol{\mu}_k$、协方差矩阵 $\boldsymbol{\Sigma}_k$、混合系数 π_k、完全数据的对数似然函数的初值,其中 $k = 1, 2, \cdots, K$。

(2) 计算 $\boldsymbol{\gamma}_{ki}$ 的期望(E 步):$\hat{\boldsymbol{\gamma}}_{ki} := \dfrac{\pi_k N(\boldsymbol{x}_i | \boldsymbol{\mu}_k, \boldsymbol{\Sigma}_k)}{\sum_{j=1}^{K} \pi_j N(\boldsymbol{x}_i | \boldsymbol{\mu}_j, \boldsymbol{\Sigma}_j)}$, $k = 1, 2, \cdots, K$; $i = 1, 2, \cdots, n$。

(3) 使用 M 步估计参数 $(\boldsymbol{\mu}_k, \boldsymbol{\Sigma}_k, \pi_k)$,更新公式为 $\begin{cases} \boldsymbol{\mu}_k := \dfrac{1}{n_k} \sum_{i=1}^{n} \hat{\boldsymbol{\gamma}}_{ki} \boldsymbol{x}_i \\ \boldsymbol{\Sigma}_k := \dfrac{1}{n_k} \sum_{i=1}^{n} \hat{\boldsymbol{\gamma}}_{ki} (\boldsymbol{x}_i - \boldsymbol{\mu}_k)(\boldsymbol{x}_i - \boldsymbol{\mu}_k)^{\mathrm{T}}, \\ \pi_k := \dfrac{n_k}{n} \end{cases}$

其中 $n_k = \sum_{i=1}^{n} \hat{\boldsymbol{\gamma}}_{ki}$, $k = 1, 2, \cdots, K$。

(4) 计算对数似然函数 $L(\boldsymbol{\theta})$。若 $L(\boldsymbol{\theta})$ 满足终止条件(相邻两次迭代的相对误差小于给定的阈值或迭代次数达到上限),停止算法;否则转第(2)步。

19.2　高斯混合模型的 MATLAB 程序

对于 EM 算法的第(1)步,使用如下方法初始化参数:将样例集随机分成数目大致相等的 K 组,第 k 组的样本均值和样本协方差矩阵分别作为 $\boldsymbol{\mu}_k$、$\boldsymbol{\Sigma}_k$ 的初始值,并令 $\pi_k = 1/K$。在第(2)步中,$\hat{\boldsymbol{\gamma}}_{ki}$ 更新公式的具体形式为

$$\widehat{\boldsymbol{\gamma}}_{ki} := \frac{\pi_k \exp\left(-\dfrac{1}{2}(\boldsymbol{x}_i - \boldsymbol{\mu}_k)^{\mathrm{T}} \boldsymbol{\Sigma}_k^{-1}(\boldsymbol{x}_i - \boldsymbol{\mu}_k)\right) \Big/ \sqrt{|\boldsymbol{\Sigma}_k|}}{\displaystyle\sum_{j=1}^{K} \pi_j \exp\left(-\dfrac{1}{2}(\boldsymbol{x}_i - \boldsymbol{\mu}_j)^{\mathrm{T}} \boldsymbol{\Sigma}_j^{-1}(\boldsymbol{x}_i - \boldsymbol{\mu}_j)\right) \Big/ \sqrt{|\boldsymbol{\Sigma}_j|}}$$

用 $\widehat{\boldsymbol{\gamma}}_k.$ 表示矩阵 $\widehat{\boldsymbol{\gamma}}$ 的第 k 行，$\boldsymbol{X} = (\boldsymbol{x}_1, \boldsymbol{x}_2, \cdots, \boldsymbol{x}_n)$，$\boldsymbol{X}^{(k)} = (\boldsymbol{x}_1 - \boldsymbol{\mu}_k, \boldsymbol{x}_2 - \boldsymbol{\mu}_k, \cdots, \boldsymbol{x}_n - \boldsymbol{\mu}_k)$，则第(3)步中 $\boldsymbol{\mu}_k$ 和 $\boldsymbol{\Sigma}_k$ 的迭代公式可重新表示为

$$\boldsymbol{\mu}_k := \boldsymbol{X} \widehat{\boldsymbol{\gamma}}_k^{\mathrm{T}}./n_k, \quad \boldsymbol{\Sigma}_k := \boldsymbol{X}^{(k)} \mathrm{diag}(\widehat{\boldsymbol{\gamma}}_k.)(\boldsymbol{X}^{(k)})^{\mathrm{T}}/n_k$$

在第(4)步中，将第(3)步得到的 $\boldsymbol{\mu}_k$、$\boldsymbol{\Sigma}_k$ 和 π_k 代入对数似然函数 $L(\boldsymbol{\theta})$。

在设计程序时，考虑 3 个输入变量，即数据矩阵 X、高斯模型数目 K 和最大迭代次数 Iter_max。求解 GMM 的 EM 算法的 MATLAB 程序如下：

```matlab
function [mu_estimation, Sigma2_estimation, pix]=GMM_EM(X, K, Iter_max)
if nargin<3                        %输入变量的个数小于 3
    Iter_max=1000;                 %如果输入变量 Iter_max 缺失，则赋其值为 1000
end
epsilon=1e-6;                      %相邻两次迭代的对数似然函数相对误差的阈值
[D, N]=size(X);                    %D 为样例维数，N 为样例数目
% ===均值向量、协方差矩阵的初始化===%
Ind=randperm(N);                   %1～N 的随机排列
Group=fix(N/K);                    %每组平均含有样例数目（取整）
mu_estimation=cell(K, 1);          %K 个均值向量
Sigma2_estimation=cell(K, 1);      %K 个协方差矩阵
%分别使用每个子类来估计均值向量和协方差矩阵
for i=1:K
    if i<K
        X_temp=X(:, Ind([(i-1)*Group+1]:i*Group)); %提取第 i 个子集
    else
        X_temp=X(:, Ind([(i-1)*Group+1]:end));
    end
    mu_estimation{i}=mean(X_temp, 2);    %计算第 i 个子集的均值
    Sigma2_estimation{i}=cov(X_temp');   %计算第 i 个子集的协方差矩阵
end
%========初始化线性系数 pi_i，均为 1/K===%
pix=ones(K, 1)/K;
%========Iteration===========%
pdf_norm=zeros(K, N);              %正态分布的概率密度函数的初始化
Gam=zeros(K, N);                   %初始化 Gamma 矩阵
loglike_old=inf;                   %初始化似然函数值为无穷大
for i=1:Iter_max
%-----Gamma 矩阵的计算-----E_step-----%
    for n=1:N
        for k=1:K
            X_mu=X(:, n)-mu_estimation{k};
            pdf_norm(k, n)=pix(k)*exp(-0.5*X_mu'*...
```

```
                    inv(Sigma2_estimation{k}) * X_mu)/...
                    (det(Sigma2_estimation{k})))^0.5;
                %缺省了 1/(2 * pi)^(d/2) 项
        end
        Gam(:,n)=pdf_norm(:,n)/sum(pdf_norm(:,n));
    end
    %————均值与协方差矩阵的计算————M_step%
    NK=sum(Gam');  %对 Gamma 矩阵的各行求和
    for k=1: K
        mu_estimation{k}=X * Gam(k,:)'/NK(k);        %估计第 k 个子集的均值
        X_mu=X-repmat(mu_estimation{k},1,N);         %xi 的中心化
        Sigma2_estimation{k}=X_mu * diag(Gam(k,:)) * X_mu'/NK(k);
        %更新 Sigma2
    end
    %———pi_i 的计算————M_step%
    pix=NK/N;                                  %更新 pi_i
    %—————————计算对数似然函数与终止条件——————————%
    loglike_new=sum(log(sum(pdf_norm)));            %计算对数似然函数
    if abs((loglike_new-loglike_old)/loglike_old)<epsilon
        %相邻两次对数似然函数的相对误差
        %当 i 取值为 1 时，abs((loglike_new-loglike_old)/loglike_old)返回 NaN
        %而 NaN<epsilon 返回 0
      break;
    end
    loglike_old=loglike_new;                      %更新对数似然函数
end
```

19.3　基于高斯混合模型的聚类实验

对于两个正态总体 $N(\boldsymbol{\mu}_1, \boldsymbol{\Sigma}_1)$ 和 $N(\boldsymbol{\mu}_2, \boldsymbol{\Sigma}_2)$，分别随机产生 200 个点，其中$\boldsymbol{\mu}_1 = (1, 1)^{\mathrm{T}}$，$\boldsymbol{\mu}_2 = (2.5, 3)^{\mathrm{T}}$，$\boldsymbol{\Sigma}_1 = \begin{pmatrix} 1 & 0.6 \\ 0.6 & 1.5 \end{pmatrix}$，$\boldsymbol{\Sigma}_2 = \begin{pmatrix} 2 & -1.8 \\ -1.8 & 3 \end{pmatrix}$。先使用高斯混合模型估计两个总体的均值向量和协方差矩阵，估计结果用 $\hat{\boldsymbol{\mu}}_1$、$\hat{\boldsymbol{\mu}}_2$、$\hat{\boldsymbol{\Sigma}}_1$、$\hat{\boldsymbol{\Sigma}}_2$ 表示；再根据马氏（Mahalanobis）距离将所有数据点聚成 2 类。对于数据样例 $\boldsymbol{x}_i$，它到第 k 个正态总体的平方马氏距离为

$$d_{ik} = (\boldsymbol{x}_i - \hat{\boldsymbol{\mu}}_k)^{\mathrm{T}} \hat{\boldsymbol{\Sigma}}_k^{-1} (\boldsymbol{x}_i - \hat{\boldsymbol{\mu}}_k), \quad k=1, 2$$

若 $d_{i1} < d_{i2}$，则将 $\boldsymbol{x}_i$ 归为第一类；否则，将 $\boldsymbol{x}_i$ 归为第二类。

具体实验过程如下：

（1）生成数据，MATLAB 程序如下：

```
clear;
N=200;
```

```
rand('seed', 0);
u1=[1; 1]; u2=[2.5; 3];                    %正态总体的均值向量
S1=[1, 0.6; 0.6, 1.5];S2=[2, −1.8; −1.8, 3];    %正态总体的协方差矩阵
X1=mvnrnd(u1, S1, N);                      %第一个正态总体的 N 个点,维数为 N×2
X2=mvnrnd(u2, S2, N);                      %第二个正态总体的 N 个点,维数为 N×2
X=[X1', X2'];                              %两个正态总体的 2N 个点,维数为 2×2N
D=2;                                       %数据维数
K=2;                                       %聚类数目
```

（2）调用 GMM_EM 程序：

```
[mu_estimation, Sigma2_estimation, pix]=GMM_EM(X,K, 500);
```

输出的两个均值向量分别为[0.9426, 0.8715]、[2.3490, 3.1692]，它们对应 $\boldsymbol{\mu}_1$ 和 $\boldsymbol{\mu}_2$ 的估计值；协方差矩阵分别为[0.8016, 0.4262; 0.4262, 1.2960]、[1.8553, −1.4423; −1.4423, 2.2269]，对应 $\boldsymbol{\Sigma}_1$ 和 $\boldsymbol{\Sigma}_2$ 的估计值；pix=[0.5059, 0.4941]，对应 π_1 和 π_2 的估计值。可以看出，估计值与真实值比较接近。

（3）计算聚类精度（准确率），程序如下：

```
label=[1 * ones(N, 1); 2 * ones(N, 1)];
          %第一个正态总体的类标为 1;第二个正态总体的类标为 2
Class=zeros(2 * N, 1);             %初始化 EM 算法的类标
for i=1: 2 * N
    x=X(:,i);
    x_mu1=x−mu_estimation{1};
    x_mu2=x−mu_estimation{2};
    d1=x_mu1' * inv(Sigma2_estimation{1}) * x_mu1;
      %第 i 个点到第一个正态总体的马氏距离
    d2=x_mu2' * inv(Sigma2_estimation{2}) * x_mu2;
      %第 i 个点到第二个正态总体的马氏距离
    [val, pos]=min([d1, d2]);
    Class(i)=pos;                 %将 pos 作为第 i 个点的类标
end
rate=sum(label==Class)/(2 * N);
rate=max([rate, 1−rate]);         %实际类标与计算类标可能不一致
```

输出的聚类精度为 rate＝0.9050。

（4）绘制散点图，程序如下：

```
subplot(1, 2, 1); %第一个子图
scatter(X(1, 1: N), X(2, 1: N), 50, ones(1, N));    %第一个正态总体的散点图,空心圆圈
hold on;
scatter(X(1, N+1: 2 * N), X(2, N+1: 2 * N), 50, 2 * ones(1, N), 'filled');
%第二个正态总体的散点图,实心圆圈
xlabel('(a)原始数据散点图');
subplot(1, 2, 2); %第二个子图
%在第二个子图中绘制聚类后两类点的散点图
scatter(X(1, Class==1), X(2, Class==1), 50, ones(1, sum(Class==1)));
```

%第一类数据点

hold on；

scatter(X(1, Class==2), X(2, Class==2), 50, 2 * ones(1, sum(Class==2)), ′filled′);

%第二类数据点

scatter([mu_estimation{1}(1), mu_estimation{2}(1)], ...

　　　[mu_estimation{1}(2), mu_estimation{2}(2)], 150, ′filled′, ′rs′);

%两个聚类中心均用红色的实心正方形表示

xlabel(′(b)GMM 模型聚类结果′);

实验结果如图 19.1 所示，可以看出 GMM 模型能较好地分离两类正态总体。

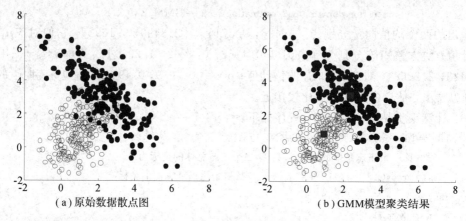

（a）原始数据散点图　　　　　　　（b）GMM模型聚类结果

图 19.1　两个正态总体的 GMM 聚类

练 习 题

1. 二维随机向量 $\boldsymbol{Z}$ 的密度函数为

$$f(z;\boldsymbol{\mu}_1,\boldsymbol{\mu}_2,\boldsymbol{\Sigma}_1,\boldsymbol{\Sigma}_2)=0.6N(z|\boldsymbol{\mu}_1,\boldsymbol{\Sigma}_1)+0.4N(z|\boldsymbol{\mu}_2,\boldsymbol{\Sigma}_2)$$

其中 $z=(x,y)^{\mathrm{T}}$；$\boldsymbol{\mu}_1=(1,1)^{\mathrm{T}}$；$\boldsymbol{\mu}_2=(2.5,3)^{\mathrm{T}}$；$\boldsymbol{\Sigma}_1=\begin{pmatrix}1&0.6\\0.6&1.5\end{pmatrix}$；$\boldsymbol{\Sigma}_2=\begin{pmatrix}2&-1.8\\-1.8&3\end{pmatrix}$。

绘制 $f(z;\boldsymbol{\mu}_1,\boldsymbol{\mu}_2,\boldsymbol{\Sigma}_1,\boldsymbol{\Sigma}_2)$ 在 $(x,y)\in[-5,10]\times[-5,10]$ 上的曲面。

2. 某总体的一组观测数据如下：

5.75，−1.71，1.04，−2.49，7.15，1.55，2.91，2.69，5.23，5.13，1.19，5.45，4.55，2.54，1.82，1.28，

−4.21，−0.84，1.87，0.43，2.64，3.47，−3.05，3.94，4.66，−2.88，−4.67，5.3，−2.44，−1.32，

−2.95，4.65，3.13，−4.11，0.53，−1.88，−1.67，−5.1，−2.27，2.71，3.44，5.38，−1.96，2.63，1.25，

−2.84，6.88，−2.72，0.1，−5.69，1.67，2.18，2.1，4.11，2.71，−4.26，1.39，3.19，0.06，1.19

使用高斯混合模型求此总体的密度函数（取 $K=2$）。

3. 鸢尾花数据(fisheriris)有 150 个样例，4 个属性，共 3 类。使用高斯混合模型将该数据集分成三类，并估算各类的均值向量和协方差矩阵。

4. 位于美国黄石公园的老忠实泉(Old Faithful)因喷发间隔和持续时间十分有规律（平均约每隔 66 min 喷发一次，每次 2～5 min）而得名。下面给出了 272 组数据，其中奇数行表示持续时间，偶数行表示相应的喷发间隔。使用高斯混合模型将数据聚成两类，并估算各类的均值向量和协方差矩阵。

3.6	1.8	3.333	2.283	4.533	2.883	4.7	3.6	1.95	4.35	1.833	3.917	4.2	1.75	4.7	2.167	1.75	4.8	1.6	4.25
79	54	74	62	85	55	88	85	51	85	54	84	78	47	83	52	62	84	52	79
1.8	1.75	3.45	3.067	4.533	3.6	1.967	4.083	3.85	4.433	4.3	4.467	3.367	4.033	3.833	2.017	1.867	4.833	1.833	4.783
51	47	78	69	74	83	55	76	78	79	73	77	66	80	74	52	48	80	59	90
4.35	1.883	4.567	1.75	4.533	3.317	3.833	2.1	4.633	2	4.8	4.716	1.833	4.833	1.733	4.883	3.717	1.667	4.567	4.317
80	58	84	58	73	83	64	53	82	59	75	90	54	80	54	83	71	64	77	81
2.233	4.5	1.75	4.8	1.817	4.4	4.167	4.7	2.067	4.7	4.033	1.967	4.5	4	1.983	5.067	2.017	4.567	3.883	3.6
59	84	48	82	60	92	78	78	65	73	82	56	79	71	62	76	60	78	76	83
4.133	4.333	4.1	2.633	4.067	4.933	3.95	4.517	2.167	4	2.2	4.333	1.867	4.817	1.833	4.3	4.667	3.75	1.867	4.9
75	82	70	65	73	88	76	80	48	86	60	90	50	78	63	72	84	75	51	82
2.483	4.367	2.1	4.5	4.05	1.867	4.7	1.783	4.85	3.683	4.733	2.3	4.9	4.417	1.7	4.633	2.317	4.6	1.817	4.417
62	88	49	83	81	47	84	52	86	81	75	59	89	79	59	81	50	85	59	87
2.617	4.067	4.25	1.967	4.6	3.767	1.917	4.5	2.267	4.65	1.867	4.167	2.8	4.333	1.833	4.383	1.883	4.933	2.033	3.733
53	69	77	56	88	81	45	82	55	90	45	83	56	89	46	82	51	86	53	79
4.233	2.233	4.533	4.817	4.333	1.983	4.633	2.017	5.1	1.8	5.033	4	2.4	4.6	3.567	4	4.5	4.083	1.8	3.967
81	60	82	77	76	59	80	49	96	53	77	77	65	81	71	70	81	93	53	89
2.2	4.15	2	3.833	3.5	4.583	2.367	5	1.933	4.617	1.917	2.083	4.583	3.333	4.167	4.333	4.5	2.417	4	4.167
45	86	58	78	66	76	63	88	52	93	49	57	77	68	81	81	73	50	85	74
1.883	4.583	4.25	3.767	2.033	4.433	4.083	1.833	4.417	2.183	4.8	1.833	4.8	4.1	3.966	4.233	3.5	4.366	2.25	4.667
55	77	83	83	51	78	84	46	83	55	81	57	76	84	77	81	87	77	51	78
2.1	4.35	4.133	1.867	4.6	1.783	4.367	3.85	1.933	4.5	2.383	4.7	1.867	3.833	3.417	4.233	2.4	4.8	2	4.15
60	82	91	53	78	46	77	84	49	83	71	80	49	75	64	76	53	94	55	76
1.867	4.267	1.75	4.483	4	4.117	4.083	4.267	3.917	4.55	4.083	2.417	4.183	2.217	4.45	1.883	1.85	4.283	3.95	2.333
50	82	54	75	78	79	78	78	70	79	70	54	86	50	90	54	54	77	79	64
4.15	2.35	4.933	2.9	4.583	3.833	2.083	4.367	2.133	4.35	2.2	4.45	3.567	4.5	4.15	3.817	3.917	4.45	2	4.283
75	47	86	63	85	82	57	82	67	74	54	83	73	73	88	80	71	83	56	79
4.767	4.533	1.85	4.25	1.983	2.25	4.75	4.117	2.15	4.417	1.817	4.467								
78	84	58	83	43	60	75	81	46	90	46	74								

第 20 章　最近邻分类器及其在图像识别中的应用

在模式识别中，k 近邻分类器是一种用于分类问题的非参数方法。对于某样例，k 近邻分类器根据距离该样例最近的 k 个样例来确定类标。本章考虑 $k=1$，即最近邻分类器。

20.1　最近邻分类器

已知 N 个样例构成训练数据集 $\{(x_i, c_i)\}_{i=1}^N$，其中样例 $x_i \in \Re^{d \times 1}$，$c_i \in \{1, 2, \cdots, C\}$ 为 x_i 的类标，C 为总类数。对于一个新的样例 x，需要学习一个分类器（函数）$y=f(x)$，此处 y 为样例 x 的类标。对于分类器，不但希望它具有较小的训练误差，而且还要有比较好的泛化（推广）性能。下面介绍一种最简单的分类器——最近邻分类器（Nearest Neighbor Classifier）。

假设数据样例存在于一个欧氏空间中，则样例 x 与 x_i 的欧氏距离为 $d_i = \| x - x_i \|_2$。计算所有欧氏距离的最小值，即 $d_{i^*} = \min\{d_1, d_2, \cdots, d_N\}$，则样例 x 的类标为 c_{i^*}。该分类方法即对应最近邻分类器。给定测试样例集 $\{z_j\}_{j=1}^M$，z_j 的真实类标为 $\tilde{c}_j$，其中 M 为测试样例数目。对于每个测试样例 z_j，使用最近邻分类器预测其类标为 $\tilde{c}'_j$。因此，测试集的分类精度为

$$\mathrm{Acc} = \frac{\sum_{j=1}^M I(\tilde{c}_j = \tilde{c}'_j)}{M}$$

其中 $I(\cdot)$ 为指示函数，即当 $\tilde{c}_j = \tilde{c}'_j$ 时，$I(\tilde{c}_j = \tilde{c}'_j)$ 为 1；否则，$I(\tilde{c}_j = \tilde{c}'_j)$ 为 0。测试集的分类误差为 $\mathrm{Err} = 1 - \mathrm{Acc}$。

下面建立最近邻分类器的 MATLAB 函数文件 nnclassify。考虑四个输入变量 train、label_train、test、label_test，其中 train 为训练集矩阵（每列对应一个样例），对应的类标为 label_train（向量）；test 为测试集矩阵，对应的类标为 label_test。编写如下函数文件：

```
function acc＝nnclassify(train, label_train, test, label_test)
n＝size(train, 2);                    %训练样例数目
m＝size(test, 2);                     %测试样例数目
dist＝zeros(n, 1);                    %初始化距离向量
c＝0;                                 %统计正确分类的个数
for i＝1: m
    for j＝1: n
        dist(j)＝norm(test(: , i)－train(: , j));
        %第 i 个测试样例与第 j 个训练样例的欧氏距离
    end
```

```
    [val, pos]=min(dist);                    %求最小距离, 对应的训练样例序号为 pos
    if label_test(i)==label_train(pos)
            %判断第 i 个测试样例的类标与第 pos 个训练样例的类标是否相同
        c=c+1;
    end
end
acc=c/m;                                    %输出分类精度
```

20.2　ORL 人脸识别

ORL 人脸数据集(Olivetti Faces)(http://www.cs.nyu.edu/~roweis/data.html)共有 40 个人, 每个人有 10 幅图像, 共计 400 幅图像。这些图像包括表情变化、微小姿态变化、20%以内的尺度变化。考虑灰度图像, 每幅图像的分辨率为 64×64。在人脸识别中, 通常将每幅图像(64×64 的矩阵)转变为 4096 维的向量, 并假设人脸图像存在于一个低维嵌入的欧氏空间中。下面将最近邻分类器应用于 ORL 人脸识别, 实验过程如下:

(1) 数据准备。下载 ORL 人脸数据集 olivettifaces.mat, 在 MATLAB 中使用命令:

```
    load olivettifaces;
```

此命令将 ORL 人脸数据集加载到变量空间, 其中变量 faces 为 4096×400 的矩阵, 它包含了所有图像。矩阵 faces 的第 $10i-9$ 列至第 $10i$ 列对应的 10 幅图像的类标均记为 i, $i=1, 2, \cdots, 40$。

(2) 部分图像的显示。根据 faces 变量来显示部分人脸图像。选取前 5 个人的所有人脸图像, 共 50 幅, 将它们排成 5 行 10 列, 不同的行或列之间用白色的线条分开。在绘制人脸图像时, 需要将 faces 中的每个 4096 维的列向量转成 64×64 的矩阵, 并将所有图像矩阵组成维数更大的矩阵。同一排的不同图像矩阵之间可以补充 64×5 的矩阵, 其元素值均为 255。类似地, 相邻排的图像之间也添加行数为 5 的矩阵, 元素取值仍为 255。MATLAB 程序如下:

```
    %对每幅图像的行数 m、列数 n 进行赋值, 令相邻图像之间的间隔为 w 个像素
    m=64; n=64; w=5;
    A=[];                            %用于存储 50 幅图像对应的矩阵
    %使用二重 for 循环对 A 的部分元素进行赋值
    for i=1:5
        Temp=255*ones(m, w);    %对应 64×5 的白色间隔
        for j=1:10
            k=(i-1)*10+j;
                    %使用 reshape 命令将 faces 的第 k 列变形为 64×64 的矩阵
            Temp=[Temp, reshape(faces(:,K), 64, 64), 255*ones(m, w)];
        end
        A=[A; Temp; 255*ones(w, size(Temp, 2))];    %第三部分对应不同行之间的白边
    end
    imshow(uint8(A));
```

输出的图像如图 20.1 所示。

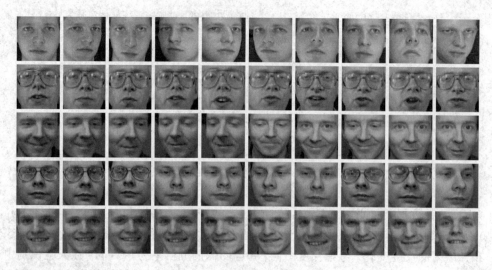

图 20.1 部分 ORL 人脸图像

（3）训练集与测试集的固定划分。为了验证最近邻分类器的性能，需要先将数据集分成训练集和测试集。这里采用特殊的划分方式，即每个人的前 5 幅图像用于训练，后 5 幅用于测试。因此训练集有 200 个样例，测试集也有 200 个样例。划分训练集与测试集的程序如下：

```
label_train＝reshape(repmat(1：40，5，1)，200，1)；
        %训练集类标 label_train 为 1，1，1，1，1，2，2，2，2，2，…，40，40，40，40，40
label_test＝label_train；              %测试集类标向量与训练集类标向量相同
train_index＝[]；                      %用于存储训练集在 faces 中的列标
test_index＝[]；                       %用于存储测试集在 faces 中的列标
for i＝1：40
    train_index＝[train_index，(i−1)＊10＋[1：5]]；
    test_index＝[test_index，(i−1)＊10＋[6：10]]；
end
train＝faces(：，train_index)；         %提取训练样例集
test＝faces(：，test_index)；           %提取测试样例集
```

基于上述程序产生的训练集与测试集，调用最近邻分类器函数：

```
acc＝nnclassify(train，label_train，test，label_test)；
```

最终输出的分类精度为 0.875。

（4）训练集与测试集的随机划分。在上述实验中，训练集与测试集均为事先指定，不足以说明最近邻分类器的分类性能。为此，下面考虑随机选取训练集与测试集。对于每个人，随机选取 P 幅图像用于训练，其余用于测试。将上述过程重复 T 次，最终报告平均识别率及相应的标准差。以 $P=5$，$T=50$ 为例，MATLAB 程序如下：

```
P＝5；
T＝50；
label＝reshape(repmat(1：40，10，1)，400，1)；
    %所有样例的类标：1，1，1，1，1，1，1，1，1，1，2，…，40
rand('seed'，0)；
```

```
    Acc＝[];                        %用于存储分类精度
    for iter＝1：T                   %第 iter 次迭代
        train_index＝[];            %初始化训练指标集
        test_index＝[];             %初始化测试指标集
        for i＝1：40
            t＝randperm(10);        %1～10 随机排序
            train_index＝[train_index, (i－1) * 10＋t(1：P)];
                %对于第 i 个人，选 P 幅图像用于训练
            test_index＝[test_index, (i－1) * 10＋t(P+1：10)];   %其余图像用于测试
        end
        train＝faces(：, train_index);    %组成训练样例集
        test＝faces(：, test_index);      %组成测试样例集
        label_train＝label(train_index);  %训练集类标
        label_test＝label(test_index);    %测试集类标
        Acc＝[Acc, nnclassify(train, label_train, test, label_test)];
    end
    disp([mean(Acc), std(Acc)]);
```

最终输出的平均测试精度为 0.8760，对应的标准差为 0.0249。

当将 P 修改为 2 时，平均测试精度为 0.7073，对应的标准差为 0.0282。我们发现 $P=2$ 或 $P=5$ 时，程序运行时间稍长，这是因为人脸数据的维数较高（4096 维）。对数据集执行维数约简，可以节省运行时间。

20.3　基于特征脸的 ORL 人脸识别

为提高人脸识别的速度，可以使用维数约简方法进行降维。主成分分析是一种常用的维数约简方法，而它对应的特征向量也称为特征脸（Eigenface）。

不考虑类标，训练样例集合记为 $\{x_i\in\Re^{d\times 1}\}_{i=1}^N$，主成分分析的计算过程如下：

（1）计算样本均值：$\bar{x}=\dfrac{1}{N}\sum_{i=1}^N x_i$。

（2）计算样本协方差矩阵：$S=\dfrac{1}{N-1}\sum_{i=1}^N (x_i-\bar{x})(x_i-\bar{x})^\mathrm{T}$。

（3）对 S 进行特征分解，求其前 r 个最大特征值对应的单位特征向量 $u_1, u_2, \cdots, u_r$，其中 $r<d$。

（4）记 $U=(u_1, u_2, \cdots, u_r)\in\Re^{d\times r}$，则样例 x_i 对应的低维表示为
$$y_i=U^\mathrm{T}(x_i-\bar{x}), \quad i=1, 2, \cdots, N。$$

在人脸识别领域中，称 u_i 为特征脸。MATLAB 自带的主成分分析命令为 princomp，对于人脸这样高维的数据集，不适合直接使用该命令。在实际计算中，可以采用矩阵奇异值分解来得到协方差矩阵的特征向量。对于 ORL 人脸图像集，取 $P=7$，$r=15$，随机选取训练集和测试集，计算特征脸的程序为：

```
    clear;
    %%＝＝＝参数设置及变量初始化＝＝＝%%
```

```
P=7；r=15；
label=reshape(repmat(1：40，10，1)，400，1)；
rand('seed'，0)；
train_index=[]；
test_index=[]；
for i=1：40
    t=randperm(10)；
    train_index=[train_index，(i-1)*10+t(1：P)]；
    test_index=[test_index，(i-1)*10+t(P+1：10)]；
end
train=faces(：，train_index)；
label_train=label(train_index)；
Num_train=size(train，2)；                    ％训练集样例数目
％％===计算特征脸并可视化===％％
xbar=mean(train，2)；％训练集的均值
train_center=train-repmat(xbar，1，Num_train)；％训练集中心化，即 xi-xbar
[U，S，V]=svds(train_center，r)；
％对中心化的训练集进行奇异值分解，求前 r 个最大奇异值对应的奇异向量
％与 svd 命令相比，svds 只返回若干最大奇异值及对应的奇异向量
for i=1：r
    subplot(3，5，i)；
    imagesc(reshape(U(：，i)，64，64))；        ％绘制特征脸
    axis off；
    colormap(gray)；
end
```

输出的特征脸图像如图 20.2 所示。可以看出，特征脸图像反映出人脸的一些全局特征。

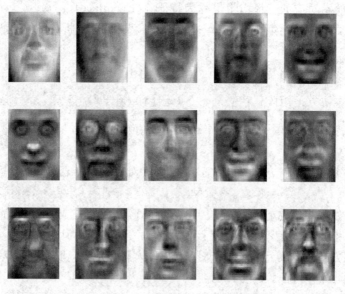

图 20.2 ORL 特征脸图像

对于降维后的训练集和测试集，再使用最近邻分类器进行人脸识别，程序如下：

```
train_low＝U' * train_center;                              %训练集降维
test＝faces(:, test_index);                                %测试集
label_test＝label(test_index);                            %测试集类标
Num_test＝size(test, 2);                                   %测试集样例数目
test_center＝test－repmat(xbar, 1, Num_test);             %测试集中心化
test_low＝U' * test_center;                                %测试集降维
Acc＝nnclassify(train_low, label_train, test_low, label_test);
```

最终输出的识别率为 Acc＝0.8583。

20.4　MNIST 手写体数字识别

MNIST 手写体数字数据集(http://www.cs.nyu.edu/~roweis/data.html)由数字为 0～9 的图像组成，其中每幅图像的分辨率为 28×28。在 MATLAB 中加载数据 mnist_all.mat 后，共有 20 个矩阵(每行表示一幅图像)，其名称及行数(图像个数)如表 20.1 所示。

表 20.1　手写体数字数据集

矩阵名称	train0	train1	train2	train3	train4	train5	train6	train7	train8	train9
行数	5923	6742	5958	6131	5842	5421	5918	6265	5851	5949
矩阵名称	test0	test1	test2	test3	test4	test5	test6	test7	test8	test9
行数	980	1135	1032	1010	982	892	958	1028	1028	974

上述 20 个矩阵的数据类型均为 uint8，其中矩阵 train0 的维数为 5923×784，它表示数字"0"对应的训练样例，其数目为 5923；矩阵 test0 的维数为 980×784，它表示数字"0"对应的测试样例，其数目为 980；其他矩阵依次类推。训练样例共有 60 000 个，测试样例共有 10 000 个。使用最近邻分类器进行 MNIST 手写体数字识别，详细实验如下：

(1) 由给定的 20 个矩阵分别构造训练集及类标、测试集及类标，程序如下：

```
clear;
load E:\数学实验\mnist_all.mat;                          %加载数据
train＝[]; test＝[];                                      %初始化训练集数据矩阵与测试集数据矩阵
train_label＝[]; test_label＝[];                         %初始化训练集与测试集类标
%下面分别合并数字 0～9 的训练集、测试集
for i＝0:9
    eval(['temp＝', 'train', num2str(i), ';']);          %eval：用 MATLAB 表达式执行字符串
    %得到的变量 temp 为数字"i"对应的训练集
    train＝[train, temp'];                                %将数字 i 对应的训练集保存到 train 中
    train_label＝[train_label, i * ones(1, size(temp, 1))];%更新训练集类标
    eval(['temp＝', 'test', num2str(i), ';']);
    test＝[test, temp'];                                  %将数字 i 对应的测试集保存到 test 中
    test_label＝[test_label, i * ones(1, size(temp, 1))]; %更新测试集类标
end
```

```
        train=double(train);                    %将 uint8 型转化为 double 型
        test=double(test);
```

（2）绘制部分图像。在训练集中，随机选取 100 幅数字图像，将其绘制成一个 10×10 的大图像，程序如下：

```
        N=100;                                  %选取图像的数目
        P=randperm(60000);                      %1～60000 的一个随机排列
        P=P(1：N);                              %选取排列向量 P 的前 N 个元素
        for i=1：sqrt(N)
            for j=1：sqrt(N)
                K=(i-1)*sqrt(N)+j;
                subplot(sqrt(N)，sqrt(N)，K)；     %绘制第 K 个子图
                temp=reshape(train(：，P(i))，28，28)；   %将 784 列向量变为 28×28 的矩阵
                imshow(uint8(temp'))；
            end
        end
```

输出的图像如图 20.3 所示。

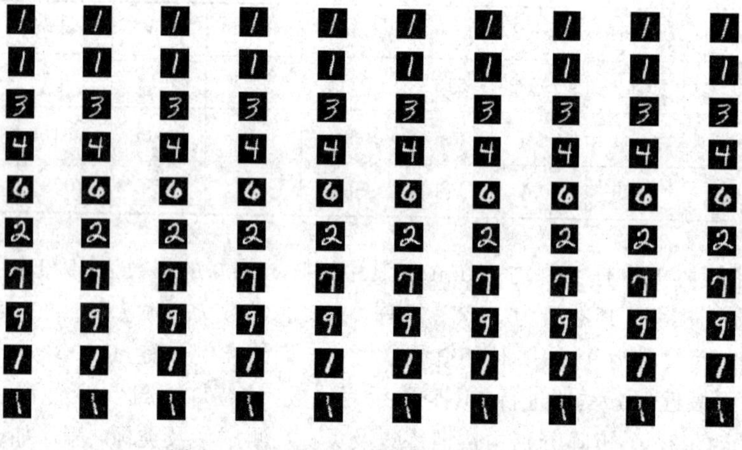

图 20.3　部分 MNIST 手写体数字图像

（3）使用最近邻分类器，计算识别精度，命令如下：

```
        Acc=nnclassify(train，train_label，test，test_label)；
```

最终输出的识别精度为 0.9691。由于训练集和测试集数目较大，函数 nnclassify 大概需要运行 25 min，此处个人计算机的处理器为 i5-7400 CPU，3 GHz，内存为 8G。

练 习 题

1. Yale 人脸数据集由 15 个人的人脸图像组成，其中每个人的图像有 11 幅，共计 165 幅图像。试完成如下实验：

（1）选取每个人的前 6 幅图像用于训练，其余 5 幅图像用于测试。使用最近邻分类器进行人脸识别，并计算识别精度。

（2）随机选取每个人的 6 幅图像用于训练，其余图像用于测试，使用最近邻分类器进

行人脸识别。将此识别过程重复 100 次，计算识别精度的平均值和标准差。

（3）在问题（2）产生的训练集与测试集中，先使用主成分分析进行人脸数据降维（$r=15$），再进行人脸识别。

注：数据来源 http：//vision. ucsd. edu/content/yale – face – database

或 http：//www. cad. zju. edu. cn/home/dengcai/Data/FaceData. html

2. USPS 手写体数字数据集包括数字为 0～9 的图像，其中每个数字共有 1100 幅图像。在网页 https：//cs. nyu. edu/～roweis/data. html 上点击下载"USPS Handwritten Digits"后面的"usps_all. mat"。在 MATLAB 中使用 load 命令得到 $256 \times 1100 \times 10$ 的 3 阶张量 data，该变量为 uint8 型。data(:,:,10)表示数字 0 对应的 1100 幅图像矩阵，每幅图像的分辨率为 16×16（256 维）；类似地，data(:,:,1)～data(:,:,9)分别对应数字 1～9。对于每个数字，随机选取 600 幅图像用于训练，其余 500 幅用于测试。使用最近邻分类器计算分类精度。

第21章 人工神经网络

人工神经网络是受生物神经网络启发的一类模型，广泛地应用在统计学、人工智能和认知科学等领域中。对于给定的大量输入数据，人工神经网络往往被用来估计或逼近某些未知函数，它由大量相互连接的神经元组成一个非线性、自适应的信息处理系统，神经元的连接具有可调节的权值。本章主要介绍前馈神经网络和非线性自回归网络两种简单的人工神经网络。

21.1 前馈神经网络简介

在前馈神经网络中，信息只向前方传播，即从输入节点传播到隐层节点（如果存在的话），直至输出节点；整个网络中不存在反馈，可表示为一个有向无环图，如图 21.1 所示。从该图可以看出，前馈神经网络由输入层、隐层和输出层组成。

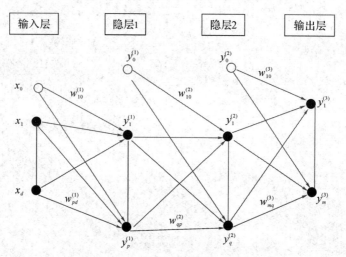

图 21.1　前馈神经网络示意图

为了便于介绍前馈神经网络的数学原理，下面以含两个隐层的网络为例。记输入向量为 $x=(x_1, x_2, \cdots, x_d)^{\mathrm{T}}$，输出向量为 $y=(y_1, y_2, \cdots, y_m)^{\mathrm{T}}$。对于隐层 1，用 $w_{ji}^{(1)}$ 表示第 i 个输入节点 x_i 到隐层 1 中的第 j 个节点 $y_j^{(1)}$ 的权值，构造输入向量 x 的 p 个线性组合为

$$a_j = \sum_{i=1}^{d} w_{ji}^{(1)} x_i + w_{j0}^{(1)} \quad j=1, 2, \cdots, p$$

其中称 $w_{j0}^{(1)}$ 为神经元的阈值（或偏置）。

若令 $x_0=1$，则该式可重新表示为

$$a_j = \sum_{i=0}^{d} w_{ji}^{(1)} x_i \quad j=1, 2, \cdots, p$$

a_j 为隐层 1 的第 j 个节点的输入，它对应的输出记为

$$y_j^{(1)} = f_1(a_j) = f_1\Big(\sum_{i=0}^{d} w_{ji}^{(1)} x_i\Big)$$

其中 $y = f_1(x)$ 为某传递函数（或激活函数）。

将 $\{y_j^{(1)}\}_{j=0}^{p}$ 作为隐层 2 的输入，类似可得隐层 2 的第 k 个节点的输出为

$$y_k^{(2)} = f_2\Big(\sum_{j=0}^{p} w_{kj}^{(2)} y_j^{(1)}\Big) = f_2\Big(\sum_{j=0}^{p} w_{kj}^{(2)} f_1(a_j)\Big)$$

其中 $y = f_2(x)$ 仍为某种传递函数，$y_0^{(1)} = 1$。

当隐层只有两层时，输出层的第 l 个节点的值为

$$y_l^{(3)} = f_3\Big(\sum_{k=0}^{q} w_{lk}^{(3)} y_k^{(2)}\Big) \quad l = 1, 2, \cdots, m$$

而其对应的期望输出为 y_l，其中 $y = f_3(x)$ 为某种传递函数，$y_0^{(2)} = 1$。此时，记输入向量 $\boldsymbol{x}$ 对应的输出误差为

$$E(\boldsymbol{x}, \boldsymbol{w}) = \frac{1}{2} \sum_{l=1}^{m} (y_l^{(3)} - y_l)^2$$

其中 $\boldsymbol{w}$ 是所有权值系数 $w_{ji}^{(1)}$、$w_{kj}^{(2)}$ 和 $w_{lk}^{(3)}$ 构成的 D 维列向量。

现在考虑 N 个输入向量集合 $\{\boldsymbol{x}^1, \boldsymbol{x}^2, \cdots, \boldsymbol{x}^N\}$，对应的输出向量集合为 $\{\boldsymbol{y}^1, \boldsymbol{y}^2, \cdots, \boldsymbol{y}^N\}$。令 $e_{nl} = y_l^{n(3)} - y_l^n$ 为第 n 个输入向量 $\boldsymbol{x}^n$ 在第 l 个输出模式上的残差，则总的训练误差为

$$E(\boldsymbol{w}) = \frac{1}{2} \sum_{n=1}^{N} \sum_{l=1}^{m} e_{nl}^2$$

因此，最优的向量 $\boldsymbol{w}$ 可通过求解下列最优化问题而获得：

$$\min_{\boldsymbol{w}} E(\boldsymbol{w})$$

Levenberg‐Marquardt 方法是一种改进的梯度下降法。它需要先计算 $E(w)$ 的 Jacobian 矩阵

$$\boldsymbol{J} = \begin{vmatrix} \dfrac{\partial e_{11}}{\partial w_1} & \dfrac{\partial e_{11}}{\partial w_2} & \cdots & \dfrac{\partial e_{11}}{\partial w_D} \\[2mm] \dfrac{\partial e_{12}}{\partial w_1} & \dfrac{\partial e_{12}}{\partial w_2} & \cdots & \dfrac{\partial e_{12}}{\partial w_D} \\[2mm] \vdots & \vdots & & \vdots \\[2mm] \dfrac{\partial e_{Nm}}{\partial w_1} & \dfrac{\partial e_{Nm}}{\partial w_2} & \cdots & \dfrac{\partial e_{Nm}}{\partial w_D} \end{vmatrix}$$

在第 $k+1$ 次迭代过程中，权值向量 $\boldsymbol{w}$ 的更新公式为

$$\boldsymbol{w}^{k+1} := \boldsymbol{w}^k - (\boldsymbol{J}_k^{\mathrm{T}} \boldsymbol{J}_k + \mu \boldsymbol{I})^{-1} \boldsymbol{J}_k^{\mathrm{T}} \boldsymbol{e}_k$$

其中 μ 为非负的阻尼因子；$\boldsymbol{e}_k$ 为第 k 次迭代过程中 $(e_{11}, e_{12}, \cdots, e_{Nm})^{\mathrm{T}}$ 的值；$\boldsymbol{I}$ 为 Nm 阶单位矩阵；$\boldsymbol{J}_k$ 为第 k 次迭代时的 Jacobian 矩阵。

下面使用均方误差（MSE）来评价网络性能。当网络训练完毕时，将 $\boldsymbol{x}^i$ 输入网络，相应的输出记为 $\bar{\boldsymbol{y}}^i$，则 MSE 的计算公式为

$$\frac{1}{N} \sum_{i=1}^{N} \| \boldsymbol{y}_i - \bar{\boldsymbol{y}}_i \|^2$$

MSE 的值越小，说明训练误差越小。当然，也可以使用上述公式计算测试样例的逼近误差。

21.2 前馈神经网络的 MATLAB 实现与举例

在 MATLAB 中，建立前馈神经网络的函数文件为 feedforwardnet，其调用格式为

```
net＝feedforwardnet(hiddenSizes, trainFcn);
```

其中 hiddenSizes 为若干个隐层节点数目组成的向量；trainFcn 为前馈神经网络中反向传播训练函数。当 trainFcn 缺失时，trainFcn 的默认值为"trainlm"，即采用 Levenberg－Marquardt 优化方法，它通常也是最快的反向传播算法。

在有监督（supervise）的机器学习中，数据集通常被分为训练集（train set）、验证集（validation set）和测试集（test set）3 个。可以缺少验证集，但一般要有训练集和测试集。训练集用来训练/估计模型，验证集用来确定网络结构、控制模型复杂度的参数，而测试集则用来评价优化模型的性能。在 feedforwardnet 中，将输入数据集随机分为训练集、验证集和测试集，它们的默认分配比例分别为 70％、15％、15％。若将三个比例设置为 80％、10％、10％，可在 feedforwardnet 后执行如下语句：

```
net. divideParam. trainRatio＝0.8;        %训练集的比例占80%
net. divideParam. valRatio＝0.1;          %验证集的比例占10%
net. divideParam. testRatio＝0.1;         %测试集的比例占10%
```

若仅将数据集随机分为训练集和测试集，且它们所占的比例分别为 70％、30％，则按如下方式更新参数：

```
net. divideParam. trainRatio＝0.7;
net. divideParam. valRatio＝0;
net. divideParam. testRatio＝0.3;
```

命令 feedforwardnet 的默认传递函数为"tansig"，其数学表达式为

$$f(x)=\frac{2}{1+e^{-x}}-1 \quad x\in(-\infty, +\infty)$$

称此函数为对称 S 型传递函数，它为严格单调递增函数，$y=\pm1$ 为其两条水平渐近线。易知 $f(x)=\tanh(x/2)$，其中 $\tanh(\cdot)$ 为双曲正切函数。绘制函数 $y=f(x)$，$x\in[-10,10]$ 的 MATLAB 命令如下：

```
clear;
x＝−10: 0.1: 10;
y＝2. /(1＋exp(−x))−1;
plot(x, y, 'b−');                              %绘制 y=f(x)曲线
axis([−11, 11, −1.1, 1.1]);
hold on;
plot(x, ones(size(x)), 'b: ', x, −ones(size(x)), 'b: ');   %绘制两条水平渐近线
box off;
plot(x, zeros(size(x)), 'k−');                %绘制 x 轴
plot(zeros(size(y)), 1.1 * y, 'k−');          %绘制 y 轴
```

输出的函数图形如图 21.2 所示。当然也可以采用其他的传递函数，如"logsig"（Logistic Sigmoid，S 型传递函数）、"radbas"（径向基传递函数）和"purelin"（线性传递函数），它们的函数表达式分别为

$$f(x) = \frac{1}{1+e^{-x}}, \ f(x) = e^{-x^2}, \ f(x) = x$$

若在网络 net 的第二层使用 S 型传递函数，可执行下列语句：

$$net.layers\{2\}.transferFcn = 'logsig';$$

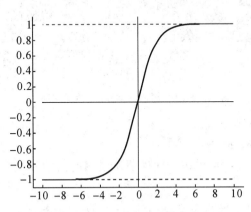

图 21.2　对称 S 型传递函数曲线

下面 3 个例题考虑了不同维数的输入、输出变量。

例 21.1　"simplefit_dataset"是 MATLAB 自带的数据集，它给出了 2 维平面上的 94 个点，如图 21.3 所示。根据此数据集，使用前馈神经网络分别预测 $x = 6.1$ 和 $x = 8.5$ 时的 y 值。

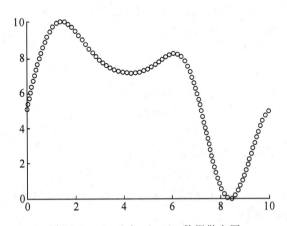

图 21.3　simplefit_dataset 数据散点图

解　编写如下程序：

```
[x, y] = simplefit_dataset;        %提取 x 和 y 向量，x 为输入，y 为输出。x：94×1，y：94×1。
net = feedforwardnet(10);          %建立含有 1 个隐层的前馈神经网络，隐层节点个数为 10
net = train(net, x, y);            %训练网络
yhat = net([6.1, 8.5]);            %输出预测值
```

得到的预测值分别为 8.1919 和 0.0518。若可视化所建立的网络，执行语句：

> view(net);

则输出如图 21.4 所示的神经网络。在该图中，W 表示权值，b 表示偏置，含有一个隐层且节点个数为 10。

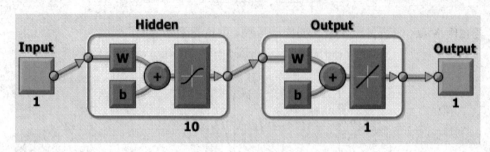

图 21.4　例 21.1 对应的神经网络

对于例 21.1，计算网络性能的语句为：

> perf = perform(net, net(x), y);

则输出均方误差 perf＝8.1498e－05，这说明所采用的前馈神经网络取得了非常好的逼近性能。

在实际问题中，选取适当的隐层大小（hiddenSizes）是非常必要的。下面选取几种不同的隐层大小对比预测性能，MATLAB 程序如下：

```
clear;
[x, y] = simplefit_dataset;
hS＝cell(6);                         %6 种不同的隐层
yp＝cell(6);                         %6 种隐层对应的输出
hS{1}＝5; hS{2}＝10; hS{3}＝15;      %6 种隐层的赋值，其中前 3 种为一个隐层
hS{4}＝[3, 7]; hS{5}＝[5, 5]; hS{6}＝[7, 3];    %后 3 个为 2 个隐层
for i＝1: 6
    net＝feedforwardnet(hS{i});      %建立网络
    net＝train(net, x, y);          %训练网络
    yp{i}＝net(x);                  %预测 x 的网络输出
end
%绘制 6 种隐层下的预测结果
plot(x, y, 'ro', x, yp{1}, 'g: .', x, yp{2}, 'b－－ * ', x, yp{3}, 'm－. s', ...
        x, yp{4}, 'c－p', x, yp{5}, 'k－－h', x, yp{6}, 'r－. d');
xlabel('x');ylabel('y');
legend('Original', ['hS＝', num2str(hS{1})], ['hS＝', num2str(hS{2})], ...
        ['hS＝', num2str(hS{3})], ['hS＝[', num2str(hS{4}), ']'], ...
        ['hS＝[', num2str(hS{5}), ']'], ['hS＝[', num2str(hS{6}), ']']);
```

输出图形如图 21.5 所示。该图对比了 6 种隐层的逼近性能，可以看出：当 hS＝[7, 3] 时，前馈神经网络具有非常差的逼近性能，而 hS＝10、15、[3, 7]却获得了非常好的逼近性能。由于训练集、测试集、验证集是随机选取的，所以实验结果具有随机性。

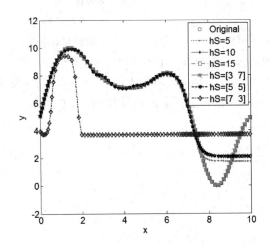

图 21.5　不同隐层大小的逼近性能比较

例 21.2 "building_dataset"是 MATLAB 自带的建筑能源数据集。该数据集来源于 4208 座不同的房子，考虑了 14 个属性，其中前 10 个为时间编码，后 4 个分别为温度、湿度、太阳辐射强度和风力。此外，还考虑了 3 种能源的使用情况。输入数据为 14×4208 维的矩阵，输出（目标）数据为 3×4208 维的矩阵，试建立前馈神经网络模型，以估计建筑的能源使用。

解 MATLAB 程序如下：

```
clear;
load building_dataset;
inputs = buildingInputs;           %输入数据矩阵，14×4208 维
targets = buildingTargets;         %输出数据矩阵，3×4208 维
net = feedforwardnet(10);          %构建一个隐层且含 10 个节点的前馈神经网络
net = train(net, inputs, targets); %训练网络
y = net(inputs);                   %输入数据的预测
perf = perform(net, y, targets);   %计算网络的逼近误差
```

最终输出的逼近误差为 perf =0.0023。

例 21.3 波斯顿住房数据集 house_dataset 由 506 个不同地区的住房数据组成，其中每座房子有 13 个属性，分别为所在城镇的人均犯罪率、住宅用地超过 25 000 平方英尺的比例、城镇非零售业经营比例、是否邻近查理河和住宅平均房间数等。目标输出为每个地区的自住住宅价值的中位数。试训练前馈神经网络，并预测输入对应的目标输出。

解 MATLAB 程序如下：

```
clear;
[x, y]=house_dataset;    %输入矩阵 x:13×506 维，输出矩阵 y:1×506 维，样例数目为 506
net = feedforwardnet([10, 5]);            %两个隐层，节点数目分别为 10 和 5
net.trainParam.epochs = 10000;            %设置最大迭代次数（可选项）
net.trainParam.goal = 0.001;              %设置容许误差（可选项）
net.layers{1}.transferFcn = 'tansig';     %第一隐层的传递函数设为 tansig
net.layers{2}.transferFcn = 'purelin';    %第二隐层的传递函数设为 purelin
```

```
[net, tr] = train(net, x, y);                    %训练网络
ypr＝net(x);                                      %x 对应的输出
plot(1：length(y), abs(y−ypr)./y,'bd−');          %绘制相对误差
axis([1, length(y), 0, max(abs(y−ypr)./y)]);
```

在上述程序中，当迭代次数达到 net. trainParam. epochs 或误差小于学习目标的容许误差 net. trainParam. goal 时，终止算法。输出结果如图 21.6 所示，可以看出大约 85% 的数据样例的相对误差小于 0.2。

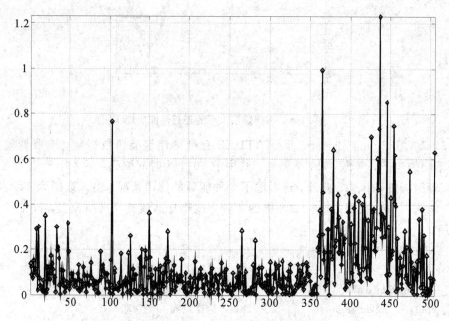

图 21.6　house_dataset 数据集预测结果的相对误差

21.3　非线性自回归模型

时间序列是按时间顺序排列的数据点序列。一类重要的离散时间非线性系统是具有外部输入的非线性自回归(NARX)模型。用 $x(t)$ 表示 t 时刻神经网络的外部输入，$y(t)$ 表示相应的输出。NARX 根据两个时间序列 $\{x(t-1), x(t-2), \cdots, x(t-d_1)\}$ 和 $\{y(t-1), y(t-2), \cdots, y(t-d_2)\}$ 来预测 $y(t)$，其模型如下：

$$\hat{y}(t) = f(x(t-1), x(t-2), \cdots, x(t-d_1), y(t-1), y(t-2), \cdots, y(t-d_2))$$

其中延迟阶数 d_1 和 d_2 为正整数；$f(\cdot)$ 为一非线性函数。当函数 $f(\cdot)$ 由多层感知器逼近时，上述系统即为 NARX 网络。

在 MATLAB 中，构建非线性自回归网络的格式如下：

　　net＝narxnet(inputDelays,FeedbackDelays, hiddenSizes, trainFcn);

其中：inputDelays 为输入延迟，取值为 1：d1；feedbackDelays 为反馈延迟，取值为 1：d2；d1 和 d2 的默认值均为 2；hiddenSizes 为隐层大小，默认值为 10；trainFcn 为训练函数，默认值为"trainlm"。

例 21.4 对于 MATLAB 自带的时间序列数据集 simpleseries_dataset，使用非线性自回归模型进行预测。

解 （1）数据读取与网络建立，命令如下：

```
clear;
[X, T] = simpleseries_dataset;          %T 对应 y
d1=2; d2=2;
net = narxnet(1:d1, 1:d2, 10);
```

变量 X 和 T 均为 1×100 维的元胞数组。

（2）数据准备，程序如下：

```
[Xs, Xi, Ai, Ts] = preparets(net, X, {}, T);
%Xs 为 2×98 维的元胞数组，Xs=[X{3},...,X{100};T{3},...,T{100}];
%Xi 为 2×2 维的元胞数组，Xi=[X{1},X{2};T{1},T{2}];
% Ai 为 2×0 维的元胞数组
%Ts 为 1×98 维的元胞数组，Ts=[T{3},...,T{100}];
```

（3）训练网络，命令如下：

```
net = train(net, Xs, Ts, Xi, Ai);
view(net);  %可视化网络
```

输出的网络结构如图 21.7 所示。

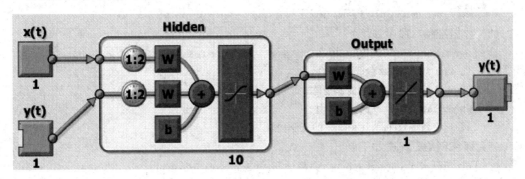

图 21.7　数据集 simpleseries_dataset 的 NARX 网络结构图

（4）网络性能评价，命令如下：

```
Y = net(Xs, Xi, Ai);
perf = perform(net, Ts, Y);
```

输出 perf=0.0183。

（5）预测下一个时刻的 $y(t)$，程序如下：

```
%移除神经网络相应的延迟
netp = removedelay(net);
view(netp);
[Xs, Xi, Ai, Ts]=preparets(netp, X, {},, T);
y = netp(Xs, Xi, Ai);
y(end);  %下一个时刻的预测值
```

输出 $y(t)$ 的预测值为 −0.1362，netp 网络示意图如图 21.8 所示。

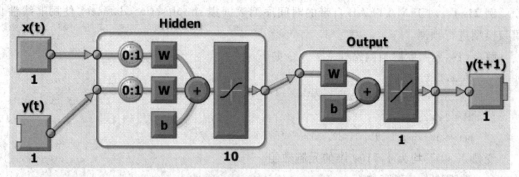

图 21.8　移除延迟后的 NARX 网络结构图

例 21.5　对于 MATLAB 自带的时间序列数据集 ph_dataset，使用非线性自回归模型进行预测。

解　(1) 数据读取与网络建立，程序如下：

```
clear;
load ph_dataset;
inputSeries = phInputs;
    %输入序列 inputSeries 为 1×2001 的元胞向量，每个元胞为 2 维列向量
targetSeries = phTargets;　%输出序列 targetSeries 为 1×2001 的元胞向量，每个元胞为标量
d1=4;d2=4;
net = narxnet(1;d1,1;d2,10);
```

(2) 数据准备，程序如下：

```
[inputs, inputStates, layerStates, targets] = preparets(net, inputSeries, {}, targetSeries);
%inputs 为 2×1997 的元胞矩阵
%inputStates 为 2×4 的元胞矩阵
%layerStates 为 2×0 的元胞空矩阵
%输出变量 targets 为 1×1997 的元胞向量
```

(3) 训练网络，程序如下：

```
[net, tr] = train(net, inputs, targets, inputStates, layerStates);
%tr 为训练记录
view(net);
plotperform(tr);　　　　%绘制均方误差图
```

输出的网络结构如图 21.9 所示，不同迭代次数(epoch)下的均方误差如图 21.10 所示。

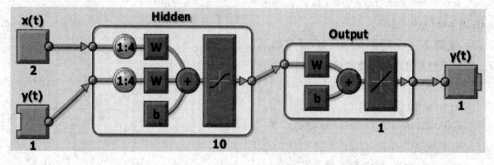

图 21.9　数据集 ph_dataset 的 NARX 网络结构图

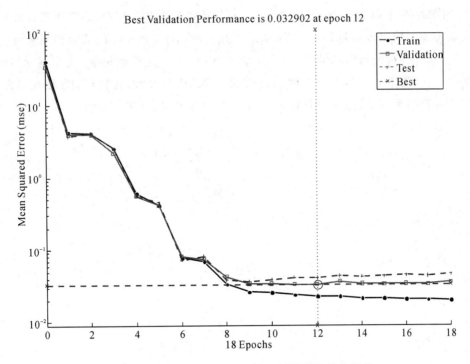

图 21.10　数据集 ph_dataset 的 NARX 网络均方误差

（4）网络性能评价，程序如下：

```
outputs = net(inputs, inputStates, layerStates);
%输出变量 outputs 为 1×1997 的元胞数组
errors = gsubtract(targets, outputs);          % gsubtract 为广义减法，error 为误差
performance = perform(net, targets, outputs);
```

输出 performance ＝0.0183。

（5）预测下一个时刻的 $y(t)$，程序如下：

```
nets = removedelay(net);
%view(nets)
[xs, xis, ais, ts] = preparets(nets, inputSeries, {}, targetSeries);
ys = nets(xs, xis, ais);
earlyPredictPerformance = perform(nets, ts, ys);    %预测性能
ys(end);                                            %预测值
```

预测结果为 11.1058。

练　习　题

1. 鲍鱼壳环数据集（abalone_dataset）的输入数据矩阵维数为 8×4177，其中样例数目为 4177，样例维数为 8；输出数据为 1×4177 的向量。建立并训练该数据集的前馈神经网络。

2. 胆固醇数据集(cho_dataset)的输入数据矩阵维数为 21×264,其中样例数目为 264,样例维数为 21;输出数据为 21×264 的矩阵。建立并训练该数据集的前馈神经网络。

3. ntstool 为神经网络时间序列工具,在 MATLAB 中运行该命令,先出现让用户选择问题的窗口:可选择的问题共有 3 种,即 NARX、NAR(非线性自回归)和非线性输入输出;再选择输入数据和输出数据。试用该命令对例 21.3 和例 21.4 进行预测。

第22章 元胞自动机

元胞自动机(Cellular Automaton)是一类离散模型,用于研究可计算性理论、数学、物理和复杂科学的建模。元胞自动机由规则的单元网格组成,每个网格都处在有限个状态之一。建模时,先分配每个网格的初始状态(时间 t＝0);再根据某些固定的规则,由网格的当前状态和其近邻网格的状态来生成新的状态(时间 t:＝t＋1),其中元胞的近邻网格是与之相邻的网格的集合。对于每个网格,典型的元胞自动机采用的更新状态规则是相同的,且不随时间变化。本章考虑2维元胞自动机的模拟,每个正方形称为网格(Cell),每个网格至少有两种可能的状态。下面讨论几种经典的元胞自动机及相应的 MATLAB 程序。

22.1 生 命 游 戏

20世纪70年代,数学家约翰·何顿·康威(John Horton Conway)发明了一个名为"Conway"的生命游戏,它是一个具有两个状态的元胞自动机,用于模拟2维平面上生命的演化过程。生命游戏是一个2维方形元胞的正交网格,每个正方形元胞都处于两种可能状态之一——活着(有生命)或死亡(无生命)。

对于 $m \times n$ 的元胞,第 i 行第 j 列的元胞 x_{ij} 与其8个近邻相互作用,如图22.1所示。生命游戏的规则如下:

(1) 对于任何活着的元胞,若其近邻元胞中活着的数量少于2,则它会死亡(数量不足)。

(2) 对于任何活着的元胞,若其近邻元胞中活着的数量为2或3,则它会活到下一代。

(3) 对于任何活着的元胞,若其近邻元胞中活着的数量多于3,则它会死亡(数量过剩)。

(4) 对于任何死亡的元胞,若其近邻有3个活着的元胞,则它将变为活元胞(繁殖)。

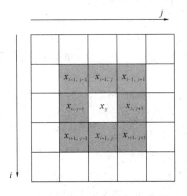

图 22.1　2维元胞近邻示意图

生命游戏开始后初始模式构成系统的种子;将上述规则应用于种子的每个元胞,从而产生第一代;反复应用上述规则来创造更多的世代。在生命演变过程中,可得到一些非常美妙的变化和优美的几何图形。元胞 x_{ij} 的取值为0或1, $x_{ij}＝1$ 意味着该元胞存活;否则该

元胞死亡。在演变或迭代过程中，根据非边界元胞 x_{ij} 的取值和它的 8 个近邻

$$\{x_{i-1,j-1},\ x_{i-1,j},\ x_{i-1,j+1},\ x_{i,j+1},\ x_{i+1,j+1},\ x_{i+1,j},\ x_{i+1,j-1},\ x_{i,j-1}\}$$

来确定下一代的取值。记 x_{ij} 的 8 个近邻取值之和为 k_{ij}，即

$$k_{ij}=x_{i-1,j-1}+x_{i-1,j}+x_{i-1,j+1}+x_{i,j+1}+x_{i+1,j+1}+x_{i+1,j}+x_{i+1,j-1}+x_{i,j-1}$$

对于边界元胞 x_{ij}（$i\in\{1,m\}$ 或 $j\in\{1,n\}$），令 $k_{ij}=0$，则元胞 x_{ij} 的更新规则可重新描述为

IF $x_{ij}=1$ and $k\leqslant1$, THEN $x_{ij}:=0$

IF $x_{ij}=1$ and $2\leqslant k\leqslant3$, THEN $x_{ij}:=1$

IF $x_{ij}=1$ and $k\geqslant4$, THEN $x_{ij}:=0$

IF $x_{ij}=0$ and $k=3$, THEN $x_{ij}:=1$

IF $x_{ij}=0$ and $k\neq3$, THEN $x_{ij}:=0$

上述 IF–THEN 规则可简写为

IF $k=3$ or $\{k=2,\ x_{ij}=1\}$, THEN $x_{ij}:=1$; OTHERWISE, $x_{ij}:=0$

考虑大小为 128×128 的矩阵 $\boldsymbol{X}$，其元素 x_{ij} 按如下方式初始化：若 rand$<p$，则 $x_{ij}=1$；否则 $x_{ij}=0$，其中 p 为一事先给定的概率。记元胞的近邻取值之和 k_{ij} 构成 128×128 的矩阵 $\boldsymbol{K}$。在绘制生命游戏的图形中，需要用到创建用户界面控制对象的命令 uicontrol，其调用格式为

handle $=$ uicontrol($'$Name$'$, Value, $\ldots$);

编写生命游戏的 MATLAB 程序如下：

(1) 在空白图形上设置 4 个按钮——运行(Run)、停止(Stop)、退出(Quit)和迭代次数，程序如下：

```
clear all;
%设置运行(Run)按钮
plotbutton=uicontrol('style', 'pushbutton', 'string', 'Run', 'fontsize', 12, ...
'position', [100, 400, 50, 20], 'callback', 'run=1;');
%属性类型(style)设置为"pushbutton"，字符串(string)设置为"Run"，
%字体大小(fontsize)设置为 12，位置设置为'position'=[left, bottom, width, height]
%点击按钮(callback)时执行命令"run=1;"
%设置停止(Stop)按钮
erasebutton=uicontrol('style', 'pushbutton', 'string', 'Stop', 'fontsize', 12, ...
            'position', [200, 400, 50, 20], 'callback', 'freeze=1;');
%设置退出(Quit)按钮
quitbutton=uicontrol('style', 'pushbutton', 'string', 'Quit', 'fontsize', 12, ...
            'position', [300, 400, 50, 20], 'callback', 'stop=1; close;');
%设置迭代次数,初始值为 1
number = uicontrol('style', 'text', 'string', '1', 'fontsize', 12, 'position', [20, 400, 50, 20]);
```

(2) 初始化图像，程序如下：

```
n=128;                  %网格大小为 n×n
K=zeros(n);     %初始化 K 为 n×n 的零矩阵,用于统计某元胞 8 个近邻中活着的个数
p=0.2;                  %初始化 X 中每个网格活着的概率
X=rand(n)<p;            %随机初始化 n×n 的网格矩阵 X
h=imagesc(1-X);         %绘制伪彩色图像,h 为句柄
```

```
set(h,'erasemode','none');          %擦除模式(erasemode)设置为"none"
axis equal off tight;               %也可以分开3种设置:axis equal; axis off; axis tight;
       %axis tight:根据数据范围设置轴的范围
```

（3）迭代算法，程序如下：

```
I=2：n-1;                           %不含边界的行标向量
J=I;                                %不含边界的列标向量
stop= 0;                            %停止按钮赋值
run =1;                             %运行按钮赋值
freeze = 0;                         %冻结按钮赋值
while ～stop
    if run
        %更新矩阵 K
        K(I, J)=X(I-1, J-1)+ X(I-1, J)+ X(I-1, J+1)+ X(I, J+1)+ ...
                X(I+1, J+1)+ X(I+1, J)+ X(I+1, J-1)+X(I, J-1);
        %根据矩阵 K 和 X 更新 X
        X = (K==3) | (K==2 & X);
        set(h,'cdata',1-X );            %将1-X 赋值给 cdata
        stepnumber = 1 + str2num(get(number,'string'));   %迭代次数累加1
        set(number,'string', num2str(stepnumber));        %显示迭代次数
    end
    %当点击 Stop 按钮时，freeze=1
    if   freeze
        run = 0; freeze = 0;
    end
    drawnow;                        %更新图形窗口并刷新事件队列
end
```

图 22.2 显示了迭代次数分别为 195 次、1270 次时生命游戏的结果。上述实验结果表明：随着迭代次数的增加，活着的元胞越来越少，直至达到平衡。

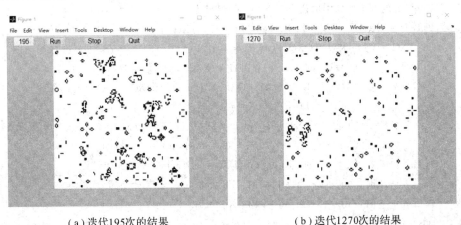

(a)迭代195次的结果   (b)迭代1270次的结果

图 22.2   生命游戏的迭代结果

22.2 激 发 介 质

激发介质(Excitable Medium)是一类具有传播某种描述波能力的非线性动态系统,并且不能支持另一种波通过(除非达到一定的时间)。每个元胞有 10 个不同的状态$\{0, 1, \cdots, 9\}$,状态 0 表示休眠,$1\sim5$ 为活跃状态,$6\sim9$ 为极活跃状态。在迭代过程中,需要统计元胞 $x_{ij} \in \{0, 1, \cdots, 9\}$ 的 8 个近邻中活跃元胞(不含极活跃状态)的个数 k_{ij}。

激发介质的迭代规则如下:

IF $x_{ij}=0$ and $0 \leqslant k_{ij} \leqslant 2$, THEN $x_{ij} := 0$

IF $x_{ij}=0$ and $k_{ij} \geqslant 3$, THEN $x_{ij} := 1$

IF $x_{ij} \geqslant 1$, THEN $x_{ij} := x_{ij}+1$ (mod 10)

其中 mod 10 表示关于 10 取余。考虑 128×128 的矩阵 X,随机初始化 x_{ij}:若 rand$<p$,则 $x_{ij}=1$;否则 $x_{ij}=0$。下面给出激发介质的 MATLAB 程序。

(1) 初始化图像,程序如下:

```
clear all;
n=128;
K=zeros(n);
p=0.1;
X = rand(n)<p;              %随机初始化 X
h = imagesc(1-X);
set(h, 'erasemode', 'none');
axis equal off tight;
```

(2) 迭代算法,程序如下:

```
I=2:n-1;                    %不含边界的行标向量
J=I;                        %不含边界的列标向量
t = 5;                      %1~5 对应活跃状态
t1 = 3;                     %由休眠变为活跃状态 1 的阈值
for i=1:1000
%统计 Xij 的 8 个近邻中取值介于 1~t 的元素个数
  K(I, J)= (X(I, J-1)>=1&X(I, J-1)<=t) +(X(I, J+1)>=1&X(I, J+1)<=t)+...
     (X(I-1, J-1)>=1&X(I-1, J-1)<=t) +(X(I-1, J)>=1&X(I-1, J)<=t)+...
    (X(I-1, J+1)>=1&X(I-1, J+1)<=t) +(X(I+1, J-1)>=1&X(I+1, J-1)<=t)+...
    (X(I+1, J)>=1&X(I+1, J)<=t) +(X(I+1, J+1)>=1&X(I+1, J+1)<=t);
  X = (X==0 & K>=t1) + 2*(X==1) + ...
     3*(X==2) + 4*(X==3) + 5*(X==4) + 6*(X==5) +...
     7*(X==6) +8*(X==7) +9*(X==8) +0*(X==9);
%当 Xij=0 且 Kij>=3 时, Xij :=1;当 Xij=0 且 Kij<3 时, Xij :=0;
%当 Xij=1 时, Xij :=2;当 Xij=2 时, Xij :=3;…;当 Xij=7 时, Xij :=8;
%当 Xij=8 时, Xij :=9;当 Xij=9 时, Xij :=0;
set(h, 'cdata', X);
drawnow;
```

end

图 22.3 显示了迭代次数分别为 200 次、1000 次时激发介质的结果。

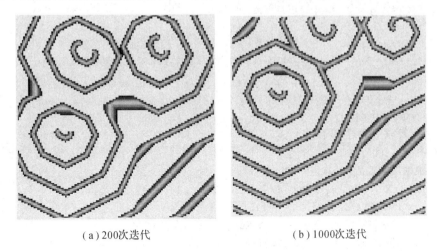

（a）200次迭代　　　　　　　　　　（b）1000次迭代

图 22.3　激发介质的迭代结果

22.3　森林火灾模型

在森林火灾（Forest Fire）模型中，元胞 x_{ij} 有 3 个不同的状态$\{0,1,2\}$，状态 0 表示空位，状态 1 是燃烧着的树木，状态 2 是树木。对于每个元胞 x_{ij}，仅考虑它的 4 个近邻。当 x_{ij} 为非边界元胞时，其近邻为$\{x_{i-1,j}, x_{i+1,j}, x_{i,j-1}, x_{i,j+1}\}$。对于边界上的元胞，需指定它的 4 个近邻，以 x_{i1} 为例，当 $2 \leqslant i \leqslant m-1$ 时，其 4 个近邻为$\{x_{i,2}, x_{i-1,1}, x_{i+1,1}, x_{i,n}\}$；当 $i=1$ 时，x_{11} 的 4 个近邻为$\{x_{1,2}, x_{2,1}, x_{m,1}, x_{1,n}\}$。

森林火灾模型的迭代规则如下：

（1）在空位元胞（$x_{ij}=0$）处，以概率 p_1 生长树木（$x_{ij}=2$）；

（2）正在燃烧的树木（$x_{ij}=1$）变成空位（$x_{ij}=0$）；

（3）如果树木元胞（$x_{ij}=2$）的 4 个近邻中有一棵树在燃烧，则它将变成正在燃烧的树（$x_{ij}=1$）；

（4）如果一棵树的 4 个近邻没有正在燃烧的树，则它以概率 p_2（闪电）变为正在燃烧的树；

（5）在整个矩形区域的边界，如果左边界着火，火势向右蔓延；如果上边界着火，火势向下蔓延；右边界、底部类似。

在下列实验中，考虑 128×128 的矩阵 $\boldsymbol{X}$，其元素 x_{ij} 的初始值均为 1。记 $\boldsymbol{K}=(k_{ij})_{128 \times 128}$，其中 k_{ij} 记录元胞 x_{ij} 的 4 个近邻中正在燃烧（$x_{ij}=1$）的个数。取 $p_1=0.01$，$p_2=0.000\,01$，森林火灾模型的 MATLAB 程序如下：

（1）初始化矩阵及参数，程序如下：

```
clear all;
n=128;                    %网格大小为 n×n
rng(0);
```

```
Pgrowth = 1e−2;          %生长树木的概率 p1
Plightning = 1e−5;       %闪电发生的概率 p2
K=zeros(n);              %初始化 K，Kij 表示 xij 的 4 个近邻中正在燃烧的个数
X=ones(n);
X3=zeros(n, n, 3);       %初始化 n×n×3 的张量，用于绘制彩色图像
X3(:,:,2)=X;             %将矩阵 X 保存到 X3(:,:,2)，对应绿色；
h = image(X3);
set(h, 'erasemode', 'none');
axis equal off tight;
```

(2) 迭代算法，程序如下：

```
for i=1: 1000
%根据 X 的取值，计算矩阵 K
    K = (X(:,[n,1: n−1])==1) + (X(:, [2: n, 1])==1)+ (X([n, 1: n−1],:)=
    =1)+ (X([2: n,1],: )==1);
%更新状态矩阵 X。当 Xij=0 时，Xij−−>2 的概率为 Pgrowth
%当 Xij=1 时，Xij−−>0；当 Xij=2(树木)时，若 Kij>0 或者发生雷电，则 Xij−−>1
X = 2*(X==2) −((X==2) &((K>0) | (rand(n)<Plightning))) +...
    2*((X==0)& rand(n)<Pgrowth) ;
%将 Xij=1 赋值给 X3_ij1，将 Xij=2 赋值给 X3_ij2
X3(:,:,1)=X==1; % X3(:,:,1)表示红色信道(燃烧的树木)
X3(:,:,2)=X==2; % X3(:,:,2)表示绿色信道(树木)
set(h, 'cdata', X3);
drawnow;
end
```

图 22.4 显示了迭代次数分别为 200 次、1000 次时森林火灾的模拟结果。

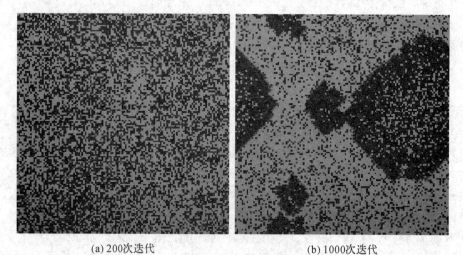

(a) 200次迭代　　　　　　(b) 1000次迭代

图 22.4　森林火灾的迭代结果

22.4　渗流集群效应

在渗流集群效应(Percolation Cluster)中，元胞 x_{ij} 只有两种状态，即 0 或 1。对于元胞

x_{ij}，其 8 个近邻状态之和仍记为 k_{ij}，并引入一个单独的状态变量 $v_{ij} \in \{0, 1\}$，用于记录 x_{ij} 的前一时刻是否有非 0 状态的邻居。若 $v_{ij} = 1$，则 x_{ij} 的前一时刻有非 0 状态的邻居；否则没有非 0 状态的邻居。对于 $x_{ij} = 0$ 的元胞，在 $(0, 1)$ 区间内随机产生一个数 rand，如果同时满足下列 3 个条件：$k_{ij} \geqslant 1$、rand $> t_0$、$v_{ij} = 0$，则令 $x_{ij} := 1$，其中 t_0 为给定的阈值。

渗流集群效应满足如下 IF - THEN 迭代规则：

IF $x_{ij} = 1$, THEN $x_{ij} := 1$;

IF $x_{ij} = 0$ and $\{k_{ij} \geqslant 1,\ \text{rand} > t_0,\ v_{ij} = 0\}$, THEN $x_{ij} := 1$;

OTHERWISE, $x_{ij} := 0$。

考虑 400×500 的矩阵 $\boldsymbol{X}$，取 $t_0 = 0.6$，v_{ij} 初始值均为 0。在黑色背景（对应 $x_{ij} = 0$）的图像上写入两行字符串"MathExp"和"$\pi \& e$"（对应 $x_{ij} = 1$）。基于这两行字符串进行渗流集群效应实验，MATLAB 程序如下：

（1）初始化参数及图像，程序如下：

```
clear all;
rng(0);
m=400; n=500;              %m：行数；n：列数
threshold = 0.6;           %阈值 t0
ax = axes('units', 'pixels', 'position', [1, 1, n-1, m], 'color', 'k'); %绘制黑色背景的图像
%单位(units)设置为像素(pixels)，位置(position)设置为[left, bottom, width, height]
text('units', 'pixels', 'position', [50, 255, 0], 'string', 'MathExp', ...
     'color', 'w', 'fontname', 'helvetica', 'fontsize', 80);
     %在像素坐标(50, 255)处写入字符串"MathExp"
     %颜色为白色，字体类型为'helvetica'，字体大小为 80
text('units', 'pixels', 'position', [120, 120, 0], 'string', '\pi & e', ...
     'color', 'w', 'fontname', 'helvetica', 'fontsize', 80);
     %在像素坐标(120, 120)处写入字符串：圆周率 pi 和自然常数 e
initial = getframe(gca); % 将当前的图像保存到 initial
     %变量 initial 为含两个域名的结构型变量
     %initial.cdata 为 400×500×3 张量（uint 8 型）；initial.colormap 为空
     %对应字符串位置，矩阵 initial.cdata(:,:,i)的相应元素取值为 255，否则为 0, i=1, 2, 3
```

（2）初始化 X、K，并绘制图像，程序如下：

```
X= double(initial.cdata(:,:,1)==255);
     %X 为 0-1 二值矩阵，字符位置对应 1，其他对应 0
X3=zeros(m, n, 3);         %根据 X3 绘制 RGB 彩色图像，X3 的元素均初始化为 0
X3(:,:,2)=X;               %将 0-1 矩阵 X 赋值给 X3 的第 2 个信道（绿色）
K=zeros(m, n);
visit = K;                 %vij 对应矩阵的初始化
h = image(X3);
set(h, 'erasemode', 'none')
tp=title('N=0');
```

（3）迭代算法，程序如下：

```
I=2: m-1;                  %不考虑上下边界
```

```
J=2：n−1；              %不考虑左右边界
for i=1：120            %循环120次
    %计算矩阵K
    K(I, J) = X(I, J−1) + X(I, J+1) + X(I−1, J) + X(I+1, J) + ...
        X(I−1, J−1) + X(I−1, J+1) + X(I+1, J−1) +X(I+1, J+1);
    %下面更新矩阵X。如果Xij=1，则Xij−−>1。当Xij=0时，如果Kij>=1，
    % (0,1)区间上随机生成数大于给定阈值，且上次visit_ij=0时，Xij−−>1；否则Xij−−>0
    X = X | ((K>=1) & (rand(m, n)>=threshold) & (visit==0))；
    visit = K>=1；%更新visit矩阵，取值为0−1
    X3(：,：,2)=X；%更新X3的第2个信道
    set(h, 'cdata', 1−X3);
    drawnow;
    set(tp, 'string', ['N = ', num2str(i)]);
end
```

图22.5显示了迭代次数分别为50次、120次时渗流集群效应的模拟结果。

(a) 50次迭代　　　　　　　　　　　　　(b) 120次迭代

图22.5　渗流集群效应迭代结果

22.5　基于元胞自动机的表面张力模拟

在使用元胞自动机模拟表面张力时，考虑元胞数量为 $n \times n$，且 n 为偶数。对于非边界元胞 $x_{ij} \in \{0,1\}$，它的9个近邻状态（含 x_{ij} 本身）之和为

$$k_{ij}=x_{i, j-1}+x_{i, j+1}+x_{i-1, j}+x_{i+1, j}+x_{i-1, j-1}+x_{i-1, j+1}+x_{i+1, j-1}+x_{i+1, j+1}+x_{i, j}$$

当 x_{ij} 为边界元胞时，令 $k_{ij}=0$。

模拟表面张力的 IF - THEN 更新规则如下：

　　IF $k_{ij} \in \{0, 1, 2, 3, 5\}$，THEN $x_{ij} := 0$；OTHERWISE，$x_{ij} := 1$。

在进行模拟时，采用随机初始化方法产生元胞矩阵 $\boldsymbol{X}$：对于 x_{ij}，在 $(0,1)$ 内随机产生数 rand，如果 rand$<p$，则 $x_{ij}=1$；否则 $x_{ij}=0$，其中 p 为事先给定的概率。考虑 128×128 的矩阵 $\boldsymbol{X}$，取 $p=0.5$，模拟表面张力的 MATLAB 程序如下：

(1) 参数、变量初始化设置，程序如下：

```
clear all；
n＝128；
rng(0)；
K = zeros(n, n)；
p＝0.5；
X = rand(n, n)<p；
X3＝zeros(n, n, 3)；
X3(:,:,1)＝X；              %对应红色信道
```

(2) 图形初始化设置，程序如下：

```
clf；                        %清除图像
%设置运行(Run)按钮
plotbutton＝uicontrol('style', 'pushbutton', 'string', 'Run', ...
                    'fontsize', 12, 'position', [100, 400, 50, 20], 'callback', 'run=1; ')；
%设置停止(Stop)按钮
erasebutton＝uicontrol('style', 'pushbutton', 'string', 'Stop', ...
                    'fontsize', 12, 'position', [200, 400, 50, 20], 'callback', 'freeze=1; ')；
%设置退出(Quit)按钮
quitbutton＝uicontrol('style', 'pushbutton', 'string', 'Quit', 'fontsize', 12, ...
                    'position', [300, 400, 50, 20], 'callback', 'stop=1; close; ')；
%设置迭代次数,初始值为1
number = uicontrol('style', 'text', 'string', '1', 'fontsize', 12, 'position', [20, 400, 50, 20])；
```

(3) 绘制初始图形，程序如下：

```
h = image(X3)；             %绘制 X3 对应的图像
set(h, 'erasemode', 'none')；
axis equal off tight；
```

(4) 执行迭代算法，获得更多图像，程序如下：

```
I= 2：n−1；                  %不考虑边界
J = 2：n−1；                 %不考虑边界
stop= 0；                    %等待停止
run = 0；                    %等待运行
freeze = 0；                 %等待冻结
while ～stop
    if  run                 %点击 run 按钮时, run 的值被赋为 1
        K(I, J) = X(I, J−1) + X(I, J+1)+X(I−1, J) + X(I+1, J) + ...
            X(I−1, J−1) + X(I−1, J+1) +X(I+1, J−1) + X(I+1, J+1)+X(I, J)；
        X = ～((K<4) | (K==5))；
        %绘新图像
        X3(:,:,1)＝X；
        set(h, 'cdata', 1−X3)
        %更新迭代次数
        stepnumber = 1 + str2num(get(number, 'string'))；
```

```
            set(number, 'string', num2str(stepnumber));    %显示更新后的迭代次数
        end
        if freeze
            run = 0;
            freeze = 0;
        end
        drawnow;
    end
```

在运行上述程序时，点击图形中的 Run 按钮，就会输出不同迭代次数下的图像。图 22.6 显示了迭代次数分别为 50 次、100 次时表面张力的模拟结果。

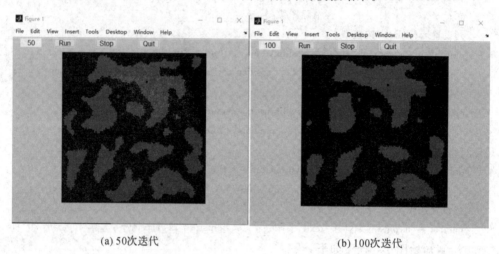

(a) 50次迭代   (b) 100次迭代

图 22.6　表面张力模拟

22.6　基于元胞自动机的地球卫星云图模拟

1. 地球卫星云图模拟算法

本节使用元胞自动机模拟地球卫星的云图。假设 2 维元胞的数量为 $m \times n$，每个元胞有 15 个状态，即第 i 行第 j 列元胞 $x_{ij} \in \{1, \cdots, 15\}$。对于非边界元胞 x_{ij}，其 8 个近邻为

$$\{x_{i-1, j-1}, \quad x_{i-1, j}, \quad x_{i-1, j+1}, \quad x_{i, j-1}, x_{i, j+1}, x_{i+1, j-1}, x_{i+1, j}, x_{i+1, j+1}\}$$

在模拟过程中，上述 8 个近邻被选中的概率分别为 p_1, p_2, $\cdots$, p_8，且满足 $p_1 + p_2 + \cdots + p_8 = 1$。元胞矩阵 $\boldsymbol{X}$ 的元素 x_{ij} 按如下方式初始化：在 $\{0, 1, \cdots, 15\}$ 中随机选择一个整数，将其赋值给 x_{ij}。在 2 维元胞的边界处（$i \in \{1, m\}$ 或 $j \in \{1, n\}$），x_{ij} 的取值均为 0。

根据元胞矩阵 $\boldsymbol{X}$ 的取值生成 3 个 $m \times n$ 维矩阵 $\boldsymbol{R}$、$\boldsymbol{G}$、$\boldsymbol{B}$，再依据这 3 个矩阵来绘制卫星云图的图像。在更新 x_{ij} 时，需要用 15 次迭代来更新 y_{ij}，从而更新 x_{ij}，而 y_{ij} 的初始值为 0。地球卫星的云图模拟算法如下：

输入：m、n 和 $\{p_1, \cdots, p_8\}$。

输出：动态的卫星云图。

初始化：$m \times n$ 维矩阵 $\boldsymbol{X}$、$\boldsymbol{R}$、$\boldsymbol{G}$、$\boldsymbol{B}$；$(m+2) \times (n+2)$ 维矩阵 $\boldsymbol{K}$。

While 迭代次数小于最大迭代次数

令 $y_{ij}=0$，$i=1$，2，$\cdots$，m；$j=1$，2，$\cdots$，n。

For $k=1$：15

（1）计算 t_{ij}：

IF $x_{ij} \geqslant k$，THEN $t_{ij}=1$；OTHERWISE，$t_{ij}=0$。

（2）更新矩阵 **K**：$k_{i+1, j+1}=t_{ij}$。

（3）根据$(0, 1)$区间内的随机数和$\{p_1$，p_2，$\cdots$，$p_8\}$，随机选取 x_{ij} 的一个近邻 $x_{i^* j^*}$。

（4）更新 y_{ij}：$y_{ij} := y_{ij} + k_{i^*+1, j^*+1}$。

EndFor

（1）$x_{ij} := \min(y_{ij}, 15)$。

（2）将 **X** 的指定元素重新值赋为 15。

（3）计算矩阵 **R**、**G**、**B**：

IF $\dfrac{15}{4} \leqslant x_{ij} \leqslant \dfrac{15}{2}$，THEN $r_{ij} := 1$；OTHERWISE，$r_{ij} := 0$；

IF $x_{ij} \leqslant \dfrac{15}{2}$，THEN $g_{ij} := 1$；OTHERWISE，$g_{ij} := 0$；

IF $x_{ij} > \dfrac{15}{4}$，THEN $b_{ij} := 1$；OTHERWISE，$b_{ij} := 0$。

（4）根据 **R**、**G**、**B** 绘制云图。

EndWhile

2. 模拟地球卫星云图的 MATLAB 程序

在上述算法的初始化步骤中，**R**、**G**、**B**、**K** 的初始矩阵均为零矩阵。模拟地球卫星云图的 MATLAB 程序如下：

（1）初始化参数设置，程序如下：

```
clear;
close all;
N=100;                    %最大迭代次数
m=240;                    %行数
n=320;                    %列数
rand('state', 0);
X=round(rand(m, n) * 15); %随机生成 m×n 的矩阵，其元素取值为 0~15 的整数
p=[1, 2, 1, 6, 6, 1, 2, 1]; %初始化 8 个近邻的比例
p=cumsum(p)/sum(p);      %8 个近邻的比例的标准化，对应概率向量
X3=rand(m, n, 3);        %随机初始化 m×n×3 维张量
```

（2）初始化图形与视频，程序如下：

```
h=figure;
set(h, 'DoubleBuffer', 'on');    %启动双缓存，为动画演示做准备
mov = VideoWriter('example226.avi'); %写视频文件,文件名为'example226.avi'
open(mov);                %打开视频文件
cc=imshow(X3);            %显示 X3 对应的图像
set(gcf, 'Position', [13, 355, m, n]);
```

（3）初始化行向量 xi、列向量 yi，使 X(xi, yi)＝15，其目的是防止退化，其中 i＝1，2，3。程序如下：

```
x1＝[1：3]＋round(m/2);        %选取 3 行，大概在行数的二分之一处
x2＝[1：3]＋round(m/3);        %大概在行数的三分之一处
x3＝[1：3]＋round(m/1.5);      %大概在行数的三分之二处
y1＝[1：3]＋round(n/3);        %选取 3 列，大概在列数的三分之一处
y2＝[1：3]＋round(n/2);        %大概在列数的二分之一处
y3＝[1：3]＋round(n/2);        %大概在列数的二分之一处
```

（4）迭代算法，程序如下：

```
i＝0; qq＝15/4;
while i<N
    Y＝zeros(m, n);
    for k＝1：15
        T＝X－k>＝0; % T 为 m×n 维 0－1 矩阵
        K＝zeros(m＋2, n＋2);   %初始化(m＋2)×(n＋2)零矩阵 K，用于存储矩阵 T
        K(2：end－1, 2：end－1)＝T;
        %更新矩阵 Y。当 r<p1 时，Yij＝Yij＋T(i－1)(j－1), ...
        r＝rand(m, n);
        Y＝Y＋K(1：end－2, 1：end－2).＊(r<p(1))＋K(1：end－2, 2：end－1).＊
            (r<p(2) & r>＝p(1))＋...
        K(1：end－2, 3：end).＊(r<p(3) & r>＝p(2))＋K(2：end－1, 1：end－2).＊
            (r<p(4) & r>＝p(3))＋...
        K(2：end－1, 3：end).＊(r<p(5) & r>＝p(4))＋K(3：end, 1：end－2).＊
            (r<p(6) & r>＝p(5))＋...
        K(3：end, 2：end－1).＊(r<p(7) & r>＝p(6))＋K(3：end, 3：end).＊
            (r>＝p(7));
    end
    X＝min(Y, 15);                %更新 X
    X(x1, y1)＝15;                %防止退化
    X(x2, y2)＝15;
    X(x3, y3)＝15;
    X3(:,:,1)＝X>qq & X<＝7.5;   %相当于 R 矩阵
    X3(:,:,2)＝X<＝7.5;          %相当于 G 矩阵
    X3(:,:,3)＝X>qq;             %相当于 B 矩阵
    set(cc, 'CData', X3);        %更新图像对应的矩阵
    i＝i＋1;
    pause(0.05);
    title(['q＝', num2str(i)]);
    F ＝ getframe(gca);          %获取图像
    writeVideo(mov,F);          %将获取的图像保存到 mov 中
end
close(mov);
```

图 22.7 显示了迭代次数分别为 50 次、100 次时地球卫星的云图模拟结果。

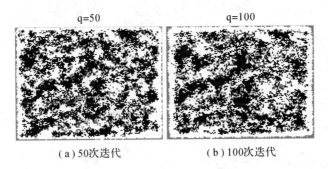

（a）50次迭代　　　　　　　　（b）100次迭代

图 22.7　地球卫星的云图模拟

练　习　题

1. 运行下列程序，并写出迭代规则：
```
clear;
m=50;
X=zeros(m, m);
X(m/2, m/2)=1;
[i, j]=find(X); figure(gcf);
ph = plot(i, j, '.', 'Color', 'blue', 'MarkerSize', 12);
axis([0, m+1, 0, m+1]);
axis off;
tp=title('N=0');
rand('seed', 999999);
for k=1: 40
    N=X([m, 1: m−1], :)+X([2: m, 1], :)+X(:, [2: m, 1])+X(:, [m, 1: m−1])+...
        X([m, 1: m−1], [2: m, 1])+X([m, 1: m−1], [m, 1: m−1])+...
        X([2: m, 1], [2: m, 1])+X([2: m, 1], [m, 1: m−1]);
    X=X|(N. * rand(m)>0.99);
    [i, j]=find(X);
    set(ph, 'xdata', i, 'ydata', j);
    set(tp, 'string', ['N = ', num2str(k)]);
    drawnow;
    pause(0.1);
end
```

2. 运行下列程序，并写出迭代规则：
```
clear;
n=256;
X=ones(n);
X(1, n−1)=0;
H=imshow(X);
set(gcf, 'doublebuffer', 'on');
```

```
        k=1;
        while k<n
          X(k+1, 1: end−1)=xor(X(k, 1: end−1), X(k, 2: end));
          X(k+1, n)=1;
          set(H, 'CData', X);
          pause(0.1);
          k=k+1;
        end
```

3. 运行下列程序，并写出迭代规则：

```
        clear;
        close all;
        S=ones(40, 100);
        S(end,:)=0;
        Ss=zeros(size(S)+[1, 0]);
        Ss(2: end,:)=S;
        N=size(S, 2);
        II=imagesc(Ss);
        axis equal;
        colormap(gray);
        set(gcf, 'DoubleBuffer', 'on');
        while sum(1−S(1,:))<0.5
            y=1;
            x=round(rand * (N−1)+1);
            D=0;
            while D<0.5
                r=rand;
                if abs(x−1)<0.1
                    SL=1;
                else
                    SL=S(y, x−1);
                end
                if abs(x−N)<0.1
                    SR=1;
                else
                    SR=S(y, x+1);
                end
                if SL+SR+S(y+1, x)<2.5
                    D=1;
                    S(y, x)=0;
                end
                if r<=1/3
                    x=x−1;
                elseif r<=2/3
```

```
            x=x+1;
        else
            y=y+1;
        end
        Ss(2:end,:)=S;
        if x<0.5|x>N+0.5
            D=1;
        else
            Ss(y, x)=0;
        end
        set(II, 'CData', Ss);
        pause(0.1);
    end
end
```

4. 运行仿真移动机器人避障程序，并写出迭代规则：

```
close all;
clear all;
axes('position', [0.1, 0.15, 0.56, 0.7]);
set(gcf, 'DoubleBuffer', 'on');
N=50;
A=ones(N, N, 3);
xn=round((N+1)/2);
yn=xn;
A(xn, yn, :)=0;
A(10:13, 10:13, 2:3)=0;
A(40:43, 10:13, 2:3)=0;
A(10:13, 40:43, 2:3)=0;
A(40:43, 40:43, 2:3)=0;
H=imshow(A);
k=0;
p=[1, -1, i, -i];
ss=['while k==1; ', ...
    't=round(3*rand)+1; x=real(p(t)); ', ...
    'y=imag(p(t)); A(xn, yn, :)=1; ', ...
    'xn=xn+x;Yn=yn+y; ', ...
    'if xn<1 | xn>N; xn=mod(xn, N)+1; end; ', ...
    'if yn<1 | yn>N;Yn=mod(xn, N)+1; end; ', ...
    'if A(xn, yn, 2)==0; ', ...
    'xn=xn-x;Yn=yn-y; A(xn, yn, :)=0; ', ...
    'else A(xn, yn, :)=0; end; ', ...
    'set(H, "CData", A); ', ...
    'pause(0.2); end; '];
po1=uicontrol(gcf, 'style', 'push', 'unit', 'normalized', 'position', [0.74, 0.6, 0.2, 0.08], ...
```

```
        'string', 'start', 'fontsize', 12, 'callback', []);
set(po1, 'callback', ['k=~k; if k==1; ', ...
                'set(po1, "string", "stop"); ', ...
                'else set(po1, "string", "start"); ', ...
                'end; ', ss]);
```

部分习题参考答案

第 1 章习题

5. 程序如下：

```
clear;
phi＝35 * pi/180;                    ％degree to radian
Gsc＝1367;                          ％solar constant
delta＝23.45 * sin((284＋[1：365]) * [360/365] * pi/180) * pi/180;    ％ declination
cos_ws＝－tan(phi) * tan(delta);      ％ sunset
ws＝acos(cos_ws);                    ％radian
H0＝24 * 3600 * (Gsc/pi) * (1＋0.033 * cos([1：365] * (360/365) * pi/180)). *...
    (cos(phi) * cos(delta). * sin(ws)＋sin(phi) * ws. * sin(delta));
％MJ＝10^6 J
H0＝H0 * 1e－6;                       ％J to MJ, Problem 1
d＝[17, 47, 75, 105, 135, 162, 198, 228, 258, 288, 318, 344];
H0(d);                              ％Problem 2
```

第 2 章习题

6. 程序如下：

```
clear;
A＝[1, 2, 3, 4; inf, inf, inf, inf; inf, 2, 3, 4; 1, 2, nan, nan];
[I, J]＝find(isinf(A));             ％Problem 1
r＝find(any(isinf(A')));             ％Problem 2
A(isnan(A))＝－1;                    ％Problem 3
A(all(isinf(A')),:)＝[];             ％Problem 4
```

第 3 章习题

5. 步骤如下：

(1) 先建立求整数 N 的所有因子(包含 1，但不包含 N)的函数文件：

```
function p＝factors35(N)
p＝[];
for i＝1：N/2
    if rem(N, i)＝＝0
        p＝[p, i];
    end
end
```

（2）再编写脚本函数（主程序）：

```
R=[];          ％用于保存 2～2000 的所有亲密数，R 的第 i 列表示第 i 对亲密数
for n=2：2000
        p1=factors35(n)；
        s=sum(p1)；
        p2=factors35(s)；
        if sum(p2)==n&n<=s
            R=[R，[n；S]]；          ％n 与 s 为一对亲密数
        end
end
```

6. 程序如下：

```
clear；
s=0；i=1；
while   pi^2/6-s>1e-3
        s=s+1/i^2；
        i=i+1；
end
i=i-1；
```

8. 程序如下：

```
clear；
X=randn(128，128)；
[M，N]=size(X)；
Y=zeros(M，N)；
Temp1=repmat([0：M-1]'，1，N)；
Temp2=repmat([0：N-1]，M，1)；
for u=1：M
    for v=1：N
            Temp3=X. * exp(-2 * pi * i * ((u-1) * Temp1/M+(v-1) * Temp2/N))；
            Y(u，v)=sum(Temp3(：))；
    end
end
```

9. 程序如下：

```
clear；
x=2：1000；
y=x(isprime(x))；
R=[]；
for i=1：length(y)-1
    if y(i+1)-y(i)==2
        R=[R；Y(i)，y(i+1)]；
    end
end
```

10. 程序如下：

```
clear;
n=input('请输入一个正整数：');
s=n;
while n~=1
    if mod(n, 2)==0
        n=n/2;
    else
        n=n*3+1;
    end
        s=[s, n];
end
disp(s);
```

11. 程序如下：

```
clear;
a=1; b=2; %f(a)<0,F(b)>0
while b-a>1e-8
    c=(a+b)/2;
    if c^2-2<=0
        a=c;
    else
        b=c;
    end
end
x=(a+b)/2;
format long
disp(x);
```

第 4 章习题

12. 程序如下：

```
clear;
B=[ 7.7,2.8,6.7,3;   5.1,2.5,3.0,2;   5.4,3.4,1.5,1;   5.1,3.4,1.5,1;
    5.1,3.7,1.5,1;   5.5,4.2,1.4,1;   6.1,3.0,4.6,2;   5.5,2.6,4.4,2;
    6.7,3.0,5.2,3;   7.7,2.6,6.9,3;   6.4,2.7,5.3,3;   6.2,2.8,4.8,3;
    4.9,3.1,1.5,1;   5.4,3.9,1.7,1;   6.9,3.2,5.7,3];
C=B(:,4);                                    %类别向量
S=C; S(S==1)=50;S(S==2)=40;S(S==3)=30;     %绘散点图时圆圈大小的设置
figure(1);scatter3(B(:,1), B(:,2), B(:,3), S, C, 'filled'); % Problem 1
figure(2); plot3(B(C==1,1), B(C==1,2), B(C==1,3), 'or'); % Problem 2
hold on;
```

```
plot3(B(C==2, 1), B(C==2, 2), B(C==2, 3), 'sr');
plot3(B(C==3, 1), B(C==3, 2), B(C==3, 3), 'vg');
grid on; hold off;
```

第 5 章习题

8. 程序如下：

```
clear;
h=(0: 24)/24; t=((0: 575)/575*17-2)*pi;
[H, T] = meshgrid(h, t);
P= (pi/2)*exp(-T/8/pi);
U= 1-(1-mod(2.5*T/pi, 2)).^4/2;
V= 2*(H.*(H-1)).^2.*sin(P);
R= U.*(H.*sin(P)+V.*cos(P));
Z= 4*abs(U.*(H.*cos(P)-V.*sin(P))).*R;
X= R.*cos(T).*(abs(sin(2.3*sqrt(Z)))+0.3*Z);
Y= R.*sin(T).*(abs(sin(2.3*sqrt(Z)))+0.3*Z);
figure('Color', 'k');
surface(X, Y, Z, 'EdgeColor', 'none', 'FaceColor', 'r');
view(-36, 18), axis equal off;
light('pos', [-0.25, -0.25, 1], 'style', 'infinite', 'color', [1, 0.84, 0.6]);
lighting gouraud;
```

第 6 章习题

3. 程序如下：

```
clear;
a=0; b=1; n=1000;
fun33=@(x)exp(-x.^2);
x=linspace(a, b, n); h=(b-a)/(n-1);
y=fun33(x);
x05=x(1: n-1)+h/2;
y05=fun33(x05);
I=(y(1)+y(n)+2*sum(y(2: n-1))+4*sum(y05))*h/6;
```

4. 记小椭圆长半轴的长度为 a，短半轴的长度为 b，椭圆柱体的长度为 L。建立直角坐标系 $oxyz$，其中椭圆柱体左侧截面包含在 oxy 平面内，y 轴正向朝上，椭圆柱体的中心轴线在 z 轴上，且 z 轴正向朝右。则油浮的坐标为 $(0, d, L_1)$，其中 $L_1=0.4$ m，$d=h-b$。储油罐内油所处的区域为

$$\left\{(x, y, z) \,\middle|\, \frac{x^2}{a^2}+\frac{y^2}{b^2}\leqslant 1, \quad y-d\leqslant -(z-L_1)\tan\alpha, \ 0\leqslant z\leqslant L\right\}$$

求储油罐内油容积的 MATLAB 程序如下：

```
clear；
a＝1.78/2；b＝1.2/2；
L＝2.45；L1＝0.4；h＝1；
alpha＝4.1 * pi/180；
d＝h－b；
V＝triplequad(@(x, y, z)1. * (x.^2/a^2+y.^2/b^2<＝1). * (y－d<＝－(z－L1) * tan
    (alpha)), －a, a, －b, b, 0, L)；
```

第 7 章习题

6. 方法一：

```
N＝1000；                          %将 x1、x2 的取值区间 N－1 等分
epsilon＝1e－2；                    %误差上界
x1＝linspace(0, 5, N)；
[X1, X2]＝meshgrid(x1)；           %X1 对应 x1，X2 对应 x2
F1＝2 * X1－X2－exp(－X1)；
F2＝－X1+2 * X2－exp(－X2)；
F＝max(abs(F1), abs(F2))；         %F_ij＝max(abs([(F1)_ij,(F2)_ij]))
K＝find(F<＝epsilon)；
R＝[X1(K), X2(K),F1(K),F2(K)]；    %第一列为 x1，第二列为 x2，后两列对应 F1 和 F2 的值
```

方法二：

```
N＝1000；
epsilon＝1e－2；
R＝[]；
for x1＝linspace(0, 5, N)；        %采用二重 for 循环求满足范围的 x1、x2
    for x2＝linspace(0, 5, N)
        F1＝2 * x1－x2－exp(－x1)；F2＝－x1+2 * x2－exp(－x2)；
        if abs(F1)<epsilon&abs(F2)<epsilon
            R＝[R; x1, x2, F1, F2]；
        end
    end
end
```

第 8 章习题

3. 程序如下：

```
clear；
%A＝cell(10, 3)；用于保存算式
for i＝1:10
    for j＝1:3
        if rand<0.5, s1＝'+'; else, s1＝'－'; end
        if rand<0.5, s2＝'+'; else, s2＝'－'; end
        flag＝1；
        while flag
            n＝round(rand(1, 3) * 20)；
```

```
                n1＝num2str(n(1));
                n2＝num2str(n(2));
                n3＝num2str(n(3));
                t＝[n1, s1, n2, s2, n3];
                if eval(t)＞＝0&eval(t)＜＝20
                    flag＝0;
                end
            end
            if length(n1)＝＝1, n1＝[blanks(1), n1]; end
            if length(n2)＝＝1, n2＝[blanks(1), n2]; end
            if length(n3)＝＝1, n3＝[blanks(1), n3]; end
            fprintf([n1, s1, n2, s2, n3, '＝', blanks(5)]);
            %A{i, j}＝[n1, s1, n2, s2, n3, '＝', blanks(5)];
        end
        fprintf('\n');
    end
```

4. 程序如下：

```
clear;
n＝9;
A＝zeros(n, 2 * n－1);                  %初始化矩阵 A
A(1, n)＝1;                            %对 A 的第一行中间元素赋值
A(n, [1, 2 * n－1])＝[1, 1];            %对 A 的第 n 行两侧元素赋值
for i＝2: n
    if i~＝n
        for j＝n－i+1: 2: n+i－1
            A(i, j)＝A(i－1, j－1)+A(i－1, j+1);   %更新第 2～(n−1)行的元素
        end
    else
        for j＝n－i+1+2: 2: n+i－1－2
            A(i, j)＝A(i－1, j－1)+A(i－1, j+1);   %更新第 n 行的元素
        end
    end
end
A(A＝＝0)＝inf;                         %将矩阵元素取值为 0 的更新为 inf
B＝num2str(A);
B(B＝＝'I')＝blanks(1); B(B＝＝'n')＝blanks(1); B(B＝＝'f')＝blanks(1);
%将字符 I、n、f 分别用空格替代
disp(B);
```

第 9 章习题

2. (1)

```
A＝double(imread('cameraman. tif'));   %由 uint8 型矩阵转成 double 型矩阵
mu＝0;Sigma＝10;                        %高斯分布的均值和标准差
N＝mu＋randn(size(A)) * sigma;          %高斯白噪声矩阵
```

```
AN=A+N;                          %矩阵 A 加上高斯白噪声矩阵 N
subplot(1, 2, 1);
imshow(uint8(A));
subplot(1, 2, 2);
imshow(uint8(AN));
```
(2)
```
[r, c]=size(A);
AT=cell(2, 2);                   %存储 4 个分块矩阵
for i=1: 2
    for j=1: 2
        AT{i, j}=A(floor([(i-1)*r+2]/2): (i*r/2),floor([(j-1)*c+2]/2): (j*
                c/2), :);
        subplot(2, 2, j+(i-1)*2);
        imshow(uint8(AT{i, j}));
    end
end
```
(3)
```
r=15;
AT_rec=cell(2, 2);              %存储 4 个重构矩阵
for i=1: 2
    for j=1: 2
        [U, S, V]=svd(AT{i, j});
        AT_rec{i, j}=U(:, 1: r)*S(1: r, 1: r)*V(:, 1: r)';
    end
end
B=[AT_rec{1, 1}, AT_rec{1, 2}; AT_rec{2, 1}, AT_rec{2, 2}];
imshow(uint8(B));
```

第 10 章习题

3. 程序如下：
```
clear;
pathA='E:\数学实验\2012A 题目葡萄酒\附件 1—葡萄酒品尝评分表. xls';
% EXCEL 名称及所在路径
sheet='第一组白葡萄酒品尝评分'; %待读取的工作表名称
Ind=4: 13: 355;
%酒样品序号在 EXCEL 表格 A 列，从第 4 行开始，间隔 13 行，到第 355 行结束
data=cell(1, 28);    %用于存储 28 个酒样品得分，每个样品的得分表示为 10×10 的矩阵
for i=1: 28
    k=Ind(i);
    ks=strcat('A', num2str(k));
    Ind2=xlsread(pathA, sheet,Ks);    %第 i 个酒样品对应的序号(1~28)
    ks2=strcat('D',num2str(k+1),': M',num2str(k+10));%得分矩阵所在的区域
    data{Ind2}=xlsread(pathA, sheet,Ks2);
end
```

4. 程序如下：

```
clear;
path_C='E:\数学实验\2016 年 C 题目风电场运行状况分析及优化\附件 1\';
day=[31, 28, 31, 30, 31, 30, 31, 31, 30, 31, 30, 31];    %每月的天数
data=cell(12, 31);  %用于存储数据，12×31 的元胞(每月天数不超过 31)
s1='2015'; s2='sheet';
for i=1: 12
    if i<10
        s3=strcat(s1, '0', num2str(i));    %第 i 个 EXCEL 文件名称
    else
        s3=strcat(s1, num2str(i));
    end
    for j=1: day(i)
        s4=strcat(s2, num2str(j));            %第 i 个 EXCEL 文件的第 j 个工作表名称
        temp=xlsread(strcat(path_C, s3), s4, 'A4: L27');    %读取数据，24 行 12 列
        temp(:, [1, 4, 7, 10])=[];              %删除时间数据
        data{i, j}=[temp(:, 1: 2); temp(:, 3: 4); temp(:, 5: 6); temp(:, 7: 8)];
        %将数据排列成 2 列
    end
end
```

第 12 章习题

2. 考虑圆心在 o 点的单位圆，直线的初始位置对应的方程为 $x=1$。圆的参数方程为

$$\begin{cases} x=\cos t \\ y=\sin t \end{cases} \quad t \geq 0$$

将变量 t 视为时间(或角度)。当 $t=0$ 时，初始切点 P 的坐标为 $(1, 0)$。每次旋转角度 Δt，第 k 次旋转后的角度为 $k\Delta t$，此时切点坐标为 $(\cos(k\Delta t), \sin(k\Delta t))$，切线方向为 $(-\sin(k\Delta t), \cos(k\Delta t))$，点 P 到切点的距离为 $1 \times k\Delta t$，点 P 的坐标为 $(\cos(k\Delta t)$, $\sin(k\Delta t))+k\Delta t(-\sin(k\Delta t), \cos(k\Delta t))$。绘图程序如下：

```
clear;
ti=linspace(0, 2 * pi);
plot(cos(ti), sin(ti), 'LineWidth', 2);    %绘制单位圆曲线
hold on;
delta_t=0.01;
N=500;
xy=zeros(N, 2);                %用于存储 P 点坐标
for k=1: N
    s=k * delta_t;
    xy(k, :)=[cos(s), sin(s)]+s * [-sin(s), cos(s)];
end
plot(xy(:, 1), xy(:, 2), 'r. -');
axis equal off tight;
```

第 13 章习题

2. 程序如下：

```
clear; clc;
rand('seed', sum(100 * clock));
N_samples = 100000;
x = 2;
h_N=zeros(N_samples, 1);
X_N=normrnd(0, 1, N_samples, 1);
for  i = 1; N_samples
    if( X_N(i, 1) <= x )
        h_N(i, 1) =1;
    else
        h_N(i, 1) =0;
    end
end
I_cap = mean(h_N)
```

5.
```
clear;
dt=1/365;                         %一天的年单位时间
S0=20;                            %股票在初始时刻的价格
mu=0.031;                         %期望收益率
sigma=0.6;                        %波动率=0.6
mdt=mu * dt;                      %漂移项 mu * dt
sdt=sigma * sqrt(dt);            %波动项 sigma * dz(t)
N=90;                             %待模拟的总天数
Ntrial=1000;                      %总模拟次数
R=zeros(Ntrial, N);
for i=1; Ntrial
    S=S0;
    for j=1; N
        t=randn;                  %epsilon
        dS = S * (mdt+sdt * t);   %模拟计算股票价格的增量
        S=S+dS;
        R(i, j)=S;
    end
end
plot(1; N, mean(R), 'o−');        %绘制 Ntrial 次模拟的平均结果曲线
```

第 14 章习题

6. 建立函数文件如下：
```
function triangle_example(a, b, c, level)
if level==0
    plot([a(1), b(1), c(1), a(1)], [a(2), b(2), c(2), a(2)], 'LineWidth', 2);
```

```
%绘制三角形(三条边)
hold on;
```
else
```
d=(a+b+c)/3;
triangle_example(a, b, d, level-1);
triangle_example(b, c, d, level-1);
triangle_example(c, a, d, level-1);
```
end

执行如下脚本函数，绘制图形，程序如下：
```
a=[0, 0]; b=[2, 0]; c=[1, sqrt(3)];
level=5;
triangle_example(a, b, c, level);
```

第 15 章习题

5. 程序如下：
```
clear;
N=2000;
xy=zeros(N, 2);
for k=2: N
    xy(k, 1)=1-1.4 * xy(k-1, 1)^2+xy(k-1, 2);
    xy(k, 2)=0.3 * xy(k-1, 1);
end
plot(xy(1001: N, 1), xy(1001: N, 2), 'r.');
```

第 18 章习题

2.（1）先编写函数文件如下：
```
function [centers, idx]=fcmI(X,k, m, NumIter)
[n, d]=size(X);                          %n 为样例数目, d 为数据维数
centers=zeros(k, d);                     %k 个聚类中心
U=rand(n,k);                             %随机初始化隶属度矩阵
for i=1: n
    U(i,:)=U(i,:)/sum(U(i,:));           %归一化隶属度矩阵
end
for iter=1: NumIter                      %NumIter 为最大迭代次数
    Um=U.^m;
    for j=1: k
        centers(j,:)=X' * Um(:,j)/sum(Um(:,j));   %更新第 j 个聚类中心
    end
%===
    xc=zeros(n,K);
    for i=1: n
        for j=1: k
            xc(i,j)=norm(X(i,:)-centers(j,:))^2;
                %计算第 i 个样例与第 j 个聚类中心的距离
```

```
            end
        end
    %===
    for i=1：n
        for j=1：k
            temp=0；
            for L=1：k
                temp=temp+(xc(i, j)/xc(i, L))^(2/(m-1));
            end
            U(i, j)=1/temp;              %更新 U(i, j)
        end
    end
end
[val, idx]=max(U');              %idx 为类标向量
```

（2）再编写脚本函数如下：

```
clear；
load fisheriris；
X=meas；k=3；m=2；NumIter=500；
[centers, idx]=fcmI(X,k, m, NumIter);
```

第 19 章习题

1. 程序如下：

```
clear；
mu1=[1；1]；mu2=[2.5；3]；
sigma1=[1, 0.6；0.6, 1.5]；
sigma2=[2, -1.8；-1.8, 3]；
x=linspace(-5, 10)；
y=x；
[X, Y]=meshgrid(x, y)；
Z=zeros(size(X))；
for i=1：size(X, 1)
    for j=1：size(X, 2)
        z=[X(i, j);Y(i, j)]；
        Z(i, j)=0.6 * exp(-(z-mu1)' * inv(sigma1) * (z-mu1))/...
                (2 * pi * det(sigma1)^0.5)+...
                0.4 * exp(-(z-mu2)' * inv(sigma2) * (z-mu2))/...
                (2 * pi * det(sigma2)^0.5);
    end
end
mesh(X, Y, Z);
```

参 考 文 献

[1] 刘卫国. MATLAB 程序设计与应用[M]. 2 版. 北京：高等教育出版社，2006.

[2] 楼顺天，姚若玉，沈俊霞. MATLAB 7. X 程序设计语言[M]. 2 版. 西安：西安电子科技大学出版社，2016.

[3] 刘浩，韩晶. MATLAB R2016a 完全自学一本通[M]. 北京：电子工业出版社，2016.

[4] 王玉英，史加荣，王建国，等. 数学建模及其软件实现[M]. 北京：清华大学出版社，2015.

[5] 赵静，但琦. 数学建模与数学实验[M]. 3 版. 北京：高等教育出版社，2008.

[6] 张智丰. 数学实验[M]. 北京：科学出版社，2015.

[7] 杨振华，郦志新. 数学实验[M]. 2 版. 北京：科学出版社，2010.

[8] Bishop C. Pattern Recognition and Machine Learning[M]. New York：Springer - Verlag，2006.

[9] TENENBAUM J B, De SILVA V, LANGFORD J C. A global geometric framework for nonlinear dimensionality reduction[J]. Science，2000，290(5500)：2319 - 2323.

[10] PIAZZA E. Cellular automata simulation of clouds in satellite images[M]. IGARSS 2001. Scanning the Present and Resolving the Future. Procee-dings. IEEE 2001 International Geoscience and Remote Sensing Symposium (Cat. No. 01CH37217). IEEE，2001(4)：1722 - 1724.